软件测试丛书

信创产品测试

技术、方法与案例

李龙 著

人民邮电出版社
北京

U0280426

图书在版编目（CIP）数据

信创产品测试 ：技术、方法与案例 / 李龙著. --
北京 ：人民邮电出版社，2024.7
（软件测试丛书）
ISBN 978-7-115-64268-4

Ⅰ. ①信… Ⅱ. ①李… Ⅲ. ①软件－测试 Ⅳ.
①TP311.55

中国国家版本馆CIP数据核字(2024)第080466号

内容提要

本书从信创产品基础开始，逐步贯通测试技术、测试方法和测试案例分析。本书全面融合理论、实践与案例分享，详细讲解如何对信创产品进行检测，以及如何提高信创产品的适配能力和产品质量。

本书共 10 章，分为三部分。第一部分为技术篇，详细介绍了信息技术应用创新（简称信创）的发展史和生态布局等内容，整篇以解读与信创产品测试相关的国家标准和团体标准为突破口，从信创产品的测试基本要求、迁移适配能力、功能、性能效率、信息安全性、可靠性、兼容性、环境试验等方面一一进行指导，详细讲解如何对信创产品进行测试测评。第二部分为方法篇，主要介绍了两种测试设计方法论（一种基于业务场景，另一种基于任务驱动），指导读者在一个更高层次上对信创产品进行测试分析与测试思路的设计，然后使用基础的测试技术进行测试。第三部分为案例篇，首先基于国产化底座，向读者详细介绍了国产化底座最基础的三部分——服务器、操作系统、数据库的测试案例，然后又分享了两款平台软件的信创测试案例，通过这 5 个不同类型的实际案例分享，一步步指导读者将理论与实践相结合，高覆盖率且高效率地进行信创产品测试工作。

本书面向的读者主要包括信创产业相关从业者、研发人员、测试人员、企事业单位技术负责人、高校的老师和学生，以及其他想了解信创产业发展或信创产品测试服务的人员。

◆ 著　　　李　龙
责任编辑　佘　洁
责任印制　王　郁　马振武

◆ 人民邮电出版社出版发行　　北京市丰台区成寿寺路 11 号
邮编　100164　　电子邮件　315@ptpress.com.cn
网址　https://www.ptpress.com.cn
三河市君旺印务有限公司印刷

◆ 开本：800×1000　1/16
印张：17.5　　　　　　2024 年 7 月第 1 版
字数：331 千字　　　　2025 年 2 月河北第 3 次印刷

定价：79.80 元

读者服务热线：(010)81055410　印装质量热线：(010)81055316
反盗版热线：(010)81055315

序

接到作者的盛情邀请，为这部著作执笔序言时，我最初是有些犹豫的，原因有二：首先，这本书定位前沿，几乎没有可参考或可借鉴的资料；其次，本书围绕信创产品测评，由“29 家企事业单位，32 位执笔专家，根据一线经验联袂出品”，我深知自己在该领域的专业积累与这些资深专家相比尚有不小差距，恐有谬论。然而，在阅读了书稿之后，我被书中展现的技术创新性、对信创产品的深刻剖析打动，连夜赶稿，希望能通过这篇序，向广大读者推荐这本值得一读的佳作。

信创产业是中国坚持走信息技术应用自主创新之路的必然结果，信创产业的发展不仅关乎国家的信息安全，而且直接关系到经济社会的创新和转型升级。从 1950 年开始，信创产业就大体经历了 6 个阶段（自主攻坚、“863 计划”、核高基、去 IOE、安可试点、全面推进），形成了以国家和科研机构为引导，大型国有企业和民营企业为实践突破的信创产业新局面。我们当前正处在信创产业的全面推进阶段，信创产业从最开始的党、政、军向关键信息基础设施行业拓展，已经形成了“2+8+N”的行业态势。

然而，在这个产业快速发展的背后，我们不难发现信创产品质量评价标准不一致的问题。主要原因是缺乏统一的检验检测方法，从而导致信创产品的适配能力、产品质量的评判标尺不统一，信创产品的性能、可靠性、信息安全性及稳定性等参差不齐，各个信创产品研发厂家和第三方测评单位都按照自己的理解进行相关的测试工作。而本书恰恰解决了这些问题，至少有如下三大亮点。

首先，本书第一次明确给出了信创产品的测评范围、测评方法、测评流程等通用原则，提出了全面的信创产品分类参考清单，并首次站在信创产品“测试和评价”的角度，对信创产品的硬件适配性、软件适配性、功能性、性能效率、信息安全性、维护性、兼容性、易用性、可移植性、软件可靠性、电工电子可靠性等给出了质量特性方面的测试原则及要求，填补了国内信创产品测评标准领域的空白。

其次，本书以解读与信创产品测试相关的国家标准和团体标准为突破口，同时结合了多种测试设计方法论，指导读者在一个更高层次上对信创产品进行测试分析与测试思路的设计，又通过多个不同类型的实际测试案例分享，一步步指导读者将理论与实践相结合，高覆盖率且高效率地进行测试工作。

最后，本书大咖云集，由华为、统信、麒麟、中国软件评测中心、赛迪、赛宝、国家网络软件产品质量监督检验中心、山东大学、齐鲁工业大学、山东省人工智能协会、济南市软件行业协会等 29 家企事业单位，32 位执笔专家联袂出品，让信创产品测试真正进入了“标准制阶段”。

总之，此书的出发点、立足点、讨论点是独一无二的，在信创产品测试领域也确实开创了先河。

愿本书在信创产业的百花园中，绽放出艳丽的光彩。让我们一起跟随本书深入学习，解锁信创产业发展与信创产品测试的更多可能！

倪春洋
中国呼叫中心与电子商务发展研究院院长
中国信息协会数字经济专委会会长
国卫健康大数据（中关村）研究院副院长

信创，全称为信息技术应用创新。团体标准 T/AIA 016—2023《信创产品测评 通用要求》对信创的解释如下：通过建立国产化信息技术软硬件底层架构体系和全周期生态体系，实现在信息技术领域的可掌控、可研究、可发展、可生产，旨在实现信息技术领域的安全可控，保障国家信息安全，其核心是建立安全可控的信息技术底层架构和标准。

信创产业的发展不仅关乎国家的信息安全，而且直接关系到经济社会的创新和转型升级。因此，国家积极出台了一系列支持政策，以促进信创产业的快速发展。信创产业从最开始的党、政、军向关基（关键信息基础设施）行业拓展，已经形成了“2+8+N”（党、政，金融、医疗、教育、航空航天、石油、电力、电信、交通 8 个重大行业，以及 N 个消费市场）的行业态势。信创产业已经迎来规模化应用阶段。

然而，在这个产业快速发展的背后，我们不难发现信创产品质量评价标准不一致的问题。原因主要是缺乏统一的测试方法，从而导致信创产品的适配测试工作、成本控制的标尺不统一，信创产品的性能、可靠性、信息安全性及稳定性等参差不齐。各个信创产品研发厂家和第三方测评单位都按照自己的理解进行相关的测试工作。对于这个阶段，我们称之为“信创测试 1.0 阶段”。

在信创测试 1.0 阶段，大部分厂家围绕硬件适配、操作系统适配等层面，衍生出了各类信创适配证书、互认证书和产品兼容性证书。这些证书没有统一的测试标准与质量标尺，没有很好的发放管理规范，而且发证单位大部分是企业，“裁判和运动员为一体”的尴尬处境，导致市面上各类与信创相关的证书存在质量参差不齐、适配性能差异较大的情况。这对我国信创产业发展产生了一定的阻碍。在此给大家列举几个信创产品存在的典型问题。

1）很多进行信创产品适配测试的第三方单位，对信创产品测试的标准不清晰或不统一，导致存在同一个产品在第一家测评单位测试没有通过，而在第二家测评单位测试通过的现象。

2）信创产品测试没有统一的标准，导致测试深度不一致。类似的产品，有的单位不仅完成了 CPU、操作系统、数据库等方面的测试，而且各方面都进行了大量的深入测试，设计了大量测试案例；而有的单位只是简单地确认了产品可以在信创环境下安装、运行等。

3）信创产品的评价方法不统一，市面上出现了很多单位称自己可以颁发信创产品评估证书的情况。但是，仔细研究会发现，各个单位的评价标准和流程不一、信创产品鉴定材料要求不一，这直接导致了信创产品评估证书的含金量下降。笔者之前遇到过一个典型案例，在非信创环境下，产品功能满载、性能良好；但适配到信创环境后，产品功能只留一二、性能大打折扣。

笔者认为上述几个问题的根本原因是缺乏统一的测评标准和技术规范。信创测试 1.0 阶段主要以软硬件适配测试为导向，忽略了适配后的产品质量属性，导致信创产品的功能、性能甚至信息安全性等产品质量难以得到保证。

就是在这样的背景下，笔者所在团队联合了国内部分头部企事业单位（如华为、海思、统信、海尔、海信、神思电子、麒麟软件、软通动力、天御云安等）、第三方测评单位［如中国软件评测中心、山东安畅检测技术有限公司（齐鲁物联网测试中心）、中国电子信息产业发展研究院（赛迪研究院）、工业和信息化部电子第五研究所（中国赛宝实验室）、国家网络软件产品质量监督检验中心、济南市产品质量检验院、鲲鹏密码测评技术（山东）有限公司等］、高等院校及科研院所（如山东大学、齐鲁工业大学、山东交通学院、北方工业大学、青岛黄海学院、山东省人工智能研究院、山东航天人工智能安全芯片研究院）、行业协会（如山东省物联网协会、山东省人工智能协会、山东省装备制造业协会、济南市软件行业协会等），在这些单位的支持与配合下，完善、补充了一种新的信创产品测试测评体系，共同牵头组织了多次探讨，制定了一套比较成熟的测试测评体系。在新的测试测评体系的基础上，我们进入了“信创测试 2.0 阶段”。

信创测试 2.0 阶段明确了信创产品的测评范围、方法及流程，以及对测评机构的管理要求等通用性原则。此外，该阶段首次从信创产品的“测试和评价”角度出发，不仅对信创产品的硬件及软件的适配测试进行了明确的规范，而且增加了信创产品的功能性、性能效率、信息安全性、维护性、兼容性、易用性、软件可靠性和电工电子可靠性等方面详细的测试原则及要求。

本书就是站在“信创测试 2.0 阶段”要求的角度，从整体上，向读者介绍如何进行信创产品测试，以及用什么方法进行信创产品测试。笔者希望通过本书，为我国的科技发展贡献一份力量。

我在成书过程中得到了刘文贞、王岳、陈磊、李安伦、杨喆、张翠、王凯华、张平、王宝成、谭春波、赖裕平、杨光灿、陈锋情、翁谦、金华松、卫红军、刘文臣、王洋、张昊、高童、李子萱、安东、马居宝、王衍超、宋现兵、姜瑞娟、梁川、韦微、王文冠、苏冠群、刘善田、王瑞、朱苏琴、张剑、侯广尧、张恒、刘丞等领导、专家、朋友的支持与配合，在此表示感谢。

鉴于国内尚无信创产品测试类图书，本书在撰写过程中相关参考文献匮乏，主要依赖网络上的一些技术资料和相关文章，同时引用了诸多专家观点以及与同行的交流心得。然而，部分内容由于无法追溯原始出处，在此向那些未提及的专家表示衷心的感谢。

需要指出的是，本书可能存在一些疏漏和不足。如果读者发现任何问题，敬请联系笔者，以便及时进行修正。真诚地希望各位读者能够不吝赐教，给予宝贵的批评和斧正。

李龙

资源获取

本书提供如下资源：

- 本书思维导图；
- 异步社区 7 天 VIP 会员。

要获得以上资源，扫描下方二维码，根据指引领取。

提交错误信息

作者和编辑尽最大努力来确保书中内容的准确性，但难免会存在疏漏。欢迎您将发现的问题反馈给我们，帮助我们提升图书的质量。

当您发现错误时，请登录异步社区（https://www.epubit.com/），按书名搜索，进入本书页面，单击“发表勘误”，输入错误信息，单击“提交勘误”按钮即可（见下图）。本书的作者和编辑会对您提交的错误进行审核，确认并接受后，您将获赠异步社区的 100 积分。积分可用于在异步社区兑换优惠券、样书或奖品。

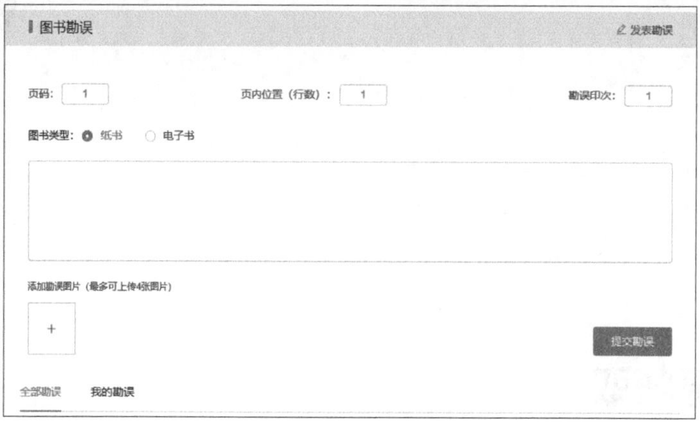

与我们联系

我们的联系邮箱是 contact@epubit.com.cn。

如果您对本书有任何疑问或建议，请您发邮件给我们，并请在邮件标题中注明本书书名，以便我们更高效地做出反馈。

如果您有兴趣出版图书、录制教学视频，或者参与图书翻译、技术审校等工作，可以发邮件给我们。

如果您所在的学校、培训机构或企业，想批量购买本书或异步社区出版的其他图书，也可以发邮件给我们。

如果您在网上发现有针对异步社区出品图书的各种形式的盗版行为，包括对图书全部或部分内容的非授权传播，请您将怀疑有侵权行为的链接发邮件给我们。您的这一举动是对作者权益的保护，也是我们持续为您提供有价值的内容的动力之源。

关于异步社区和异步图书

“**异步社区**”(www.epubit.com) 是由人民邮电出版社创办的 IT 专业图书社区，于 2015 年 8 月上线运营，致力于优质内容的出版和分享，为读者提供高品质的学习内容，为作译者提供专业的出版服务，实现作者与读者在线交流互动，以及传统出版与数字出版的融合发展。

“**异步图书**”是异步社区策划出版的精品 IT 图书的品牌，依托于人民邮电出版社在计算机图书领域 40 余年的发展与积淀。异步图书面向 IT 行业以及各行业使用 IT 技术的用户。

目　录

第一部分　技术篇

第 1 章 信创产品及其测试简介

第 2 章 信创产品测试基本要求

第 3 章 迁移适配的测试技术

第 4 章 质量特性的测试技术

第7章 基于任务驱动的测试设计

第三部分 案例篇

第8章 对国产化底座的测试案例分析

第9章 一款国产化维保派工平台测试案例分析

第 10 章 一款国产化办公软件测试案例分析

第一部分
技术篇

信创旨在实现信息技术领域的国家安全可控，保障国家信息安全，其核心是建立安全可控的信息技术底层架构和标准。

本部分从介绍信创产业的发展史开始，讲解为什么要进行信创产品的测试，再进一步详细讲解信创产品的测试技术，包含迁移适配测试（如硬件迁移适配测试，主要涉及 CPU、GPU、NPU、存储等芯片；软件迁移适配测试，主要涉及操作系统、数据库、中间件、流 / 版式软件、浏览器、签章软件等）、质量特性测试（如功能性测试、性能效率测试、信息安全性测试、可靠性测试、兼容性测试、易用性测试、维护性测试等）、环境试验（如湿热环境影响试验、中性盐雾试验、绝缘性能试验和 EMC 试验等）。

通过对以上各种测试技术的讲解，让读者了解信创产品测试与其他产品测试的异同点，使读者具备进行信创产品测试的技术能力，掌握信创产品测试的技术方法。

第 1 章 信创产品及其测试简介

党的二十大报告重申了发展信创产业（对于信创产品，有些地方表述为国产化或“安可”产品），实现关键领域信息技术安全可控的重要性：在政策方面，推动信息技术与文化创意产业的深度融合，促进新技术、新产业、新业态的发展，推动经济转型升级，提升国家文化软实力和国际竞争力；在资金方面，给予政策支持和奖励，进一步促进产业发展。

中国信息通信研究院发布的《中国数字经济发展研究报告（2023 年）》数据显示，2022 年我国数字经济规模达到 50.2 万亿元。随着我国数字经济规模不断扩大，各领域对信息技术软硬件的依赖程度不断加深，国家为了实现核心技术安全可控，大力发展信创产业。

2022—2023 年，信创从党政领域试点应用逐渐向国计民生行业加速渗透。中国石油化工集团有限公司、中国交通建设集团有限公司、中国稀土集团有限公司和中国储备粮管理集团有限公司等央国企及行业信创大单频现，信创产品及解决方案持续落地。信创产品采购步入常态化阶段。信创最初在党政领域试点应用，随后在八大重点行业加速推进。信创产品消费潜力较大，尤其在办公软件领域。

1.1 信创产业的发展史

发展信创产业是中国坚持走信息技术应用自主创新之路的必然结果。从 1950 年开始，信创产业经历了 6 个阶段，形成了以国家和科研机构为引导，大型国有企业和民营企业为实践突破的信创产业新局面。信创产业各发展阶段如图 1-1 所示。

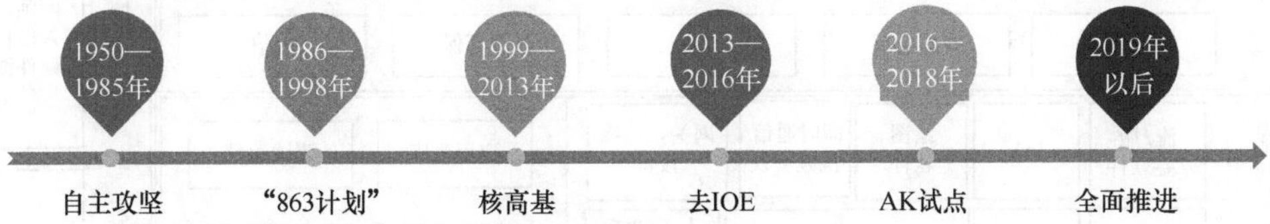

图 1-1　信创产业各发展阶段

我们当前正处在信创产业的全面应用推广阶段，正由党、政领域试点应用，向金融、医疗、教育、航空航天、石油、电力、电信、交通八大重点行业领域全面推广。新阶段出现了如飞腾 2000+ 处理器、鲲鹏 920 处理器和银河麒麟嵌入式操作系统 V10 等自主安全基础软硬件最新成果。

近几年，信创领域的里程碑产品层出不穷，举例如下。

1）1993 年，中软国际推出第一代基于 UNIX 的国产 Linux 操作系统，浪潮集团研发 SMP2000 系列服务器。

2）2000 年，红旗 Linux 发布。

3）2001 年，方舟一号 CPU 问世。

4）2008 年，阿里巴巴内部信息技术升级，全面进行安全可控研发。

5）2010 年，民用“中标 Linux”和军用“银河麒麟”合并。

6）2013 年，浪潮天梭 K1 小型机系统上市。

7）2015 年，飞腾发布首款 ARM 架构 FT-1500A 系列处理器。

8）2019 年，兆芯 KX-6000 系列处理器亮相，性能极大提升；飞腾发布新一代桌面处理器 FT-2000/4。

9）2019 年至今，以党、政为主的两大体系和八大行业开始全面升级安全可控信息产品，全面进行应用业务系统和解决方案的国产自主知识产权下的更新。

发展至今，信创产业涉及的领域也越来越丰富和完整，详细情况如图 1-2 所示。

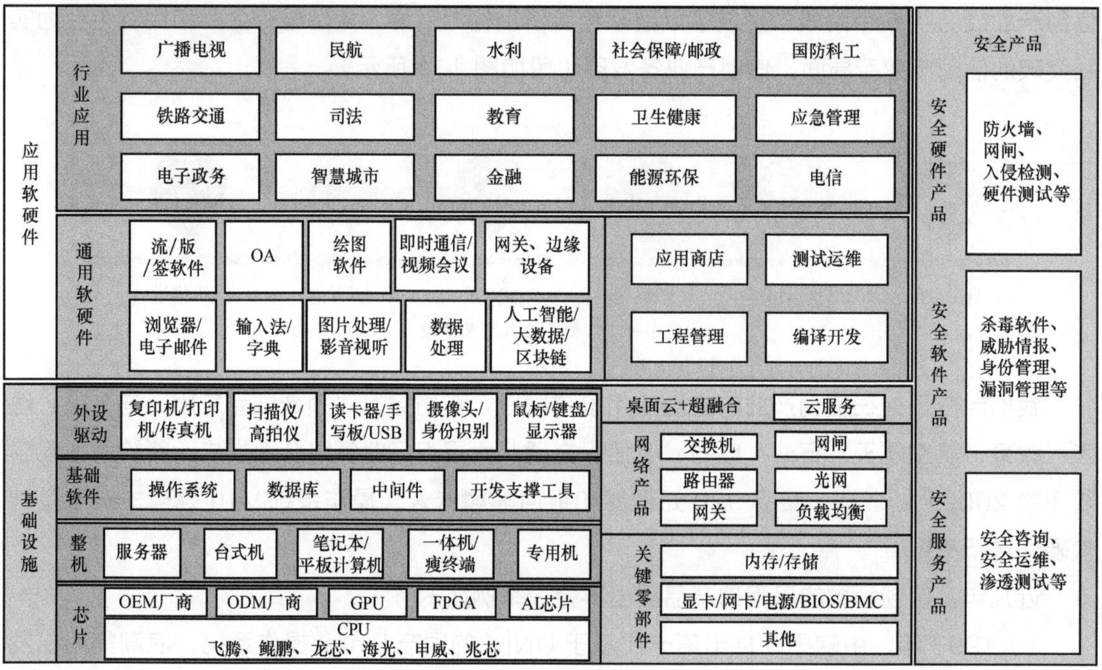

图 1-2　信创产业图谱

1.2　信创产品的发展意义

大力发展信创产品具有非常重要的战略意义。

1）建立自有 IT 底层架构和产品标准。过去国内多数关键基础设施对国外技术依赖度高，信息和网络安全性不高。因此，基于自有 IT 底层架构和标准建立起来的 IT 产业生态便是信创产业的主要内涵。

2）信创产品助力经济发展。经济发展要取得新成效，需要提升信息技术创新能力。建设数字中国，推动基础设施建设，都需要信创产品作为强力支撑，同时也会反向推动信创产业发展。信创产品的高度安全可控是实现我国第十四个五年规划发展目标和 2035 年远景目标、持续增强创新能力的重要抓手。

3）信创产品是各行业安全的基石。随着我国经济的飞速发展，各行业对关键基础设施的安全性要求越来越高，但考虑到我国信息技术的发展历史，我国部分核心关键基础设施无法实现 100% 安全可控，信创产品的研制与发展将为各行业提供根本上的安全保障。

4）信创产品的广泛应用可以激活国内关键基础设施领域产品的内部循环流通，通过扩大内部需求促进内部企业的发展壮大，培育一批能够承担关键基础信创产品研发的企业，以填补我国相关领域的空白。

1.3　信创产品的生态分析

通过前两节的内容，我们已经了解信创产品其实就是全面开展的，从服务器、操作系统、数据库、中间件到应用软件的国产化改造。当然需要明确一点，这里的国产化主要针对在符合安全可控的前提下进行开发改造的国产软件，并不是说硬件的每个零件都要重新研发，以及软件的每行代码都要重新编写。

信创产业是一条庞大的产业链，主要涉及以下部分。

- 基础硬件：CPU、服务器、存储、交换机、路由器等。
- 基础软件：操作系统、数据库、中间件、基本输入输出系统（Basic Input Output System，BIOS）等。
- 云软件：新媒体聚合系统、融媒体系统、云计算系统、大数据系统等。
- 应用软件：OA（Office Automation，办公自动化）、ERP（Enterprise Resource Planning，企业资源计划）、办公软件、政务应用、流 / 版 / 签软件（即流式软件、版式软件和签名软件）等。
- 信息安全：边界安全产品、终端安全产品等。

信创产业链产品分类如图 1-3 所示。

图 1-3　信创产业链产品分类

1.3.1 国产中央处理器

中央处理器（Central Processing Unit，CPU）是整机国产化的核心要件。目前，国产 CPU 主要有海光、兆芯、鲲鹏、飞腾、龙芯、申威等。其中，海光和兆芯采用通用 IP 内核授权模式，基于 x86 授权来开发自己的芯片。飞腾和华为的鲲鹏处理器采用架构 / 指令集授权模式，基于 ARM 架构 / 指令集授权来开发自己的芯片。龙芯和申威采用授权和自主研制的模式，早期使用国外的指令集授权，后期自己开发，完全可控。值得一提的是，龙芯走了一条完全与众不同的拓荒路，从 MIPS 架构入手，并且买断了 MIPS 架构的永久授权，然后从底层开始研究，开发出了 LoongArch 指令集。

1.3.2 国产服务器

对于服务器，目前整机国产化厂商比较多，包括浪潮、新华三、华为、联想、同方、长城、曙光等。浪潮的创新服务器主要有机架服务器、多节点服务器和整机柜服务器，主要布局在高端服务器市场。此外，国产服务器还有新华三的 UniServer 服务器、华为的 TaiShan 系列服务器和鲲鹏服务器。

1.3.3 国产操作系统

国产操作系统是指由我国自主研发的操作系统，如银河麒麟、中标麒麟、统信 UOS、深度（deepin）操作系统、欧拉操作系统等。

deepin 成功地解决了兼容性和易用性问题，并在 Linux 基础上引入了 Windows 桌面，实现了二者的完美结合。统信 UOS 这款操作系统在 deepin 的基础上进一步优化，融合了 Windows 系统的界面和操作习惯。统信 UOS 的独特之处在于其技术路线的统一和生态的统一。

中标麒麟和银河麒麟也是基于 Linux 内核的优秀操作系统，但它们更多针对特定领域的应用，如服务器或军工领域。目前，中标麒麟和银河麒麟已经合并，都是麒麟软件旗下的产品，其中 V4 和 V10 两个版本都是银河麒麟，V7 是中标麒麟。麒麟家族中还有一个优麒麟，优麒麟操作系统是 Ubuntu 官方衍生版。

1.3.4 国产数据库

国产数据库的选择非常多，包括 OceanBase、TiDB、openGauss、GaussDB、达梦数据库、人大金仓数据库、PolarDB、GBase、瀚高数据库等。

OceanBase 是蚂蚁集团完全自研的分布式数据库，具有 100% 的知识产权，承担蚂蚁集团的多数核心链路，主要用于金融、运营商和政府公共服务等。

TiDB 是 PingCAP 公司自主设计、研发的开源分布式关系数据库。作为通用分布式数据库，TiDB 已被全球超过 1500 家企业用于线上生产环境。

openGauss 是华为主导的高性能、高安全、高可靠的开源关系数据库。

GaussDB 是华为自主研发的又一个数据库品牌，未开源，版本众多，支持关系数据库引擎和非关系数据库引擎。例如，GaussDB(for MySQL) 完全兼容 MySQL，GaussDB (for Mongo) 完全兼容 MongoDB。

达梦数据库是国产数据库中推出得比较早的，产品功能丰富，工具也比较完备。

人大金仓数据库是面向大规模并发事务处理的企业级关系数据库，支持多种数据类型，有一整套解决方案。

PolarDB 是阿里巴巴自主研发的下一代云原生关系数据库。

1.3.5　国产中间件

中间件位于数据库平台和应用软件之间，是一种跨平台的基础软件。目前，国内中间件市场份额的第一梯队仍然是 IBM 和 Oracle，二者合计占近一半的市场份额；第二梯队为五大国产厂商，包括东方通、普元信息、宝兰德、中创、金蝶天燕，合计占市场份额的 19.6%。国内中间件市场份额情况如图 1-4 所示。

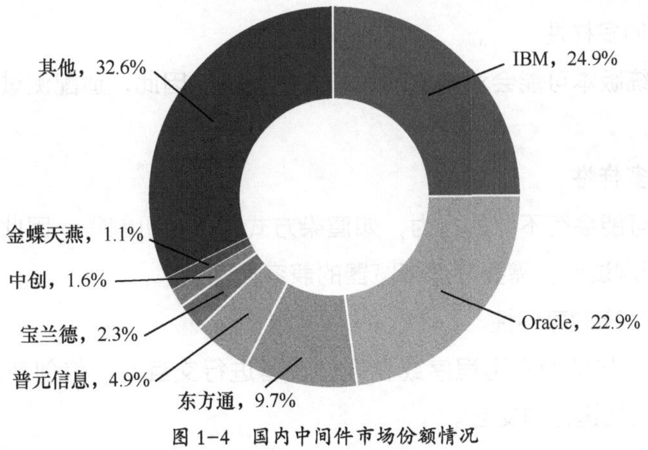

图 1-4　国内中间件市场份额情况

在国家的大力推动下，信创产业的发展已经成了不可逆转的趋势。这个起步阶段肯定是痛苦的，除了各种割裂与适配问题，还要解决各种故障，补漏洞。

1.4 信创产品测试现状分析

上述内容对信创产品进行了基础介绍，主要从发展与意义两个方面进行了梳理。读者会发现，信创产品涉及的领域、行业、技术等方方面面非常复杂，但是判断信创产品是否可用，以及能否满足我们的生活和工作需求，这就对信创产品的质量提出了严格要求（确保我们将要使用的产品是经过质量检验的、合格的产品）。

然而，现在市场上各单位对信创产品的测试要求还存在很大差距。这主要是之前缺少与信创产品测试及评价相关的规范，导致信创产品在测评过程中有质量参差不齐、适配性能存在较大差异的情况发生。接下来，笔者给读者做几点分析。

1.4.1 适配的多样性分析

本小节对信创产品测试最基础的要求“适配测试”进行分析。为了保证适配测试的质量，需要建立完整的测试流程。一般来说，适配测试的流程包括需求分析、测试计划编写、测试用例设计、测试执行、缺陷管理和测试报告撰写等。在具体实施过程中，由于信创产品的多样性，需要适配的产品种类众多，测试人员可能会遇到以下难点。

（1）硬件设备的多样性

不同的硬件设备有着不同的配置，可能会导致软件无法正常使用或者出现兼容性问题。因此，适配测试中需要考虑各种硬件设备的兼容性问题，尤其是移动端应用，还要考虑不同的屏幕分辨率、处理器型号等。

（2）操作系统的多样性

不同的操作系统版本可能会对软件的运行产生影响。因此，适配测试需要考虑不同操作系统的兼容性问题。

（3）浏览器的多样性

不同的浏览器可能会有不同的行为，如渲染方式、缓存机制等。因此，测试人员在进行 Web 应用程序适配测试时，需要考虑浏览器的兼容性问题。

（4）其他应用程序的兼容性

当信创产品需要与其他应用程序或者硬件设备进行交互时，信创产品需要进行适配测试，以确保其能够正常运行和交互。

1.4.2 产业的多样性分析

随着信创产业的不断发展，信创产品建设清单也不断丰富，笔者最新统计的信创产品建设清单如表 1-1 所示。

表 1-1 信创产品建设清单

一级分类	二级分类	三级分类
基础设施	存储产品	包括光学存储、磁性存储和半导体存储三类。光学存储包括 DVD 和 VCD 等；磁性存储包括磁盘和软盘等；半导体存储主要分为随机存储器（RAM）和只读存储器（ROM）
	芯片	涉及 CPU、GPU、NPU、FPGA、DSP、加密芯片等
	外设终端	包括会议主机、政务一体机、打印机、扫描仪、复印机、不间断电源设备、摄像设备等
	网络设备	包括路由器、交换机、网络安全设备、SD-WAN 设备、网关、DTU、RTU、无线产品等
	云计算	包括虚拟化软件、容器、云平台、云管理软件、桌面云系统等。其中，企业使用的云产品应是以国产化的 CPU、操作系统为底座的自主研发的云平台
	大数据服务	包括企业使用的大数据资源或大数据工具等
计算机终端	服务器	包括 Web 服务器、邮件服务器、文件服务器、数据库服务器、存储备份一体机服务器等
	微型计算机	包括台式微型计算机、便携式微型计算机、一体式台式微型计算机、工作站等
	工业控制计算机	包括工业计算机、可编程逻辑控制器（PLC）、分散控制系统（DCS）、现场总线控制系统（FCS）及计算机数控（CNC）等
基础软件	操作系统	包括桌面操作系统、服务器操作系统、嵌入式操作系统、个人数字助理（PDA）手持终端操作系统等
	数据库	包括国产数据库、云数据库、开源数据库等
	中间件	指分布式环境下支撑应用开发、运行和集成的平台
应用系统	办公系统	包括流式软件、版式软件、邮箱、OA、社交软件、门户系统等
	管理系统	包括应用于财务、人力等企业管理场景，如战略决策、ERP、风控管理、人力资源管理等的软件
	业务系统	包括支持采购、研发、设计、生产、营销、服务等业务环节场景的系统，如研发设计类、生产调度类、过程控制类、客户关系管理（CRM）类、供应商关系管理（SRM）类、数据采集与监视控制（SCADA）类等
信息安全	信息安全产品	包括硬件安全、软件安全、安全服务等各类产品，如边界安全产品、终端安全产品、漏洞扫描产品等

通过表 1-1 可以清晰地看出，信创产品的多样性日益增加。这导致在开展信创产品测试时会遇到一些非技术原因导致的难点，详细描述如下。

（1）信创产品测试花费较大

开展信创产品测试涉及众多的软硬件产品版本和型号，因而从中选出最适宜、最优化的型号往往需要比普通测试投入更多的人力和物力。

（2）信创产品测试工程师非常稀缺

从信创产品建设清单可以看出，信创产品测试通常涉及软件测试和硬件测试两个方面。我们开展软件测试和硬件测试采用的是不同的国家标准，但是因为信创产品测试既涵盖软件测试又涉及部分硬件测试，所以在测试过程中对团队要求是比较高的。当前的测试工程师大多是软件测试行业或者硬件测试行业出身，往往很难找到兼具软硬件测试体系的工程师，所以信创产品测试方面的工程师非常稀缺。

第 2 章 信创产品测试基本要求

在一个信创工程项目中，从单个产品部署到整体环境搭建，再到应用系统上线，整个项目周期中对产品进行测试是最关键的环节。信创产品测试可以建立一种质量保障，确保信创产品能按预期的要求运行。通过信创产品测试，可尽早发现系统的缺陷并确保其得到正确修复，降低信息化风险，让信创系统能够被业主单位真正接纳。

为了确保信创产品测试的顺利进行，我们首先需要了解和掌握信创产品测试的基本技术及基础方法。通过深入探讨这些基础内容，可以为后续内容的学习和实践扫平障碍，提高信创产品测试的准确性和效率。

2.1 测试标准介绍

如果无法度量质量，那么就无法管理质量。目前，信创产品测试要求的依据主要来源于招投标文件、项目技术合同、委托测试需求单、产品说明、政府采购要求等。就信创产品测试的标准而言（这里所说的标准是得到普遍认可的规范，如国家、行业、地方、团体等正式发布的标准），我们主要依托如下测试标准及其他附加标准进行信创产品的测试测评。

1）GB/T 25000.10—2016《系统与软件工程　系统与软件质量要求和评价（SQuaRE）第 10 部分：系统与软件质量模型》。

2）GB/T 25000.51—2016《系统与软件工程　系统与软件质量要求和评价（SQuaRE）第 51 部分：就绪可用软件产品（RUSP）的质量要求和测试细则》。

3）GB/T 2423《电工电子产品环境试验》系列国家标准。

4）T/AIA 016—2023《信创产品测评 通用要求》团体标准。

5）行业、产业相关标准。

明确信创产品测试测评要求，可以为信创产品的质量测评提供依据，为厂商开展质量自测及委托第三方检测机构开展质量测评提供参考，为信创产品的开发建设和国产化迁移提供参考。

2.1.1 国家标准 GB/T 25000.10—2016 的解读

国家标准 GB/T 25000.10—2016 由中国国家标准化管理委员会于 2017 年正式发布实施。GB/T 25000.10—2016 中将 RUSP 的质量划分为产品说明要求、用户文档集要求、产品质量和使用质量。其中，产品质量又划分为 8 个质量维度，如图 2-1 所示。

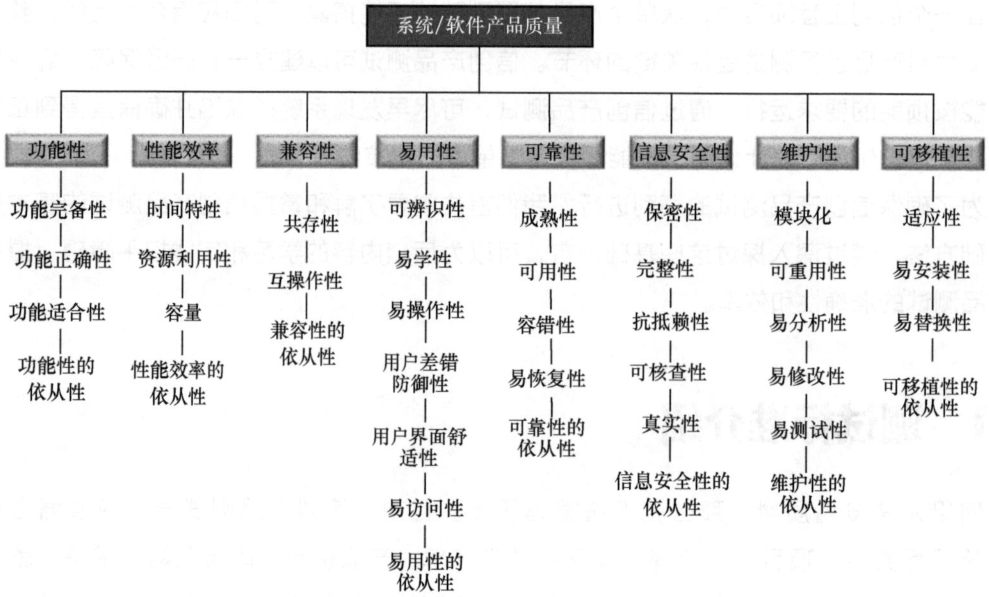

图 2-1　产品质量的 8 个质量维度

按此分类，结合信创产品的特点，可以梳理出信创产品测试的质量测试模型。

信创产品测试，首先进行的是适配测试。适配指的是不同平台设备的匹配。从硬件角度来说，基于不同的技术路线，在其上能够安装和运行不同的操作系统、数据库、中间件等软件，也就是要满足可移植性。接下来从软件角度来说，对于使用浏览器访问的服务，同一型号的设备可能运行不同的浏览器，而不同的浏览器存在差异性，这就要求大部分浏览器都能展现我们所希望看到的样子；对于客户端软件，则要能与系统和系统中的其他软件并存，也就是要满足兼容性。

在满足了可移植性和兼容性后，软件功能实现的完整度、正确实现的充分性，是信创产品可用的重要基础。基本功能实现的覆盖率越高，软件满足用户预期需求的能力就越强。如果软件功能实现有缺失或有问题，将导致用户不能使用该软件完成想要的基本操作，这样的软件是较难被用户接受的。同时，性能效率是否满足使用要求，也是可用的重要评价要素。软件能满足的并发任务数、响应时间等性能指标，对用户操作体验有着直接影响。一个功能完好但性能极差的软件也是很难被用户接受的。

可移植性、兼容性、功能性、性能效率、信息安全性是信创产品最重要的 5 个质量特性，也是信创产品测试的重点。在这 5 个质量特性的基础上，可适当根据产品特点及测试需求对易用性、可靠性、维护性，以及产品说明、用户文档集进行选测。

信创产品测试面对的是各种各样的国产化硬件、平台、软件系统。软件业务比较具体，部分行业的软件复杂性较高，由于信创产业生态还不是非常成熟，产品性能、兼容性等还在逐步提升，适配效率并不是很高，这就要求测试人员进行软件适配测试时，正确理解质量要求，具备宽广深厚的软件技术功底和测试技术功底，并且要不断积累信创领域的知识和经验。

各个信创产品应结合自身的特点、用户单位的实际使用需求，选择合适的质量特性范围，制定恰当的测试方案，高效发现测试问题，尽快完成产品质量的提升，避免盲目、仓促、过度地测试，将质量缺陷控制在一个合理的范围内，保障信创产品具有稳定的质量水平，直至达到用户满意的高质量交付。后续章节会详细介绍上述标准的使用方法和测试技术，这里不再过多阐述。

2.1.2　团体标准 T/AIA 016—2023 的解读

团体标准 T/AIA 016—2023 由山东省人工智能协会联合华为技术有限公司、山东安畅检测技术有限公司（齐鲁物联网测试中心）于 2023 年正式发布实施。该标准主要围绕如何进行信创产品的可移植性测试、质量测试展开，介绍了测试的方法和依据。该标准对信创产品的基本要求进行了明确定位，具体如下。

1）由企业自主研发，且具有该产品的知识产权。

2）在信创环境中表现出来的可移植性、功能性、性能效率、信息安全性、可靠性、兼容性、易用性、维护性等符合产品需求指标的要求。

3）信创产品的产品说明及其他用户文档集应符合 GB/T 25000.51—2016 中细则 5.1 和 5.2 的要求。

接下来，从硬件适配和可移植性、软件适配和可移植性、信创产品质量特性三个维度展开介绍信创产品的测试要点。

1. 硬件适配和可移植性测试

硬件适配和可移植性测试应在存储产品、芯片、外设终端、网络设备、服务器、微型计算机、工控机等硬件环境下，满足以下要求。

1）应明确可适配的硬件设备的产品型号、版本等基础信息。

2）应正常部署在指定信创环境中，正常调用被适配硬件，无报错信息。

3）在定制硬件主板的情况下，应进行环境可靠性试验。

2. 软件适配和可移植性测试

软件适配和可移植性测试应在操作系统、数据库、中间件、流 / 版式软件、浏览器、签章等信创软件环境下，满足以下要求。

（1）操作系统适配要求

1）应能在指定操作系统中成功安装和卸载。

2）应能在指定操作系统中正常运行，且各功能使用无异常。

3）应对所需修改或参照的操作系统配置文件、组件、依赖包给出说明文件。

（2）数据库适配要求

1）适配指定数据库后，应具备业务功能完整性，并具备增、删、改、查操作能力。

2）对适配的数据库有性能要求时，应满足预期要求。

3）在信创环境下进行应用和数据迁移后，应保证业务完整性。

（3）中间件适配要求

1）信创产品适配中间件时，应能在中间件中正常识别、启动、调用，且各功能使用无异常。

2）信创产品部署及中间件配置不应产生信息泄露等安全问题。

3）信创产品关闭后，能立即释放占用的资源。

（4）流 / 版式软件适配要求

1）应满足指定流 / 版式软件的编程规范。

2）应顺利驱动指定流 / 版式软件内、外部接口。

3）应能正确导入、导出指定的流 / 版式文件（适用时）。

（5）浏览器适配要求

1）应兼容主流的浏览器，脚本正常执行，页面正常显示。

2）应明确适配的浏览器软件范围和版本号。

（6）签章适配要求

1）应明确可适配的签章产品型号。

2）信创产品适配指定签章产品后，应满足签章产品接口规范、可调用签章产品接口实现签章功能。

3. 信创产品质量特性测试

（1）功能性测试

信创产品功能性测试要求如下。

1）功能实现应符合用户目标的要求。

2）功能实现应正确满足所需精度的要求。

3）其他应符合 GB/T 25000.10—2016 中关于功能特性的要求。

（2）性能效率测试

信创产品性能效率测试要求如下。

1）应满足产品执行功能时所使用资源量的要求。

2）应满足产品的最大限量的要求，包括存储数据量、交易吞吐量、数据库规模。

3）其他应符合 GB/T 25000.10—2016 中关于性能效率的要求。

（3）信息安全性测试

信创产品信息安全性测试要求如下。

1）硬件和软件产品应满足数据保密性要求。

2）硬件和软件产品应满足授权访问的要求。

3）硬件和软件产品应满足数据完整性的要求，防止数据被篡改。

4）其他应符合 GB/T 25000.10—2016 中关于信息安全性的要求。

（4）可靠性测试

信创产品可靠性测试要求如下。

1）产品失效后，应满足可恢复到正常状态的要求。

2）产品在需要时能够正常操作和访问。

3）产品存在故障时，应满足运行符合期望的要求。

4）其他应符合 GB/T 25000.10—2016 中关于可靠性的要求。

（5）兼容性测试

信创产品兼容性测试要求如下。

1）用户文档集应提供必要的信息以标识使用该产品的兼容性要求，包括但不限于软件和（或）硬件的名称、版本、特定操作系统等。

2）当用户文档集引证已知的、用户可调用的其他软件的接口时，应标识出这些接口或软件。

3）其他应符合 GB/T 25000.10—2016 中关于兼容性的要求。

（6）易用性测试

信创产品易用性测试要求如下。

1）应符合可辨识性、易学性、易操作性、用户差错防御性、用户界面舒适性、易访问性及易用性的依从性等。

2）其他应符合 GB/T 25000.10—2016 中关于易用性的要求。

（7）维护性测试

信创产品维护性测试要求如下。

1）应满足模块化、可重用性、易分析性、易修改性、易测试性及维护性的依从性等。

2）其他应符合 GB/T 25000.10—2016 中关于维护性的要求。

（8）电工电子环境试验

在定制的硬件主板中，信创产品电工电子环境试验要求如下。

1）产品符合高温、低温的要求。

2）产品符合恒定 / 交变湿热的要求。

3）产品符合盐雾试验的要求。

4）产品符合相关 EMC 试验的要求。

5）其他应符合 GB/T 2423 系列标准中关于环境试验的要求。

2.2 测试流程探讨

一个产品从概念形成开始，直到退出市场，整个过程可称为一个产品的生命周期。测试则一直伴随整个软件的生命周期，与传统软件测试相比，信创产品测试的流程要求更加严格，这与信创产品的特点有很大关系。经过分析比较，本节从众多测试模型（如 V 模型、W 模型、H 模型、敏捷模型等）中选择了一款适合信创产品测试的测试模型——川模型进行介绍。

川模型由三条相对独立的测试实施流程组成，由于类似中文的“川”字而得名。其中的三条测试实施流程分别是验收测试实施流程、需求级测试实施流程、业务级测试实施流程。川模型测试框架规程简图如图 2-2 所示。

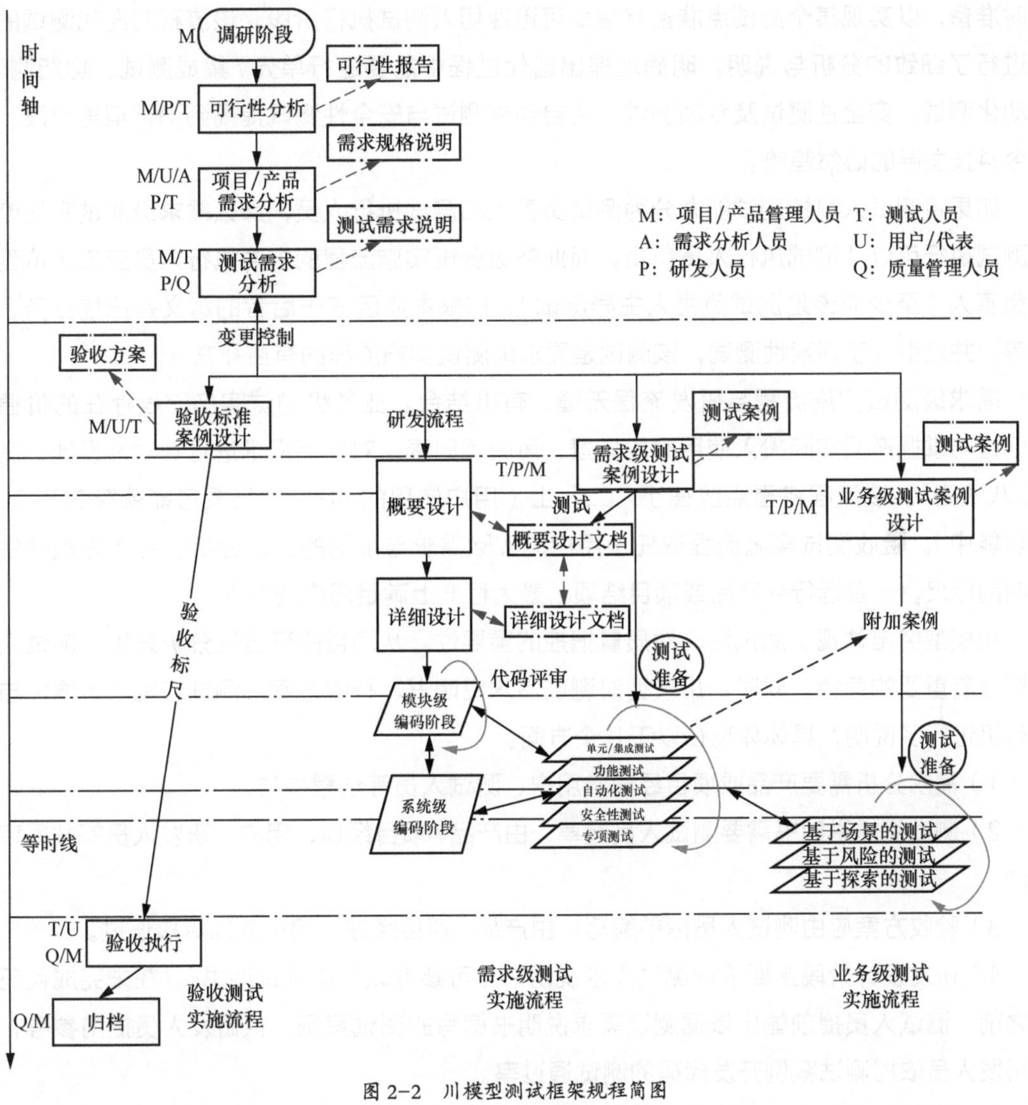

图 2-2　川模型测试框架规程简图

验收测试实施流程提出的目的与重点在于保护用户的真实需求，因为最终产品或项目能否成功交付，验收结果是重要的依据，而验收的主导者一定是用户（代表）。该流程的起始阶段就是在投入真正的研发和测试之前，根据项目需求及测试需求设计出验收方案，以纸质方案的形式与用户（代表）进行评审，以减少后期三方（用户、研发、测试）需求不一致导致的开发迭代增加。同时，以此验收方案为标尺，约束另外两个流程的实施。

需求级测试实施流程强调测试伴随整个软件开发周期。测试与开发并行，以达到尽早发现问题的目的。将测试的对象扩展成程序、设计（文档资料）、数据等内容，测试工作能够实时准备，以实现某个测试点准备就绪即可迅速切入测试执行阶段。该流程对迭代测试的内容进行了细致的分析与说明，明确地提出迭代过程中需要进行单元 / 集成测试、功能测试、自动化测试、安全性测试及专项测试。将自动化测试与安全性测试提高到测试指导阶段，是当今科技发展的必然趋势。

如果将测试人员按测试能力分为测试负责人和测试执行人员，那么需求级测试实施流程的测试执行可以让测试执行人员负责，而业务级测试实施流程的主要执行人员应该定位到测试负责人（至少应该是测试负责人主导测试）。其根本原因在于后者的意义是把控业务、风险等，并且引入了探索性测试，该测试是需求级测试实施流程的有益补充。

需求级测试实施流程与研发流程无缝、有机结合。业务级测试实施流程存在的价值在于把控与掌握产品实际投入使用时的场景、风险等因素，对重点需求进行针对性设计，满足“二八法则”。该流程将重点放在了“二”上（用户使用的 80% 的场景可能就存在于 20% 的功能中）。验收测试实施流程依托于用户的实际需求与前期的测试分析。它作为软件生命周期的标尺，一直运行到产品或项目结项，最大程度上满足用户的需求。

川模型突出体现了测试活动对质量把控的重要性。从项目的可行性分析开始，测试人员就担任着重要的角色。同时，川模型对测试需求说明书、验收方案、测试方案的重要性与提出时机进行了说明，具体体现在以下几个方面。

1）需求分析需要产品或项目经理、用户、测试人员等全程参与。

2）测试需求说明书需要测试人员起草，由产品 / 项目经理、用户、研发人员等共同审核通过。

3）验收方案应由测试人员提前编写，由产品 / 项目经理、用户共同审核通过。

4）研发设计阶段主要依据测试需求说明书（可参考软件需求说明书）。在未完成代码开发之前，测试人员提前输出依据测试需求说明书编写的测试案例，供研发人员提前参考，提高研发人员依据测试案例开发代码的测试通过率。

5）迭代大部分发生在需求级测试实施流程中，测试工作实时准备，以便迅速切入测试执行。

6）业务级测试实施流程的执行工作是需求级测试实施流程的补充，在软件研发的中后期可无缝切入。

7）验收执行的触发点是业务级测试实施流程通过，验收工作完成后，进行项目资料归档工作。

8）研发过程中，若有任何变更，则须走变更控制程序，返回测试需求分析阶段，并根据实际情况与要害人员输出变更后的系列资料（验收方案、测试案例等）。

第 3 章 迁移适配的测试技术

软硬件适配是信创产品生命周期中最关键的环节。适配测试是从基础设施、基础软件、应用软件、信息安全产品的可移植性角度而言的。基于可移植性测试，依托各类安全可控国产操作系统、数据库、中间件、浏览器等，验证信创产品能否有效地适应国产化处理器、存储设备、外部辅助设备、网络设备等，是信创产品测试的基础工作。

本章主要从信创产品的硬件迁移适配和软件迁移适配两个角度，向大家讲解信创产品迁移适配的测试技术，并结合迁移适配测试案例进行分析。

3.1 信创产品硬件迁移适配

信创产品硬件迁移适配测试的目的是确保信创产品在不同的国产化平台上可以正常、稳定运行。有关硬件的适配和可移植性测试，包含但不限于在存储产品、芯片、外设终端、网络设备、云计算、大数据服务、服务器、微型计算机、工控机等硬件环境下，重点考虑不同硬件平台的适应性，在不同硬件设备上安装、运行和卸载信创产品。

硬件迁移适配测试可以从适应性、易安装性、易替换性等方面进行测试。

在团体标准 T/AIA 016-2023《信创产品测评 通用要求》对信创产品硬件适配和可靠性测试的要求中，针对信创产品的硬件迁移适配测试包括但不限于以下内容。

（1）芯片适配性测试

芯片适配性测试主要测试信创产品中使用的芯片与系统中其他芯片的兼容性，也要兼顾芯片之间的通信协议、数据传输速率、稳定性等方面的测试。同时需要验证当系统处理大量数据或复杂任务时，芯片之间的配合是否能够保持稳定。

（2）内存和存储测试

内存和存储测试不仅需要测试信创产品中内存和存储设备的读写速度、稳定性及容量等，而且需要测试内存和存储设备之间的配合是否能够保持稳定。在测试过程中，测试人员还需要关注信创产品对不同类型内存和存储设备的支持情况。

（3）显卡和显示器测试

显卡和显示器测试不仅需要测试信创产品中显卡和显示器设备的性能和显示效果（包括分辨率、色彩还原度、刷新率等），而且需要测试显卡和显示器设备之间的配合是否能够保持稳定。在信创产品测试过程中，测试人员还要关注信创产品对不同类型显卡和显示器的支持情况。

（4）网络设备测试

网络设备测试不仅需要测试信创产品中网络设备的网络速度、稳定性和安全性等，而且需要测试网络设备与系统中其他设备的兼容性。在测试过程中，测试人员还要关注信创产品对不同类型网络设备的支持情况。

（5）电源和散热测试

电源和散热测试不仅需要测试信创产品中电源和散热设备的功率、效率和稳定性等，而且需要测试电源和散热设备之间的配合是否能够保持稳定。在测试过程中，测试人员还要关注信创产品对不同类型电源和散热设备的支持情况。

（6）安全性和加密测试

安全性和加密测试主要针对信创产品中的安全功能和加密技术，测试其对各种安全威胁的防护效果、数据加密稳定性，以及加密技术之间的配合是否能够保持稳定。在测试过程中，测试人员还需要关注信创产品对不同类型安全威胁的防护情况和数据加密的支持情况。

（7）键盘和鼠标测试

键盘和鼠标测试不仅需要测试信创产品中键盘和鼠标设备的手感、灵敏度和稳定性等，而且需要验证键盘和鼠标设备之间的配合是否能够保持稳定。在测试过程中，测试人员还需要关注信创产品对不同类型键盘和鼠标的支持情况。

（8）整体性能和稳定性测试

整体性能和稳定性测试主要对信创产品整体性能表现及长时间运行下的系统稳定性进行测试。此阶段需要对上述所有环节进行综合验证，包括但不限于启动速度、响应速度、多任务处理能力及长时间运行下的系统稳定性等。测试人员通过全方位的检测，确保产品在实际使用中具备良好的性能。

3.2　信创产品软件迁移适配

近几年，信创产品出现的主要软件迁移适配问题总结如下。

- 从集成商的开发环境向目标替换环境迁移时出现的无法适应操作系统等目标环境的问题。
- 迁移到目标环境后出现的恶意或者非恶意的无法安装或卸载问题。
- 迁移到目标环境后，出现恶意无法升级迭代或者被同类型软件替代的问题。
- 迁移到目标系统后，不符合目标系统的相关法律法规或者政策性约束等。

为了解决上述问题，使信创产品更好地适应大环境，测试人员需要对信创产品进行软件适配和可靠性测试，包含但不限于在操作系统、数据库、中间件、流 / 版式软件、浏览器、签章等信创软件环境下进行可移植性测试。

3.2.1　传统软件的可移植性

国家标准 GB/T 25000.51—2016《系统与软件工程 系统与软件质量要求和评价（SQuaRE）第 51 部分：就绪可用软件产品（RUSP）的质量要求和测试细则》中对可移植性的描述如下：可移植性主要针对适应性、易安装性、易替换性、可移植性的依从性进行测试。即系统、产品或组件能够从一种硬件、软件或其他运行（或使用）环境迁移到另一种环境的有效性和效率程度。

（1）适应性

适应性是指产品或系统能够有效地、有效率地适应不同的或演变的硬件、软件或其他（运行或使用）环境的程度。即产品或系统适应软件、硬件变化的能力，包括硬件环境、操作系统、数据库管理系统、浏览器、支撑软件的适应性。

（2）易安装性

易安装性是指在指定环境中，产品或系统能够成功地安装和卸载的有效性和效率程度。

（3）易替换性

易替换性是指在相同的环境中，产品能够替换另一个相同用途的指定软件产品的程度。

（4）可移植性的依从性

可移植性的依从性是指产品或系统遵循与可移植性相关的标准、约定、法规及类似规定的程度。

3.2.2 信创产品的可移植性测试

可移植性测试应当充分验证信创产品定义的适用范围，为厂商和用户提供信创产品使用的信心。定制开发的信创产品应尽早进行可移植性测试。若未明确操作系统、浏览器等版本，则应针对当前主流的国产化的操作系统、浏览器的产品版本进行测试验证。如果涉及新旧系统数据迁移，那么应完整分析新旧系统数据差异，明确无法映射字段的处理方法，对数据备份、数据清理和转换、迁移工具、数据校验工具、系统切换方案及应急措施等进行充分的测试。

在对可移植性进行验证时，我们通常要求提供被测软件所适应的环境。通常来说，我们可以针对被测国产化软件适应国产化环境进行验证，也可以针对被测国产化软件适应非国产化环境进行验证。被测国产化软件在对所适应的环境进行验证时可以细分为 4 种情况：针对完全国产化环境进行验证；针对环境中部分设备的国产化适应情况进行验证；针对环境中单一设备的国产化适应情况进行验证；针对非国产化环境的适应情况进行验证。

上述 4 种情况均应在测试报告中注明适应对象的国产化情况，如 CPU、存储设备、辅助设备（如打印机、扫描仪等）、网络设备（如路由器、交换机等）及配件等。

1. 适应性

（1）国产化软件在国产化环境下的适应性

我们在开展国产化软件测试时，若有指定的环境，则应在指定环境下测试适应性；若没有指定的环境，则推荐被测国产化软件在使用范围广、兼容性强的国产化环境下（如设置国产化操作系统为单一环境）进行验证。通常来说，我们选择的国产化操作系统有统信操作系统、银河麒麟操作系统和欧拉操作系统。

（2）国产化软件在非国产化环境下的适应性

国产化软件在非国产化环境下的适应性通常是指在已知的国产化软件的条件下验证其在非国产化环境下的适应性。同样，若有指定的环境，则在指定环境下测试适应性；若没有指定的环境，则选择使用范围广、兼容性强的非国产化操作系统进行验证。所选的操作系统有 Windows 系列操作系统、Linux 系列操作系统。

在指定的环境下开展被测国产化软件的可移植性测试主要是指用户在开展适应性测试之前已经有了明确的适应对象。例如，需要验证被测国产化软件在飞腾 D2000 处理器上是否能够正常运行。

国产化可移植性测试的适应性与兼容性测试的共存性是两个相近的概念，对初学者来说非常容易混淆。以下对可移植性测试的适应性和兼容性测试的共存性的差异进行说明。

1）测试目的不同。我们可以通过测试目的对可移植性测试的适应性和兼容性测试的共存性进行区分。兼容性测试的目的是验证被测国产化软件是否能够与目标对象兼容，本质上是为了两个软件能够在同一套环境下共存。此时，我们可以将目标对象叫作共存对象。可移植性测试的目的是验证被测国产化软件是否能够迁移到包含目标对象的环境中，本质上是为了在包含目标对象的环境下共存。此时，我们将目标对象叫作适应对象。

2）适应对象所处的地位不同。兼容性测试的目标对象属于陪测软件，与被测软件处于同等地位。可移植性测试的目标对象属于测试环境的一部分，地位低于被测软件。

3）出现问题的影响域不同。兼容性测试的共存性出现问题后往往只会对被测国产化软件产生影响，影响域较小。可移植性测试的适应性出现问题后会对被测国产化系统的运行环境产生影响，会影响到包含被测国产化软件在内的整个测试环境，影响域较大。

2．易安装性

易安装性在信创软件测试中有着自己鲜明的特点。它的重要性非常高，主要是验证被测软件在信创环境下能否正常安装和卸载、国产化环境是否会导致安装和卸载按钮失效、卸载完成后是否会有大量数据遗留等。通常在易安装性测试过程中，我们会遇到如下问题。

1）部署启动无响应。

2）文件权限不足。

3）FineAssist 加载失败。

4）工程缺少 tools.jar 包。

5）设计器部署失败。

6）插件管理页面空白或无法获取插件更新资源。

7）模板字体缺失。

8）注册报错证书格式不匹配。

9）设计器页面字体异常。

3．易替换性

在“应替尽替”的大环境下，信创产品测试中易替换性的重要性不言而喻。通常，我们在开展易替换性测试时只需要选择被测系统替代同类型软件或被同类型软件替代中的一种场景，但是在信创产品测试过程中既需要考虑被测系统替代同类型软件，又需要考虑被测系统被同类型软件替代。需要考虑的内容主要有如下两个方面。

（1）被测系统替代同类型软件的场景

验证被测系统替代同类型软件主要考虑两点。第一，当前各行业信创工作正处在“2+8+N”全面深化国产替代浪潮中，可以预见未来将会产生大量的国产化替代需求及信创替换需求。此时的易替换性主要是指国产化软件对非国产化软件的替代。第二，在完全国产化替代工作日益深入、接近完成阶段时，会产生大量的版本升级需求，版本升级的需求是对易替换性测试的考验。

（2）被测系统被同类型软件替代的场景

当前信创工作还处于起步阶段，很多软件的功能并不完善，性能也并不达标，甚至存在相当一部分国产化软件属于过渡期软件。当国产化软件不断成熟，集成化程度越来越高，更多的新技术推动着当前软件的更新换代及合并时，我们就不得不考虑以其他国产化软件来代替现有版本的软件。这种情况将在今后很长一段时间频繁出现在信创产品测试领域。因而，在可移植性测试的易替换性测试中，这种情况是我们不得不考虑的。

4. 可移植性的依从性

在对可移植性的依从性进行验证时，我们还需要重点关注可移植性测试的依从性。对信创软件测试而言，可移植性测试的依从性是指被测系统迁移到目标环境时，应遵从目标环境所要求的政策法规、体系文件等要求。例如，国产化系统 A 被迁移到目标环境 B 中，如果企业对目标环境 B 的管理遵守商业保密准则 C，那么国产化系统 A 也要遵守商业保密准则 C。

3.3 迁移适配测试案例分析

3.3.1 案例简介

本次选择某公司的一款信创服务器作为迁移适配的案例。该服务器型号命名为 QITC1018ZP，是一款基于海光 7000 系列 CPU 的 2U 服务器，搭载海光安全处理器。本案例主要让你了解 QITC1018ZP 服务器的相关性能，以及操作系统是否可以满足信创产品的迁移适配要求。

迁移适配的测试要点主要有如下两点。

1）验证及考查 QITC1018ZP 服务器可以适配的国产化操作系统。

2）测试经典解决方案是否可以正常部署在 QITC1018ZP 服务器上（如数据库、中间件、某款多媒体管理系统等）。

3.3.2　测试网络环境说明

测试设备的组成如表 3-1 所示。

表 3-1　测试设备的组成

硬件	1 个 QITC1018ZP 服务器 1 个 H3C S5560-EI 系列以太网交换机 1 个 H3C S6800-2C 千兆以太网交换机
软件	openEuler 22.03 操作系统：openEuler-22.03-LTS-x86_64-dvd.iso 银河麒麟 V10 高级服务器操作系统：Kylin-Server-10-SP1-Release-Build20-20210518-x86_64.iso Windows Server 2019 操作系统 H3C CAS V7.0 (E0706) 虚拟化操作系统 VMware vSphere 6.7 U3 虚拟化操作系统

详细硬件配置如表 3-2 所示。

表 3-2　详细硬件配置

服务器型号	QITC1018ZP
主板型号	87C95
处理器	2 个海光 C86 7260 24 核处理器
内存	容量为 128GB（4 个 32GB）的 DDR4 2933
磁盘	2 个容量为 1.2TB、转速为 10kRPM、SAS 接口的机械硬盘
网卡	1 个 LOM 卡 Intel I350 1G RJ45 NIC（2×1GE） 1 个 BLD I350 1G RJ45 4-Ports PCIe NIC（4×1GE）
RAID 卡	LSI 9361 8i 2G SAS 12G RAID
电源	2 个 Acbel CRPS550N2（2 个550W 冗余电源）
前置端口	4 个 USB 3.0 端口
后置端口	1 个VGA 端口、4 个 USB 3.0 端口、1 个专用 BMC 网络端口

3.3.3　测试用例分析

为了衡量一台 PC 服务器是否满足项目应用的需求，需要进行以下项目测试，从而考查该服务器的可移植性、易用性、功能、性能和安全性，对该服务器进行定位。

（1）服务器的 BMC 适配测试

基板管理控制器（Baseboard Management Controller，BMC）是用于监控和管理

服务器的专用控制器。服务器的 BMC 适配测试的具体情况如表 3-3 所示。

表 3-3 服务器的 BMC 适配测试

测试环境	
本测试在 QITC1018ZP 服务器单机上进行，通过 BMC 进行操作系统安装	
测试工具或软件	
服务器远程管理工具：BMC	
测试项目	**测试结果**
了解 QITC1018ZP 服务器 BMC 管理方式，并记录 BMC 及 BIOS 版本	BMC 版本： BIOS 版本：
测试通过 BMC 远程管理程序可进行哪些操作，是否支持远程安装操作系统、主机远程开机和关机等功能	支持远程安装操作系统 支持主机远程开机和关机
BMC 使用配置方法	

（2）服务器的操作系统适配测试

考查 PC 服务器可以适配的操作系统，并且验证该操作系统在服务器上的兼容性，具体如表 3-4 所示。

表 3-4 服务器的操作系统适配测试

测试环境	
本测试在 QITC1018ZP 服务器单机上进行，通过 BMC 进行操作系统安装	
测试工具或软件	
操作系统：Linux 操作系统 /Windows 操作系统 / 国产操作系统 / 虚拟化操作系统 服务器驱动：系统自带或手动安装	
测试项目	**测试结果**
了解 QITC1018ZP 服务器操作系统的安装方式： a）通过嵌入式引导程序安装操作系统 b）通过引导盘安装操作系统 c）直接通过 ISO 镜像安装操作系统，再手动安装相关驱动	安装方式： c）直接通过 ISO 镜像安装操作系统，再手动安装相关驱动
安装银河麒麟 V10 高级服务器操作系统，记录安装方法，查看驱动支持情况	支持，配置完成 RAID 卡，直接从 ISO 使用 GUI 进行网卡安装，RAID 卡、显卡驱动正常
安装 openEuler 22.03 操作系统，记录安装方法，查看驱动支持情况	支持，配置完成 RAID 卡，直接从 ISO 进行安装，手动安装主板、网卡、显卡驱动，驱动正常

续表

测试项目	测试结果
安装 Windows Server 2019 操作系统，记录安装方法，查看驱动支持情况	支持，配置完成 RAID 卡，直接从 ISO 使用 GUI 进行安装，手动安装主板、网卡、显卡驱动，驱动正常
安装 H3C CAS V7.0（E0710）虚拟化操作系统，记录安装方法，查看驱动支持情况	支持，配置完成 RAID 卡，直接从 ISO 使用 GUI 进行安装
在 H3C CAS V7.0（E0710）环境下依次安装 openEuler 22.03 操作系统、银河麒麟 V10 高级服务器操作系统、Windows 10、Windows Server 2019，记录支持情况	银河麒麟 V10 高级服务器操作系统，支持正常
安装 VMware vSphere 6.7 U3 虚拟化操作系统，记录安装方法，查看驱动支持情况	支持，配置完成 RAID 卡，直接从 ISO 进行安装

（3）服务器的应用软件适配测试

服务器的应用软件适配测试主要验证应用软件在不同操作系统下的适配和兼容性问题，分为物理机环境下应用软件的适配测试和虚拟机环境下应用软件的适配测试两个方面。

物理机环境下应用软件的适配测试如表 3-5 所示。

表 3-5　物理机环境下应用软件的适配测试

测试环境	
本测试在 QITC1018ZP 服务器单机上进行，安装银河麒麟 V10 高级服务器操作系统	
测试工具或软件	
操作系统：银河麒麟 V10 高级服务器操作系统 某款多媒体管理信息系统	
测试项目	**测试结果**
部署某款多媒体管理信息系统应用软件 V1.5，验证在 QITC1018ZP 服务器、银河麒麟 V10 高级服务器操作系统下的安装过程是否正常	支持，该款多媒体管理信息系统安装脚本完成海光 CPU、银河麒麟 V10 高级服务器操作系统、x86 架构的自动识别与适配，可一键脚本部署
部署大洋用户管理应用软件 V1.15，验证在 QITC1018ZP 服务器、银河麒麟 V10 高级服务器操作系统下的安装过程是否正常	支持，大洋用户管理应用软件安装脚本完成海光 CPU、银河麒麟 V10 高级服务器操作系统、x86 架构的自动识别与适配，可一键脚本部署
安装与某款多媒体管理信息系统相关的国产数据库，验证是否正常	支持，国产数据库可正常安装并提供数据库服务，该款多媒体管理信息系统可正常访问与运行
安装与某款多媒体管理信息系统相关的国产中间件，验证是否正常	支持，国产中间件可正常安装并服务，该款多媒体管理信息系统可正常访问与运行
测试某款多媒体管理信息系统应用系统的运行情况，验证文件上传、编目、检索、浏览、下载、资源管理、流程调度等功能	支持，该款多媒体管理信息系统各个主要功能测试通过

续表

测试项目	测试结果
测试验证大洋用户管理应用系统的运行情况，验证本地用户管理、登录认证等功能	支持，大洋用户管理应用系统功能测试通过

虚拟机环境下应用软件的适配测试如表 3-6 所示。

表 3-6　虚拟机环境下应用软件的适配测试

测试环境	
本测试在 QITC1018ZP 服务器单机上进行，安装 H3C CAS V7.0（E0710）虚拟化操作系统	
测试工具或软件	
虚拟机操作系统：银河麒麟 V10 高级服务器操作系统 某款多媒体管理信息系统	
虚拟机配置	
8 核 CPU（逻辑）、14GB RAM、x86 架构、银河麒麟 V10 高级服务器操作系统、80GB 机械硬盘	
测试项目	**测试结果**
部署某款多媒体管理信息系统应用软件 V1.5，验证在 QITC1018ZP 服务器、银河麒麟 V10 高级服务器操作系统、虚拟机环境下的安装过程是否正常	支持，该款多媒体管理信息系统安装脚本完成海光 CPU、银河麒麟 V10 高级服务器操作系统、H3C CAS V7.0（E0710）虚拟化、x86 架构的自动识别与适配，可一键脚本部署
部署大洋用户管理应用软件 V1.15，验证在 QITC1018ZP 服务器、银河麒麟 V10 高级服务器操作系统、虚拟机环境下的安装过程是否正常	支持，大洋用户管理应用软件安装脚本完成海光 CPU、银河麒麟 V10 高级服务器操作系统、H3C CAS V7.0（E0710）虚拟化、x86 架构的自动识别与适配，可一键脚本部署
安装与某款多媒体管理信息系统相关的国产数据库，验证是否正常	支持，国产数据库可正常安装并提供数据库服务，多媒体管理信息系统可正常访问与运行
安装与某款多媒体管理信息系统相关的国产中间件，验证是否正常	支持，国产中间件可正常安装并服务，多媒体管理信息系统可正常访问与运行
测试某款多媒体管理信息系统应用系统的运行情况，验证文件上传、编目、检索、浏览、下载、资源管理、流程调度等功能	支持，该款多媒体管理信息系统各个主要功能测试通过
测试验证大洋用户管理应用系统的运行情况，验证本地用户管理、登录认证等功能	支持，大洋用户管理应用系统功能测试通过

3.3.4　测试结论

经测试，QITC1018ZP 服务器兼容主流操作系统及虚拟化环境，被测应用软件可以正常安装与运行，设备驱动都可以正常工作。

物理机支持的操作系统如下。

- Windows Server 2019 操作系统（须手动安装驱动，信创机器不建议使用）。
- openEuler 22.30 操作系统。
- 银河麒麟 V10 高级服务器操作系统。

物理机支持的虚拟化如下。

- H3C CAS V7.0（E0710）虚拟化所支持的操作系统有如下几种。
  - Windows 10 操作系统。
  - Windows Server 2019 操作系统。
  - openEuler 22.03 操作系统。
  - 银河麒麟 V10 高级服务器操作系统。
- VMware vsphere 6.7 U3 虚拟化所支持的操作系统有如下几种。
  - Windows 10 操作系统。
  - Windows Server 2019 操作系统。
  - openEuler 22.03 操作系统。
  - 银河麒麟 V10 高级服务器操作系统。

经测试，可得出如下结论。

1）QITC1018ZP 服务器可以适配上述国产操作系统和虚拟化环境。

2）被测应用软件可以在 QITC1018ZP 服务器上正常运行。

第 4 章 质量特性的测试技术

本章主要依据国家标准 GB/T 25000.51—2016《系统与软件工程　系统与软件质量要求和评价（SQuaRE） 第51部分：就绪可用软件产品（RUSP）的质量要求和测试细则》和团体标准 T/AIA 016—2023《信创产品测评 通用要求》两大标准体系，结合信创产品的特点，从产品的功能性、性能效率、信息安全性、可靠性、兼容性、易用性和维护性等质量特性方面，为读者介绍如何进行信创产品质量特性方面的测试。

4.1 信创产品功能性测试技术

信创产品功能性是指信创产品对算法的实现程度，利用该实现，最终用户或软件可以执行具体工作任务的部分或全部。功能性测试是在指定条件下运行产品或组件，对运行结果进行观察和记录，并对该产品或组件提供满足明确和隐含要求的功能的程度做出评价的活动。

4.1.1 功能性测试要求

国家标准 GB/T 25000.51—2016《系统与软件工程　系统与软件质量要求和评价（SQuaRE） 第51部分：就绪可用软件产品（RUSP）的质量要求和测试细则》中关于功能性的质量要求如下。

1）安装之后，软件功能是否执行应是可识别的。

2）在给定的限制范围内，使用相应的环境设施、器材和数据，用户文档集中所述的所有功能应是可执行的。

3）软件应符合产品说明所引用的任何需求文档中的全部需求。

4）软件不应自相矛盾，并且不与产品说明和用户文档集相矛盾。

5）由遵循用户文档集的最终用户对软件运行进行的控制与软件的行为应是一致的。

对信创产品而言，软件应在有效适配国产技术底座的前提下，满足功能性质量要求。团体标准 T/AIA 016—2023《信创产品测评 通用要求》对信创产品功能性的测试要求如下。

1）功能实现应符合用户目标的要求。

2）功能实现应满足所需精度的要求。

3）功能性应符合国家标准 GB/T 25000.10—2016 对功能特性的要求。

4.1.2　功能性测试内容

对功能性测试范围的界定主要依据软件系统的立项合同、招投标文件、需求规格说明书、用户手册或项目开发过程文档资料，同时结合用户实际需求进行。测试实施人员须严格遵循 GB/T 25000.51—2016《系统与软件工程 系统与软件质量要求和评价（SQuaRE）第 51 部分：就绪可用软件产品（RUSP）的质量要求和测试细则》和 GB/T 25000.10—2016《系统与软件工程 系统与软件质量要求和评价（SQuaRE） 第 10 部分：系统与软件质量模型》中关于软件产品功能性的测试内容要求和质量要求，并对其进行符合性评价。

GB/T 25000.10—2016 对“功能性”的定义：在指定条件下使用时，产品或系统提供满足明确和隐含要求的功能的程度。

功能性测试内容包括功能完备性、功能正确性、功能适合性和功能性的依从性 4 个子质量特性。

1）功能完备性：功能集对指定的任务和用户目标的覆盖程度。

2）功能正确性：产品或系统提供具有所需精度的正确结果的程度。

3）功能适合性：功能促使指定的任务和目标实现的程度。

4）功能性的依从性：产品或系统遵循与功能性相关的标准、约定、法规及类似规定的程度。

功能性测试须根据信创产品用户文档集中描述的功能需求，对产品的全部功能进行覆盖测试。测试内容如下。

1）功能模块测试：对系统的所有功能模块和功能点进行测试，测试系统的功能是否符合用户文档集的说明。

2）业务流程测试：对系统的所有业务流程进行遍历测试，验证能否贯通系统各项业务流程。

3）数据验证：对系统功能数据进行数据完整性、一致性、准确性验证，确保系统数据访问的正确性，并与设计规范保持一致。

4）接口测试：基于产品说明和用户文档集中声明的数据格式和交换接口，进行接口规范检查及接口验证。确保系统内外接口符合设计规范，且能正确通过接口完成数据交互。

4.1.3 功能性测试方法

根据功能性质量特性要求，从功能模块、业务流程、数据正确性、接口交互等内容设计测试用例，验证信创产品功能性是否符合要求。

1. 功能性质量特性测试内容及方法

（1）功能完备性

功能完备性主要评价一组功能覆盖所有具体任务或用户目标的程度，即需求规格说明书或其他技术说明书中有关软件功能需求在软件中被完整实现的情况，以及软件实际功能覆盖文档中所有功能的程度。将用户文档集和产品说明中指定的功能点与软件中的功能点进行匹配，同时将软件应实现的功能（如功能清单）与实际测试中执行的测试用例进行对应，形成功能对照。

测试方法如下。

1）在给定的限制范围内，使用相应的环境设施、器材和数据，测试用户文档集中所陈述的所有功能是否全部覆盖。

2）测试软件是否符合产品说明所引用的任何需求文档中的全部需求。

（2）功能正确性

功能正确性用于测量软件提供准确数据的能力，验证软件产品提供与所需精度相符的结果或效果的能力。通过验证软件特定功能（该功能的实际输出结果是否符合需求规格说明书中定义的特定目标的预期结果），测试人员对用户文档集中陈述的软件功能性限制条件进行验证，如验证字符串长度限制、数值精度、邮箱格式等。

测试方法如下。

1）预期的准确性。它是指实际结果与预期合理结果之间的差别是否可接受。执行输入与输出的测试用例时，实际输出应与预期输出保持一致。

2）计算的准确性、精度。它是指最终用户所得到结果的准确性和精度的情况。根据产品说明和用户文档集中陈述的功能项，进行抽样测试，软件的输出结果和输出精度都应符合相关文档的要求。

（3）功能适合性

功能适合性主要指满足用户适用要求的程度，也就是软件产品提供的功能是否为需求方或用户需要的功能。用户适用要求可以在需求规格说明书、用户操作手册或用户的期望中标识。对于功能目标实现的程度，可通过用户运行系统期间是否出现未满足的功能或不满意的操作情况进行识别，包括功能是否是按照需求规格说明书、用户操作手册中的规定执行的，以及是否提供合理的和可接受的结果来实现用户任务所期望达到的特定目标。

测试方法如下。

1）软件安装后，软件所呈现的功能应是可以识别的，能够在支持的环境中正常运行并且完成规定的工作任务。正常运行是指软件在运行过程中没有出错，能完成规定的任务，如应用软件的删除功能能够成功实现数据的删除。

2）在给定的限制范围内，使用相应的环境设施、器材和数据，用户文档集中所陈述的所有功能应是可执行的。由遵循用户文档集的最终用户对软件操作进行的控制与软件的行为应是一致的。

- 最终用户根据用户文档集的指导对软件进行控制与操作，应能够成功完成规定的任务。
- 软件应能够在用户文档集中要求的限制范围和环境下，使用相应的环境设施、器材和数据实现其陈述的功能。

3）软件应符合产品说明所引用的任何需求文档中的全部需求。若产品说明中有引用的需求文档，则应对软件的符合性进行检查。

4）软件不应自相矛盾，并且不与产品说明和用户文档集相矛盾。

- 软件不应出现的自相矛盾包括操作的矛盾、表述的矛盾（如文字和图形的表述矛盾）等。
- 凡是产品说明、用户文档集中提到的特性都应与软件保持一致，这些特性包括功能、操作、输入 / 输出的限制条件等。

5）功能的充分性。它是指被判定的功能的充分程度，即在测试的功能中，正确功能所占的比例。

6）功能实现的完整性。它是指需求规格说明书或其他技术说明书中有关软件功能要求被实现的情况。

7）功能实现的覆盖率。它是指功能实现的正确程度，即在需求规格说明书或其他技术说明书所规定的功能中，不能正确实现或缺少的功能所占的比例。

（4）功能性的依从性

产品说明和用户文档集中可能提及与信创产品功能性相关的法律法规、标准规范等，若涉及并提供了相关正式资料，则应将该资料作为样品及判定依据，并验证和评价产品的符合程度。

测试方法如下。

1）功能性的依从性。适用时，测试软件能否达到与功能性相关的标准、约定和法规的要求。例如，对信息安全要求较高的软件产品，可能要求覆盖安全数据库和安全操作系统等信息安全类标准。

2）界面标准的依从性。适用时，测试软件能否达到有关界面应遵循的标准、约定和法规的要求。

2. 功能性测试用例设计方法

通俗一点来讲，测试用例就是编写（编制）一组前提条件、输入、执行条件和预期结果以完成对某个特定需求或目标的测试的数据，以及体现测试方案、方法、技术和策略的文档。一个好的测试用例往往能够让你发现至今没有发现的错误。测试用例的设计是测试需求的细化过程，反映了用户真实的需求。常用的功能性测试用例设计方法包括等价类划分法、边界值分析法、因果图法、判定表驱动法、场景分析法、错误推测法和正交试验设计法等。

（1）等价类划分法

等价类划分法是将程序的输入域划分成若干部分，然后从每个部分选取少数代表性数据当作测试用例。 等价类划分法是一种重要的、常用的黑盒测试用例设计方法。用这一方法设计测试用例可以不用考虑程序的内部结构，以程序的要求和说明（需求规格说明书）为依据，仔细分析和推敲需求规格说明书中的各项需求，特别是功能需求，将需求规格说明书中对输入的要求和对输出的要求区别开来并加以分解。

1）等价类的划分。

等价类是指某个输入域的子集合。每个子集合代表一类。每一类的代表性数据在测试中的作用都等效于这一类中的其他值，也就是说，测试某等价类的代表值就等效于对这一类其他值的测试。若某一类中的一个例子发现了错误，则这一等价类中的其他例子也能发现同样的错误；反之，若某一类中的一个例子没有发现错误，则这一类中的其他例子也不会查出错误。这就可以用少量代表性的测试数据，取得较好的测试结果。使用这一方法设计测试用例，必须在分析需求规格说明书中功能说明的基础上找出每个输入条件，然后为每个输入条件划分两个或多个等价类，列出等价类表。等价类可分为有效等价类和无效等价类，如图 4-1 所示。

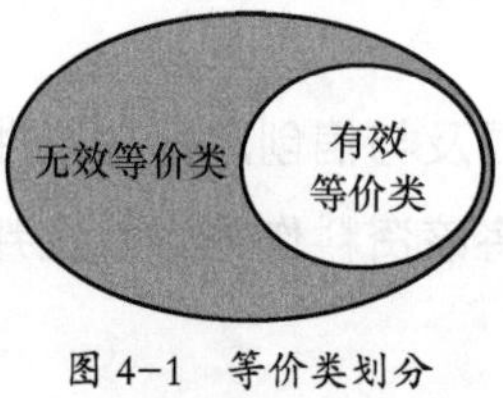

图 4-1 等价类划分

- 有效等价类。它是指对程序规格说明来说，由合理的、有意义的输入数据构成的集合。利用它，可以检验程序是否实现了需求规格说明书中预先规定的功能和性能。有效等价类可以有一个，也可以有多个。由于等价类划分法是将系统的输入域划分成若干部分，然后从每个部分选取少数代表性数据当作数据测试的测试用例，因此等价类是输入域的集合。
- 无效等价类。无效等价类与有效等价类相反。无效等价类是指对程序规格说明而言，由没有意义的、不合理的输入数据构成的集合。利用无效等价类，可以找出程序异常的情况，也可以检查程序的功能和性能的实现是否有不符合规格说明要求的地方。

2）划分等价类的要求。

- 测试完备合理、避免冗余。
- 划分输入条件、有效等价类和无效等价类时重要的是将集合划分为互不相交的一组子集。
- 整个集合完备。
- 子集互不相交，保证一种形式的无冗余性。
- 同一等价类中标识（选择）一个测试用例；同一等价类中往往处理相同；相同处理映射到相同的执行路径。

3）划分等价类的方法。

- 按区间划分。
- 按数值划分。
- 按数值集合划分。
- 按限制条件或规划划分。
- 按处理方式划分。

4）划分等价类应注意的原则。

- 在输入条件规定取值范围或值的个数的情况下，可以确定一个有效等价类和两个无效等价类。例如，我国部分地区推行十二年义务教育：有效等价类（从小学到高中免费）和无效等价类（幼儿园和高等教育）。
- 在规定了输入数据的一组值中（假定 n 个），并且程序要分别对每个输入值进行处理的情况下，可以确定 n 个有效等价类和一个无效等价类。
- 在规定了输入数据必须遵守相应规则的情况下，可确定一个有效等价类和若干无效等价类。
- 在输入条件规定了输入值的集合或规定了“必须如何”的情况下，可以确定一个有效等价类和一个无效等价类。

- 在确定已划分的等价类中，各元素在程序处理中的方式不同的情况下，应将该等价类进一步划分为更小的等价类。

5）等价类表的建立。

建立等价类表，如表 4-1 所示。

表 4-1 等价类表

输入条件	有效等价类	无效等价类

表 4-1 是等价类表的基础，可依据表 4-1 确定测试用例。测试用例可按下列步骤选定。

- 在分析软件需求规格说明书的基础上划分等价类，建立等价类表，为每个等价类规定唯一的编号。
- 将可能的输入数据分成若干子集，从每个子集中选取一个代表性的数据作为测试用例，等价类是某个输入域的子集，在该子集中每个输入数据的作用是等效的。
- 设计新的测试用例，使其尽可能多地覆盖尚未被覆盖的有效等价类，重复这一步，直到所有的有效等价类都被覆盖为止。
- 设计新的测试用例，使其仅覆盖一个尚未被覆盖的无效等价类，重复这一步，直到所有的无效等价类都被覆盖为止。

6）等价类表与测试用例的关系如表 4-2 所示。

表 4-2 等价类表与测试用例的关系

<table>
<tr><td rowspan="2">划分等价类</td><td>有效等价类</td><td></td></tr>
<tr><td>无效等价类</td><td></td></tr>
<tr><td colspan="2">设计有效等价类的测试用例</td><td></td></tr>
<tr><td colspan="2">设计无效等价类的测试用例</td><td></td></tr>
<tr><td colspan="2">测试情况设计</td><td></td></tr>
<tr><td colspan="2">输入数据</td><td></td></tr>
<tr><td colspan="2">输出数据</td><td></td></tr>
</table>

等价类划分法的优点就是将整个测试输入域划分为多个输入域，从每个输入域中选择合适的输入数据，可以很好地避免因盲目或随机选择输入数据而致测试不完整和覆盖不全的问题。

虽然学习和使用等价类划分法很简单，但是它没有考虑输入数据的组合情况，还需要结合其他测试方法进行测试输入的完善。

7）案例解析。

针对“用户登录”的需求，使用等价类划分法对此进行分析。首先要进行等价类划分，以覆盖到有效等价类和无效等价类。

● 划分等价类。

划分等价类并编号，表 4-3 是等价类划分的结果。

表 4-3 等价类表

输入条件	有效等价类	无效等价类
用户名字符组合	① 字母（a ~ z 或 A ~ Z）和数字（0 ~ 9）组合	② 特殊字符 ③ 纯数字组合 ④ 纯字母组合
用户名长度	⑤ 8 ~ 16 位数字、字母组合	⑥ 小于 8 位的数字、字母组合 ⑦ 大于 16 位的数字、字母组合 ⑧ 用户名为空 ⑨ 用户名为空格
用户名格式	⑩ 字母开头的用户名	⑪ 数字开头的用户名 ⑫ 其他字符开头的用户名
密码字符组合	⑬ 字母（a ~ z 或 A ~ Z）和数字（0 ~ 9）组合	⑭ 特殊字符 ⑮ 纯数字组合 ⑯ 纯字母组合
密码长度	⑰ 8 ~ 16 位数字、字母组合	⑱ 小于 8 位的数字、字母组合 ⑲ 大于 16 位的数字、字母组合 ⑳ 密码为空 ㉑ 密码为空格
密码格式	㉒ 字母开头的密码	㉓ 数字开头的密码 ㉔ 其他字符开头的密码

● 覆盖有效等价类。

根据等价类表设计测试用例，以覆盖所有的有效等价类。表 4-3 中列出了用户名和密码各 3 个有效等价类，编号分别为①、⑤、⑩和⑬、⑰、㉒。根据上述信息设计的测试用例如表 4-4 所示。

表 4-4 有效等价类的测试用例

测试用例 ID	功能点	测试输入	预期结果	实际结果	覆盖的等价类
YHDL-0001	用户登录	用户名：Ahoz0159 密码：zwvb9641asdf1234	登录成功	登录成功	①、⑤、⑩、⑬、⑰、㉒

● 覆盖无效等价类。

根据等价类表，无效等价类是编号为②、③、④、⑥、⑦、⑧、⑨、⑪、⑫、⑭、⑮、⑯、⑱、⑲、⑳、㉑、㉓、㉔的等价类。为每个无效等价类设计一个测试用例，测试用例的设计结果如表 4-5 所示。

表 4-5　无效等价类的测试用例

测试用例 ID	功能点	测试输入	预期结果	实际结果	覆盖的等价类
YHDL-0002	用户登录	用户名：adf@1234 密码：zwvb9641asdf1234	登录失败	登录失败	②
YHDL-0003	用户登录	用户名：1234567890 密码：zwvb9641asdf1234	登录失败	登录失败	③
YHDL-0004	用户登录	用户名：qwerasdfzxcv 密码：zwvb9641asdf1234	登录失败	登录失败	④
YHDL-0005	用户登录	用户名：asd1234 密码：zwvb9641asdf1234	登录失败	登录失败	⑥
YHDL-0006	用户登录	用户名：qwer1234asdf1234z 密码：zwvb9641asdf1234	登录失败	登录失败	⑦
YHDL-0007	用户登录	用户名：（为空） 密码：zwvb9641asdf1234	登录失败	登录失败	⑧
YHDL-0008	用户登录	用户名：（空格） 密码：zwvb9641asdf1234:	登录失败	登录失败	⑨
YHDL-0009	用户登录	用户名：1234qwer 密码：zwvb9641asdf1234	登录失败	登录失败	⑪
YHDL-0010	用户登录	用户名：我 1234qwer 密码：zwvb9641asdf1234	登录失败	登录失败	⑫
YHDL-0011	用户登录	用户名：Ahoz0159 密码：adf@1234	登录失败	登录失败	⑭
YHDL-0012	用户登录	用户名：Ahoz0159 密码：1234567890	登录失败	登录失败	⑮
YHDL-0013	用户登录	用户名：Ahoz0159 密码：qwerasdfzxcv	登录失败	登录失败	⑯
YHDL-0014	用户登录	用户名：Ahoz0159 密码：asd1234	登录失败	登录失败	⑱
YHDL-0015	用户登录	用户名：Ahoz0159 密码：qwer1234asdf5678a	登录失败	登录失败	⑲
YHDL-0016	用户登录	用户名：Ahoz0159 密码：（为空）	登录失败	登录失败	⑳

续表

测试用例 ID	功能点	测试输入	预期结果	实际结果	覆盖的等价类
YHDL-0017	用户登录	用户名：Ahoz0159 密码：（空格）	登录失败	登录失败	㉑
YHDL-0018	用户登录	用户名：Ahoz0159 密码：1234qwer	登录失败	登录失败	㉓
YHDL-0019	用户登录	用户名：Ahoz0159 密码：#1234qwer	登录失败	登录失败	㉔

需要注意的是，本案例中的测试用例是为了更好地展示等价类划分法的用例设计，而非测试用例模板。

（2）边界值分析法

边界值分析法是一种用于对输入或输出的边界值进行测试的典型、重要的黑盒测试方法。在测试过程中，边界值分析法是对等价类划分法的补充，专注于每个等价类的边界值。与等价类划分法不同，边界值分析法是在等价类中随机选取一个测试点。

1）如何使用边界值分析法。

边界值分析法采用一到多个测试用例来测试一种边界情况。这种情况下不仅重视输入条件的边界值，而且重视输出域中导出的测试用例。边界值分析法比较简单，仅用于考查正处于等价类划分边界或边界附近的状态。考虑输出域边界产生的测试情况，针对各种边界情况设计测试用例，以发现更多的错误。测试用例来自等价类的边界值，根据输入和输出等价类，选取稍高于边界值或稍低于边界值等的一些特定情况为测试用例。

2）边界值分析法的依据。

- 从长期的测试工作经验中得知，大量的错误发生在输入和输出范围的边界上，而不是发生在输入范围内部。
- 针对各种边界情况设计测试用例，可以发现更多的错误。
- 确定边界情况，着重测试输入和输出等价类的边界值。

3）常见的边界值数据。

通常情况下，软件测试中边界检测包含的边界值类型有数字、字符、位置、质量、速度、方位、尺寸和空间等。

与上述边界值类型相对应的边界值检测分别为最大 / 最小、首位 / 末位、上 / 下、最重 / 最轻、最快 / 最慢、最高 / 最低、最长 / 最短、满 / 空等。

常见的边界值实例通常表现在屏幕、数组、报表和循环等处，具体的表现方式如下。

- 屏幕上光标在最左上、最右下位置。

- 数组元素的第一个和最后一个。
- 报表的第一行和最后一行。
- 循环的第零次、第一次、倒数第二次、最后一次。

4）划分边界值应注意的要点。

- 若输入条件规定了值的个数，则用最大个数、最小个数、比最小个数少一个、比最大个数多一个的数作为测试输入数据。
- 若输入条件规定了值的范围，则应取刚达到这个范围的边界值，以及刚刚超过这个范围的边界值作为测试输入数据。
- 若程序中使用了一个内部数据结构，则应选择这个内部数据结构边界上的值作为测试用例。
- 若程序的规格说明给出的输入域或输出域是有序集合，则应选取该集合中的第一个元素和最后一个元素作为测试用例。
- 分析程序规格说明，找出其他可能的边界条件。

5）如何使用边界值分析法设计测试用例。

- 使一个变量取极值，其他变量取正常值。
- 对于一个含有 N 个变量的函数，边界值分析法会产生 $4N+1$ 个测试用例。
- 确定需要测试的边界情况，通常等价类的输入和输出边界就是应该着重测试的边界，而不是选择等价类中的典型值或任意值作为测试边界。
- 选择略小于、正好等于和略大于边界的值作为测试输入数据。

6）边界值分析法的优点和缺点。

边界值分析法的优点如下。

- 采用了可靠性理论的单缺陷假设。
- 方法简单易行。
- 生成测试数据的成本低。

边界值分析法的缺点如下。

- 测试数据不充分。
- 不能发现测试变量之间的组合依赖关系。
- 不考虑含义和意义。

7）案例解析。

在这里，我们依然采用“用户登录”案例进行分析，根据等价类划分法可以看出边界值，如表 4-6 所示。

表 4-6　边界值分析表

输入条件	边界值	取值	编号
用户名组合	字母（a ~ z 或 A ~ Z）	a	①
		z	②
	数字（0 ~ 9）	0	③
		9	④
用户名长度	8 ~ 16 位	0 位（空）	⑤
		7 位	⑥
		8 位	⑦
		16 位	⑧
		17 位	⑨
密码组合	字母（a ~ z 或 A ~ Z）	a	⑩
		z	⑪
	数字（0 ~ 9）	0	⑫
		9	⑬
密码长度	8 ~ 16 位	0 位（空）	⑭
		7 位	⑮
		8 位	⑯
		16 位	⑰
		17 位	⑱

根据边界值分析表的内容设计测试用例，如表 4-7 所示。

表 4-7　边界值分析法的测试用例

测试用例 ID	功能点	测试输入	预期结果	实际结果	覆盖的边界值
YHDL-bjz0001	用户登录	用户名：a1234567 密码：zwvb9641asdf1234	登录成功	登录成功	①
YHDL-bjz0002	用户登录	用户名：z1234567 密码：zwvb9641asdf1234	登录成功	登录成功	②
YHDL-bjz0003	用户登录	用户名：asdfzxc0 密码：zwvb9641asdf1234	登录成功	登录成功	③
YHDL-bjz0004	用户登录	用户名：asdfzxc9 密码：zwvb9641asdf1234	登录成功	登录成功	④

续表

测试用例 ID	功能点	测试输入	预期结果	实际结果	覆盖的边界值
YHDL-bjz0005	用户登录	用户名：（空） 密码：zwvb9641asdf1234	登录失败	登录失败	⑤
YHDL-bjz0006	用户登录	用户名：a123456 密码：zwvb9641asdf1234	登录失败	登录失败	⑥
YHDL-bjz0007	用户登录	用户名：a1234567 密码：zwvb9641asdf1234	登录成功	登录成功	⑦
YHDL-bjz0008	用户登录	用户名：asdfzxcv12345678 密码：zwvb9641asdf1234	登录成功	登录成功	⑧
YHDL-bjz0009	用户登录	用户名：asdfzxcv123456789 密码：zwvb9641asdf1234	登录失败	登录失败	⑨
YHDL-bjz0010	用户登录	用户名：asdf4567 密码：a1234567	登录成功	登录成功	⑩
YHDL-bjz0011	用户登录	用户名：asdf1234 密码：z1234567	登录成功	登录成功	⑪
YHDL-bjz0012	用户登录	用户名：asdf1234 密码：asdfzxc0	登录成功	登录成功	⑫
YHDL-bjz0013	用户登录	用户名：asdf1234 密码：asdfzxc9	登录成功	登录成功	⑬
YHDL-bjz0014	用户登录	用户名：asdf1234 密码：（空）	登录失败	登录失败	⑭
YHDL-bjz0015	用户登录	用户名：asdf1234 密码：a123456	登录失败	登录失败	⑮
YHDL-bjz0016	用户登录	用户名：asdf1234 密码：a1234567	登录成功	登录成功	⑯
YHDL-bjz0017	用户登录	用户名：asdf1234 密码：asdfzxcv12345678	登录成功	登录成功	⑰
YHDL-bjz0018	用户登录	用户名：asdf1234 密码：asdfzxcv123456789	登录失败	登录失败	⑱

需要注意的是，本案例中的测试用例是为了更好地展示边界值分析法的用例设计，而非测试用例模板。

（3）因果图法

因果图法是一种较常用的黑盒测试方法，因果图是一种简化的逻辑图。因果图能直观地表明输入条件和输出结果之间的因果关系，能帮助测试人员将注意力集中到与程序功能有关的那些输入组合上。因果图法比等价类划分法有更高的测试效率，但这种方法的操作步骤比较复杂。

因果图法是一种根据输入条件的组合、约束关系和输出结果的因果关系，分析输入条件的各种组合情况，从而设计测试用例的测试方法。它适合于检查程序输入条件涉及的各种组合情况。因果图法一般与判定表结合使用，通过映射同时发生相互影响的多个输入来确定判定条件。因果图法最终生成的就是判定表。

因果图法能帮助我们按照一定的步骤选择一组高效的测试用例，同时还能指出程序规范中存在什么问题，从而鉴别和制作因果图。

1）因果图的基本关系符号和约束。

在因果图中，通常用 Ci 表示原因，ei 表示结果，各节点的状态用 0 或 1 来表示。其中，0 表示某状态不出现，1 表示某状态出现。因果图中的基本关系符号如下。

- 恒等。恒等关系符号如图 4-2 所示。
- 非。非关系符号如图 4-3 所示。

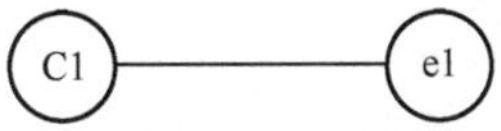

图 4-2 恒等关系符号

图 4-3 非关系符号

- 或。或关系符号如图 4-4 所示。
- 与。与关系符号如图 4-5 所示。

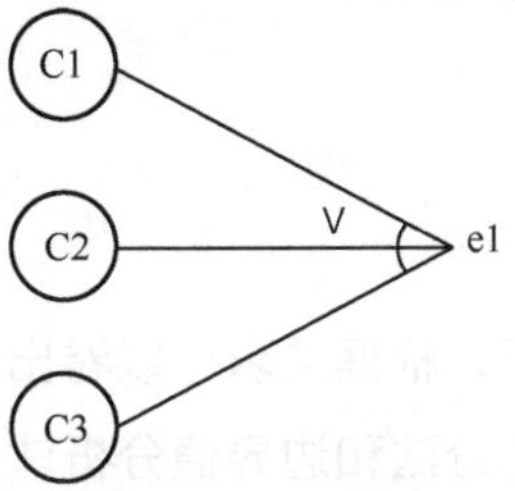

图 4-4 或关系符号

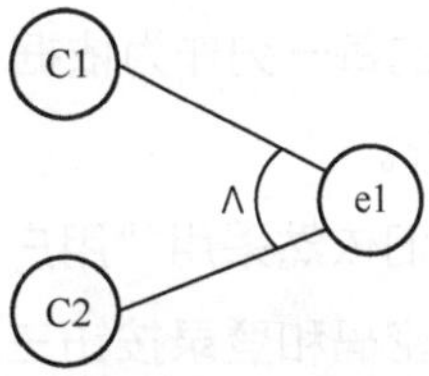

图 4-5 与关系符号

输入状态间存在着某些依赖关系，这种关系称为约束（见图 4-6）。

- E 约束（异）：a 和 b 中最多有一个可能为 1，即 a 和 b 不能同时为 1。
- I 约束（或）：a、b、c 中至少有一个必须为 1，即 a、b、c 不能同时为 0。
- O 约束（唯一）：a 和 b 中必须有一个且仅有一个为 1。
- R 约束（要求）：若 a 是 1，则 b 必须是 1，即 a 为 1 时，b 不能为 0。
- M 约束（强制）：若 a 为 1，则 b 强制为 0。

2）因果图法的基本步骤。

利用因果图法导出测试用例一般要经过以下几个步骤。

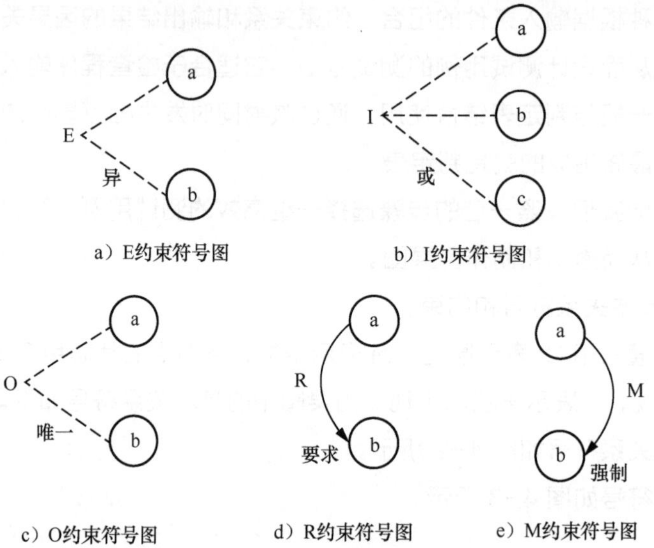

图 4-6　约束符号图

- 分析程序规格说明的描述中哪些是原因，哪些是结果。原因是输入或输入条件的等价类，结果是输出。给每个原因和结果赋予一个标识符，根据这些关系，画出因果图。
- 在因果图上用一些记号表明约束条件或限制条件。
- 对需求加以分析并将它们表示为因果图之间的关系图。
- 将因果图转换成判定表。
- 以判定表的每一列作为依据，设计测试用例。

3）案例解析。

在这里，我们依然采用“用户登录”案例进行分析，根据需求可以看出用户登录模块主要包含用户名、密码和登录按钮三部分。根据等价类划分法和边界值分析法的案例解析，我们可以很清楚地列出哪些是原因，哪些是结果，再根据原因和结果画出因果图。

我们在实际使用因果图法的过程中要完成如下几个步骤。

- 根据需求规格说明书的内容分析并确定原因和结果。
- 根据原因和结果画出因果图，在因果图上使用关系符号和约束来标明约束条件。
- 将因果图转换成判定表。
- 根据判定表设计对应的测试用例。

由于判定表是从因果图延伸得出的，为了案例的连贯性，判定表中的案例解析将整合到本案例中一并说明。

① 确定“因”和“果”。

原因如下。

- 以字母开头且与数字组合的 8 ~ 16 位的用户名。
- 单击“登录”按钮。
- 以字母开头且与数字组合的 8 ~ 16 位的密码。
- 用户名为纯数字、纯字母、包含特殊字符、空格、非字母开头。
- 用户名长度为 0、小于 8 位或大于 16 位的组合。
- 密码为纯数字、纯字母、包含特殊字符、空格、非字母开头。
- 密码长度为 0、小于 8 位或大于 16 位的组合。

结果如下。

- 用户登录成功。
- 用户登录失败。

② 画出因果图，并标明约束关系，如图 4-7 所示。

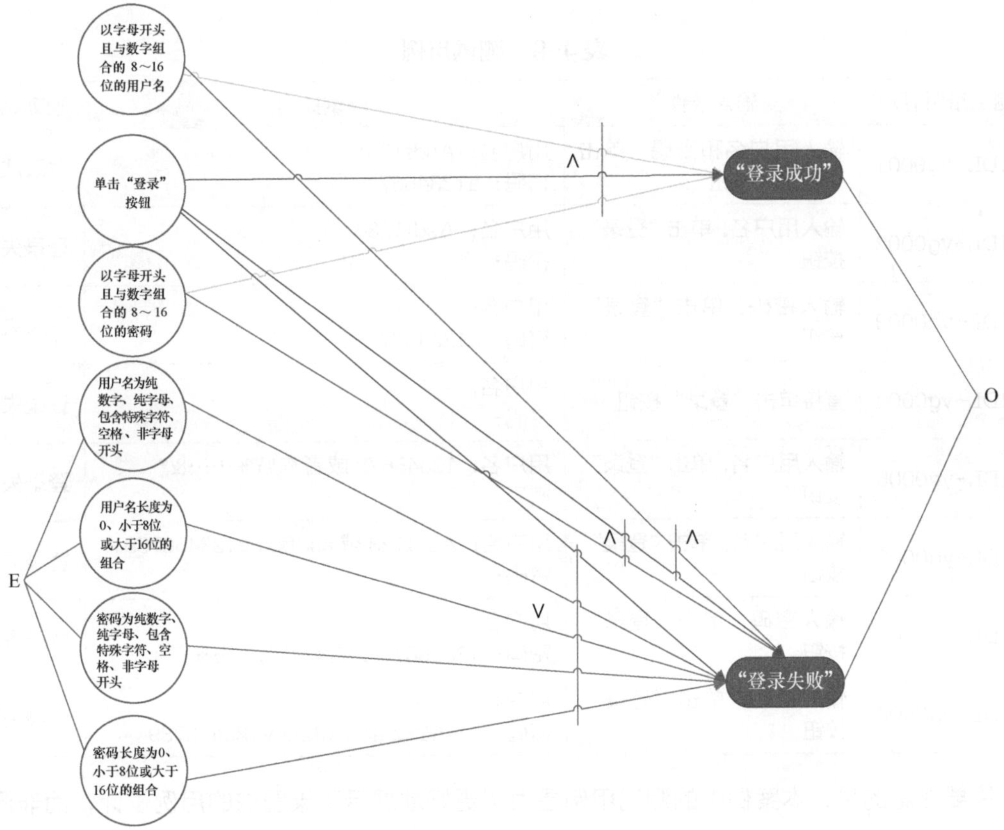

图 4-7　因果图

③ 生成判定表。判定表的上面为条件，下面为结果，如表 4-8 所示。

表 4-8　判定表

条件	以字母开头且与数字组合的 8 ~ 16 位的用户名	1	1	0	0	0	0	0	0
	单击“登录”按钮	1	1	1	1	1	1	1	1
	以字母开头且与数字组合的 8 ~ 16 位的密码	1	0	1	0	0	0	0	0
	用户名为纯数字、纯字母、包含特殊字符、空格、非字母开头	0	0	0	0	1	0	0	0
	用户名长度为 0、小于 8 位或大于 16 位的组合	0	0	0	0	0	1	0	0
	密码为纯数字、纯字母、包含特殊字符、空格、非字母开头	0	0	0	0	0	0	1	0
	密码长度为 0、小于 8 位或大于 16 位的组合	0	0	0	0	0	0	0	1
结果	用户登录成功	1	0	0	0	0	0	0	0
	用户登录失败	0	1	1	1	1	1	1	1

④ 生成测试用例。根据表 4-8 生成测试用例，如表 4-9 所示。

表 4-9　测试用例

测试用例 ID	输入条件	测试数据	预期结果
YHDL-yg0001	输入用户名和密码，单击“登录”按钮	用户名：Asdf1234 密码：a1234567	登录成功
YHDL-yg0002	输入用户名，单击“登录”按钮	用户名：Asdf1234 密码：	登录失败
YHDL-yg0003	输入密码，单击“登录”按钮	用户名： 密码：a1234567	登录失败
YHDL-yg0004	直接单击“登录”按钮	用户名： 密码：	登录失败
YHDL-yg0005	输入用户名，单击“登录”按钮	用户名：12345678 或者 @#¥%……&* 密码：	登录失败
YHDL-yg0006	输入用户名，单击“登录”按钮	用户名：Asdf123 或 asdfzxcv123456789 密码：	登录失败
YHDL-yg0007	输入密码，单击“登录”按钮	用户名： 密码：12345678 或者 @#¥%……&*	登录失败
YHDL-yg0008	输入密码，单击“登录”按钮	用户名： 密码：Asdf123 或 asdfzxcv123456789	登录失败

需要注意的是，本案例中的测试用例是为了更好地展示因果图法的用例设计，而非测试用例模板。

（4）判定表驱动法

因果图法中已经用到了判定表。判定表是分析和表达多逻辑条件下执行不同操作情况下的工具。在程序设计发展的初期，判定表就已被当作编写程序的辅助工具了。判定表测试严格，能够将复杂的逻辑关系和多种条件组合的情况表达得既具体又明确。针对不同的逻辑条件组合值，分别执行不同的操作。因此，使用判定表能够设计出完整的测试用例集合。判定表是一种针对存在条件、动作关系或者因果关系的特性测试的用例设计方法。

1）判定表的组成。判定表通常由 5 个部分组成，如图 4-8 所示。

- 条件桩。它列出了问题的所有条件，对所列出条件的次序没有约束。
- 动作桩。它列出了问题规定的可能采取的操作，而这些操作的排列顺序无关紧要。
- 条件项。它列出了条件桩给出的条件并列出了所有可能取值。根据条件桩中每个条件的真假值，条件项给出了这些条件取值的多种组合情况。
- 动作项。它列出了在条件项的各种取值情况下应该采取的动作。
- 规则。任何一个条件组合的特定取值及相应所要执行的操作被称为规则。判定表中贯穿条件项和动作项的一列就是一条规则。有 n 个条件，每个条件有两个取值（0 或 1），故有 2^n 条规则。显然，判定表中列出多少组条件取值，也就有多少条规则。

2）规则合并。它将两条或多条规则合并为一条规则，如图 4-9 所示。

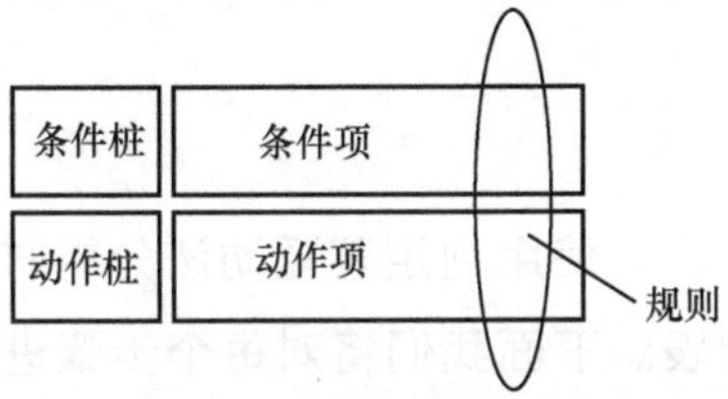

图 4-8 判定表的组成

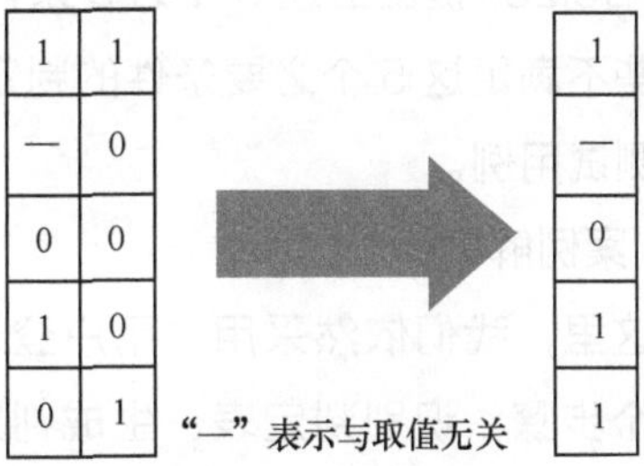

图 4-9 规则合并

- 左端的“1 和 1”合并为右端的“1”。
- 左端的“- 和 0”合并为右端的“-”。
- 左端的“0 和 0”合并为右端的“0”。
- 左端的“1 和 0”合并为右端的“1”。
- 左端的“0 和 1”合并为右端的“1”。

无关条件项“-”可包含其他条件项取值，具有相同动作的规则可合并。

3）判定表的建立步骤。

- 确定规则的条数。包含 n 个条件的决策表有 2^n 条规则（每个条件有 0、1 两个取值）。

- 列出所有的条件桩和动作桩。
- 填入条件项。
- 填入动作项，得到初始判定表。
- 简化判定表，合并相似规则。

4）判定表驱动法的优点和缺点。

判定表驱动法的优点在于能够将复杂的问题按各种可能的情况一一列举出来，简明而易于理解，也可避免遗漏。在一些数据处理问题中，某些操作的实施依赖于多个逻辑条件的组合，即针对不同逻辑条件的组合值，分别执行不同的操作。判定表很适合处理这类问题。

判定表驱动法的缺点在于不能表达重复执行的动作，如循环结构。

B. Beizer 指出了适合使用判定表设计测试用例的条件，具体如下。

- 规格说明以判定表的形式给出，或很容易转换成判定表。
- 条件的排列顺序不影响所需执行的操作。
- 规则的排列顺序不影响所需执行的操作。
- 每当某一规则的条件已经满足，并确定所要执行的操作后，不必检验其他规则。
- 如果某一规则的条件得到满足且要执行多个操作，那么这些操作的执行顺序无关紧要。

B. Beizer 提出上述 5 个必要条件的目的是使操作的执行完全依赖于条件的组合。其实对于某些不满足这 5 个必要条件的判定表，同样可以借此设计测试用例，只不过还需要增加其他的测试用例。

5）案例解析。

在这里，我们依然采用“用户登录”案例进行分析。使用判定表驱动法分析时，可以写出三个步骤：识别判定表、生成判定表、简化判定表。下面我们将对每个步骤进行具体说明。

① 识别判定表，如表 4-10 所示。

表 4-10 识别判定表

条件桩	条件项
用户名为以字母开头、长度为 8 ~ 16 位的字母和数字的组合	“1”表示用户名为以字母开头、长度为 8 ~ 16 位的字母和数字组合的字符串 “0”表示用户名为不合法的字符串或者为空
密码为以字母开头、长度为 8 ~ 16 位的字母和数字的组合	“1”表示密码为以字母开头、长度为 8 ~ 16 位的字母和数字组合的字符串 “0”表示密码为不合法的字符串或者为空

续表

条件桩	条件项
单击“登录”按钮	“1”表示单击“登录”按钮
不单击“登录”按钮	“2”表示不单击“登录”按钮
动作桩	**动作项**
登录成功	“T”表示登录成功
登录失败	“F”表示登录失败

② 生成判定表，如表 4-11 所示。

表 4-11　生成的判定表

条件桩	条件项							
用户名为以字母开头、长度为 8 ~ 16 位的字母和数字的组合	1	1	0	0	1	1	0	0
密码为以字母开头、长度为 8 ~ 16 位的字母和数字的组合	1	0	1	0	1	0	1	0
单击“登录”按钮	1	1	1	1	0	0	0	0
动作桩	**动作项**							
登录成功	T							
登录失败		F	F	F	F	F	F	F

③ 简化判定表，如表 4-12 所示。

表 4-12　简化后的判定表

条件桩	条件项						
用户名为以字母开头、长度为 8 ~ 16 位的字母和数字的组合	1	1	0	0	1	1	—
密码为以字母开头、长度为 8 ~ 16 位的字母和数字的组合	1	0	1	0	1	0	1
单击“登录”按钮	1	1	1	1	0	0	0
动作桩	**动作项**						
登录成功	T						
登录失败		F	F	F	F	F	F

需要注意的是，本案例中的测试用例是为了更好地展示判定表驱动法的用例设计，而非测试用例模板。

（5）场景分析法

场景分析法可以运用场景来对系统的功能点或业务流程进行描述，从而提高测试效果。场景分析法一般包含基本流和备用流，从一个流程开始，通过描述经过的路径来确定过程，通过遍历所有的基本流和备用流来完成整个场景。现在的软件几乎是用事件触发来控制流程的。事件触发时的情景形成了场景，而同一事件不同的触发顺序和处理结果就形成了事件流。这种软件设计方面的思想可以引入软件测试中，以便我们能够比较生动地描绘出事件触发时的情景，这有利于测试设计者设计测试用例，同时使测试用例更容易理解和执行。

1）场景分析法的基本流和备选流。

场景用来描述流经用例的一条路径，从用例开始到结束遍历这条路径上所有的基本流和备选流，如图 4-10 所示。

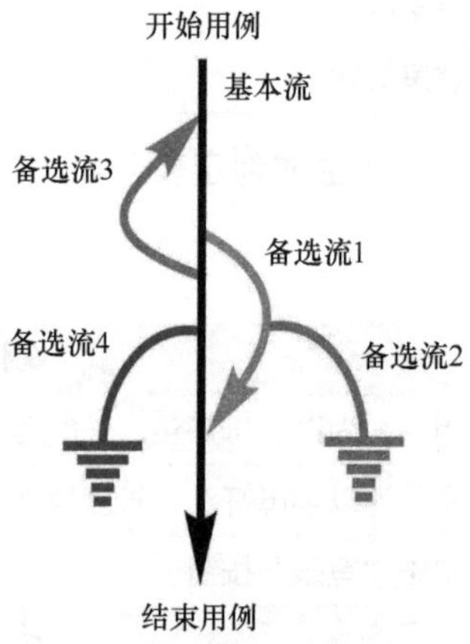

图 4-10　场景分析法的基本流和备选流

在测试一个软件的时候，场景分析法中的测试流程是软件功能按照正确的事件流实现的一条正确流程，我们称之为软件的基本流。然而，凡是出现故障或缺陷的过程，就用备选流加以标注。这样的话，备选流既可以是从基本流中引出的，也可以是从备选流中引出的。因此，在进行图示的时候，我们就会发现每个事件流的颜色深浅是不同的。

在图 4-10 中，经过用例的每条路径都用基本流和备选流来表示。其中，直黑线表示基本流，是经过用例的最简单路径。备选流用不同深浅的颜色来表示。一个备选流可能从基本流开始，在某个特定条件下执行，然后重新加入基本流（如备选流 1 和备选流 3）；也可能起源于其他备选流（如备选流 2），然后终止用例而不重新加入某个流（如备选流 2 和备选流 4），一般错误的备选流直接结束。

图 4-10 中生成的场景如下。

场景 1：基本流。

场景 2：基本流、备选流 1。

场景 3：基本流、备选流 1、备选流 2。

场景 4：基本流、备选流 3。

场景 5：基本流、备选流 3、备选流 1。

场景 6：基本流、备选流 3、备选流 1、备选流 2。

场景 7：基本流、备选流 4。

场景 8：基本流、备选流 3、备选流 4。

2）如何使用场景分析法?

- 根据说明，描述出程序的基本流及各备选流。

- 根据基本流和各备选流生成不同的场景。
- 对每个场景生成相应的测试用例。
- 对生成的所有测试用例重新审查，去掉多余的测试用例，确定测试用例后，为每个测试用例确定测试数据值。

3）场景分析法的优点和缺点。

场景分析法的优点是在实际使用过程中具有较高的实用性，设计出的测试用例更有效、更有价值。

场景分析法的缺点是用户采用的场景可能并不足以让人对事件系列进行全面的分析。

场景分为显性场景和隐性场景。显性场景通常能够在程序规格说明中找到或者推导出来；隐性场景则不能从程序规格说明中找到或者很难推导出来。

到这里，常用的黑盒测试方法已经介绍完了，可以看出每一种黑盒测试方法都具有自身的优点和缺点。在使用每一种测试方法进行测试用例编写时都具有一定的局限性，在实际工作中，测试人员应根据产品功能、用户场景、逻辑结构等选择一种或几种测试方法进行测试用例设计，以保证测试的全面和高效。

4）案例解析。

以在线购物系统为例，我们都在网上书店订购过图书，整个订购过程如下：用户登录到网站后进行图书的选择，当选好自己心仪的图书后进行订购，这时将所需的图书放进购物车；用户需要登录自己注册的账号；结账并生成订单，整个购物过程结束。

我们通过以上描述，可以从中确定哪些是基本流，哪些是备选流，具体如表 4-13 所示。

表 4-13　基本流和备选流的确定

基本流	用户登录到网站，选择图书，进行订购，将所需的图书放进购物车；登录自己的账号；生成订单
备选流 1	账号不存在
备选流 2	账号错误
备选流 3	密码错误
备选流 4	无选购图书
备选流 5	退出系统

根据基本流和备选流来确定场景，如表 4-14 所示。

每个场景都需要确定测试用例，可以采用矩阵或决策表来确定和管理测试用例。

表 4-14　确定场景

场景 1：购物成功	基本流	
场景 2：账号不存在	基本流	备选流 1
场景 3：账号错误	基本流	备选流 2
场景 4：密码错误	基本流	备选流 3
场景 5：无选购图书	基本流	备选流 4

下面采用一种通用格式，其中各行代表各个测试用例，各列代表测试用例的信息。

在本案例中，每个测试用例都存在一个测试用例 ID、场景或条件、测试用例中涉及的所有数据元素（作为输入或已经存在于数据库中）及预期结果。

通过从确定执行场景所需的数据元素入手来构建矩阵，每个场景至少要包含执行场景所需的适当条件的测试用例。例如，在表 4-15 所示的场景矩阵中，“V”用于表明这个条件必须是有效的才可执行基本流；“I”用于表明这个条件是无效的，在这个条件下将激活所需的备选流；“n/a”表明这个条件不适用于测试用例。

表 4-15　场景矩阵

测试用例 ID	场景或条件	账号	密码	选购图书	预期结果
1	场景 1：购物成功	V	V	V	成功购物
2	场景 2：账号不存在	I	n/a	n/a	提示账号不存在
3	场景 3：账号错误	I	V	n/a	提示账号错误，返回基本流
4	场景 4：密码错误	V	I	n/a	提示密码错误，返回基本流
5	场景 5：无选购图书	V	V	I	提示无选购图书，返回基本流

表 4-15 对每个场景成立的条件进行了分析，基本已经明确了测试用例的数量，现在只要填充真实数据，就可以完成整个测试用例，如表 4-16 所示。

表 4-16　场景测试用例

测试用例 ID	场景或条件	账号	密码	选购图书	预期结果
1	场景 1：购物成功	xu	123456	《×××》	成功购物
2	场景 2：账号不存在	zhang	n/a	n/a	提示账号不存在
3	场景 3：账号错误	zhou	123456	n/a	提示账号错误，返回基本流
4	场景 4：密码错误	xu	123$%^	n/a	提示密码错误，返回基本流
5	场景 5：无选购图书	xu	123456	空	提示无选购图书，返回基本流

需要注意的是，本案例中的测试用例是为了更好地展示场景分析法的用例设计，而非测试用例模板。

（6）错误推测法

错误推测法是测试人员基于经验、知识和直觉，参照以往软件系统出现的错误，推测程序中所有可能存在的各种缺陷和错误，从而有针对性地设计测试用例。

错误推测法的基本思路：列出程序中所有可能的错误和容易发生错误的特殊情况，根据可能出现的错误情况选择测试用例。错误推测法的具体例子如下。

- 在单元测试中列出模块中常见的错误、以前产品测试中发现的错误等。
- 输入数据为 0 或字符为空。
- 产品说明中常常被忽视，也可能被程序员遗忘，但在实际使用中却经常发生的情况。测试人员要站在用户的角度，考虑他们想要输入的信息，而无论这些信息看起来是合法输入还是非法输入。

有经验的测试人员往往可以根据自己的工作经验和直觉推测出程序可能存在的错误，从而有针对性地进行测试，这就是错误推测法。错误推测法是测试人员根据经验、知识和直觉来发现软件错误。“只可意会，不能言传”就表明这样一个道理。不管测试人员经验多么丰富，想要使用错误推测法来提高用例效率，必要的前提条件是深度熟悉被测系统的业务、需求，并且对被测系统或类似系统之前的缺陷分布情况进行过系统的分析，包括功能缺陷、数据缺陷、接口缺陷和界面缺陷等。

1）如何使用错误推测法?

错误推测法基于这样一个思想：若某处发现了缺陷，则可能会隐藏更多的缺陷。在实际操作中，列出程序中所有可能的错误和容易导致错误的特殊情况，然后依据测试人员的经验做出选择。等价类划分法和边界值分析法通过选择具有代表性的测试数据来暴露程序错误，但不同类型、不同特点的程序通常又有一些特殊的、容易出错的情况。此外，有时分别使用某些测试数据或用例进行测试时程序工作正常，但它们组合到一起可能会使程序出错。例如程序中两个模块使用并修改某些共享的变量，在测试过程中应对这些共享的变量进行赋值以验证这两个模块，一般来说可能的输入组合往往很多。因此，测试人员应依靠经验和直觉，从各种可能的方案中选出最可能引起程序出错的方案。

2）错误推测法的优点和缺点。

错误推测法能充分发挥人的直觉和经验，特别是在软件测试基础较差的情况下，能很好地组织测试小组进行错误猜测，这是一种有效的测试方法。然而，错误推测法不是一个系统的测试方法，因此只能用作辅助手段，即先用其他方法设计测试用例，再用此方法补充一些测试用例。错误推测法的优点是测试人员能够快速且容易地切入，并能够体会到程序是否易用；缺点是难以知道测试的覆盖率，可能丢失大量未知的区域，此外这种测试行为带有主观性且难以复制。

3）案例解析。

在实际工作过程中，错误推测法并不是一个很系统的测试用例设计方法。然而，当测试基础不完善，进行针对性测试或探索式测试时，错误推测法是一种比较高效的测试方法。那么，我们平时工作中有哪些地方容易出错，需要针对性测试呢？下面将列出一些测试点，供读者讨论完善。

- 输入验证

输入验证是测试中比较常见的测试点，是测试频率比较高的元素，也是最容易使测试人员产生疲倦和忽略的点。根据不同的输入类型列举相应的易出错的情况，具体如表 4-17 所示。

表 4-17　错误推测法的输入验证

输入验证	数字输入验证：分别输入数字（正数、负数、零值、单精度、双精度）、字符串、空白值、空值、临界数值。对于不合法的输入，系统会给出必要的判断提示信息
	字符输入验证：分别输入单字节字符、双字节字符、大小写字符、特殊字符、空白值、空值。对于不合法的输入，系统会给出必要的判断提示信息
	日期、时间输入验证：分别输入任意字符、任意数字、非日期格式的数据、非正确日期（如错误的闰年日期）、空值、空白值。对于不合法的输入，系统会给出必要的判断提示信息。注：有些系统不允许输入当日以后或者以前的日期、时间；有些系统会通过 JavaScript 自动填写日期、时间，这时需要注意能否人工主观填写输入
	多列表选择框验证：测试能否多选，列表框中的数据能否完整显示。当列表框中的数据过多时，需要对数据进行一定格式的排序
	单列表下拉框验证：测试能否手工输入，下拉框中的数据能否完整显示。当下拉框中的数据较多时，需要对数据进行一定格式的排序。如果下拉框中的数据过多，下拉框可能会超出显示范围，此种情况不能够被接受
	大文本输入框验证：虽然它能够满足大数据量的输入，但是最好能够显式标明输入字符的长度限制，并且应该结合字符输入验证进行测试。需要注意的是，应允许标点的存在
	文件输入框输入验证：该输入框主要用于文件上传操作。测试过程中应该注意输入文件的扩展名。从测试角度来看，开发人员必须对扩展名进行输入限制，并且在适当的地方有输入格式提示。当输入是空值等不合法的输入时，系统应给出必要的判断提示信息。另外，上传的文件大小应该被限制，不宜太大
	输入字符长度验证：测试输入字符的长度是否超过实际系统接收字符长度的能力。当输入超出长度时，系统会给出必要的判断提示信息
	必填项验证：当输入不允许为空时，系统需要有提示用户输入信息的功能

续表

输入验证	格式、规则输入验证：当输入需要一定的格式时，系统需要有提示用户输入信息的功能。例如，身份证号码可以输入 18 位或者 15 位，部分身份证最后一位为字母，身份证上的生日与身份证号码有一定规则
	系统错误定位的输入验证：当输入存在问题并被系统捕获到时，页面上的光标应能够定位到发生错误的输入框
	单选框、多选框的输入验证：单选框需要依次验证单选框的值是否都有效；多选框需要依次验证多选框的值是否都有效
	验证码输入验证：先结合字符输入验证进行测试，然后需要注意的是，当回退或者刷新时，显示的验证码应该与实际系统验证码保持一致。如果验证码以图片形式显示，但图片由于某些原因（如网络不流畅）不能看到或者显示不完整，那么系统应该允许进行重新获取，最好不要进行整个页面刷新

结合我们在等价类划分法、边界值分析法和因果图法中使用的用户登录案例的测试用例设计，每一种方法都涉及表 4-17 中的一部分，但是还有一些没有涉及，如容易出现错误的字符串的开头加空格、结尾加空格等情况。这些未涉及的内容都应该在设计测试用例时作为测试数据的一部分。

- 操作验证

操作验证几乎发生在测试过程中的每一步，但我们往往进行的是正确的业务操作和常规操作，而忽略了对异常操作或反常规操作进行测试。表 4-18 列出了错误推测法中的常见页面操作。

表 4-18　错误推测法中的常见页面操作

页面操作	页面链接检查：每个链接是否都有对应的页面，并且页面之间切换是否正确
	相关性检查：删除或增加一项会不会对其他项产生影响，如果产生影响，这些影响是否都正确
	检查按钮的功能是否正确：如增加、删除、修改和查找等功能是否正确，对同一功能按钮快速多次单击，查看功能反应
	重复提交表单：一条已经成功提交的记录，回退后再提交，看看系统是否做了处理
	多次回退：检查多次回退的情况，在有回退的地方，回退到上一页面，再回退，重复多次，看是否出错
	快捷键检查：是否支持常用快捷键，如 Ctrl+C、Ctrl+V、Backspace 等；以及一些不允许输入信息的字段（如选人、选日期）是否做了限制
	Enter 键检查：输入结束后直接按 Enter 键，看系统如何处理，以及是否报错
	上传、下载文件检查：上传、下载文件的功能是否得到实现，上传文件是否能打开，对上传文件的格式有何规定，系统是否有解释信息，并检查系统能否做到
	其他验证：页面上的图片不宜太大；需要第三方软件支持时，应该给出必要的信息。例如需要 JRE 的支持，但用户机器上没有安装 JRE，此时页面上应该有显著的标志来提醒用户进行安装

作为一种以经验和直觉见长的测试方法，错误推测法也随着自动化测试和探索式测试的发展而逐步提升，特别是在探索式测试中的应用。因此，在平时的测试过程中，测试人员应多熟悉产品业务、行业标准，不断总结最新测试方法，不断思考，为接下来的测试做积累。

（7）正交试验设计法

利用因果图来设计测试用例时，输入条件与输出结果之间的因果关系有时很难从需求规格说明书中得到。因果关系往往非常庞大，导致利用因果图得到的测试用例多得惊人，给产品测试带来沉重的负担。为了有效、合理地减少测试的工时与费用，可利用正交试验设计法进行测试用例的设计。

正交试验设计法是一种成对测试交互系统的统计方法。它提供了一种能对所有变量对的组合进行典型覆盖（均匀分布）的方法，可以从大量的测试点中挑出适量的、有代表性的点。正交试验设计法是一种利用正交表，合理地安排试验的、科学的测试用例设计方法。该设计方法使用已经建好的正交表来安排试验并进行数据分析，目的是用最少的测试用例达到最高的测试覆盖率。

1）正交试验设计法的三个步骤。

① 提取功能说明，构造因子 - 状态表。影响试验指标的条件被称为因子，而影响试验因子的条件被称为因子的状态。当利用正交试验设计法设计测试用例时，首先要根据被测软件的需求规格说明书找出影响其功能实现的操作对象和外部因素，将它们当作因子，而将各个因子的取值当作状态；然后对软件需求规格说明书中的功能要求进行划分，并对整体的、概要性的功能要求逐层进行分解与展开，分解成具体的、相对独立的、基本的功能要求。这样就可以将被测软件中的所有因子确定下来，并为确定每个因子的权值提供参考依据。确定因子与状态是设计测试用例的关键，因此要求尽可能全面、正确地确定取值，以确保测试用例设计的完整、有效。

② 加权筛选，生成因素分析表。因子与状态的选择可按重要程度分别加权，可根据各个因子及状态的作用、出现频率的大小及测试的需要来确定权值的大小。

③ 利用正交表构造测试数据集。

2）正交试验设计法的优点和缺点。

正交试验设计法的优点在于以下几点。

- 测试点代表性强，测试用例少。
- 不需要做重复测试，就可以估计结果误差。
- 可以分清因素的主次。

- 可以使用数理统计的方法处理测试结果。

正交试验设计法的缺点在于以下几点。

- 通过该方法得到的组合不一定具有实际意义。
- 可能得到某些非重要功能组合或根本不存在的功能组合。
- 有些常用功能组合可能无法得到。
- 测试覆盖率可能不高。

3）案例解析。

下面针对实例中路由器的日志管理，通过日志和选项实现日志管理的功能，我们将使用正交试验设计法一步一步地进行测试用例的设计。日志管理界面如图 4-11 所示。

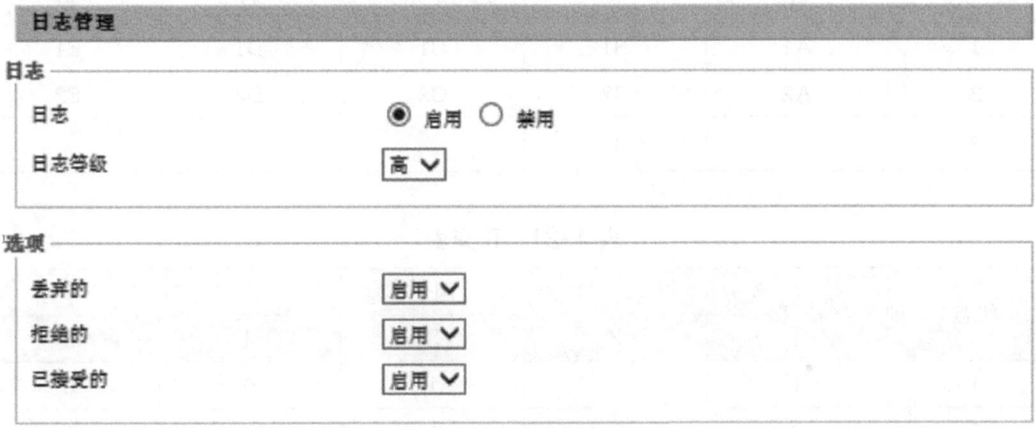

图 4-11 日志管理界面

日志管理的功能主要包括以下几点。

- 日志开关：启用和禁用。
- 日志记录的等级：高、中和低。
- 丢弃的包是否记录：启用和禁用。
- 拒绝的包是否记录：启用和禁用。
- 已接受的包是否记录：启用和禁用。

使用正交试验设计法的具体分析过程如下。

提取功能说明，构造因子 - 状态表，如表 4-19 所示。

转化成字母表，如表 4-20 所示。

选择合适的正交表，如表 4-21 所示。

表 4-19　因子 - 状态表

状态	因子				
	日志开关	日志等级	丢弃开关	拒绝开关	已接受开关
1	启用	高	启用	启用	启用
2	禁用	中	禁用	禁用	禁用
3		低			

表 4-20　字母表

状态	因子				
	A	B	C	D	E
1	A1	B1	C1	D1	E1
2	A2	B2	C2	D2	E2
3		B3			

表 4-21　正交表

状态	因子				
	1	2	3	4	5
1	1	1	1	0	0
2	0	2	1	0	1
3	1	3	0	1	0
4	0	1	0	1	1

套用正交表，如表 4-22 所示。

表 4-22　套用正交表

状态	因子				
	1	2	3	4	5
1	1	1/2	1	0	0/1
2	0	2/3	1	0	1/0
3	1	3	0	1	0
4	0	1	0	1	1

分解与合并后的正交表如表 4-23 所示。

表 4-23　分解与合并后的正交表

状态	因子				
	1	2	3	4	5
1	1	1	1	0	0
2	1	2	1	0	1
3	0	2	1	0	1
4	0	3	1	0	0
5	1	3	0	1	0
6	0	1	0	1	1

使用正交表构造测试用例。转换后的字母表如表 4-24 所示。

表 4-24　转换后的字母表

状态	因子				
	A	B	C	D	E
1	A1	B1	C1	D0	E0
2	A1	B2	C1	D0	E1
3	A2	B2	C1	D0	E1
4	A2	B3	C1	D0	E0
5	A1	B3	C0	D1	E0
6	A2	B1	C0	D1	E1

实际的测试用例应如表 4-25 所示。

表 4-25　测试用例

测试用例 ID	日志开关	日志等级	丢弃开关	拒绝开关	已接受开关
1	启用	高	启用	禁用	禁用
2	启用	中	启用	禁用	启用
3	禁用	中	启用	禁用	启用
4	禁用	低	启用	禁用	禁用
5	启用	低	禁用	启用	禁用
6	禁用	高	禁用	启用	启用

4.2 信创产品性能效率测试技术

信创产品性能效率是指信创产品对算法的实现效率，以及在基于信创环境的运行条件下所使用的资源量，利用该实现，最终用户或软件可以高效地执行工作任务。性能效率测试主要针对时间特性、资源利用性、容量和性能效率的依从性进行测试。性能效率指标的度量可反映系统和软件目前所达到的效率水平。

注：资源可包括其他软件产品、系统的软件和硬件配置，以及原材料（如打印纸和存储介质）。

4.2.1 性能效率测试要求

在国家标准 GB/T 25000.51—2016《系统与软件工程　系统与软件质量要求和评价（SQuaRE） 第 51 部分：就绪可用软件产品（RUSP）的质量要求和测试细则》中，性能效率的质量要求为软件应符合产品说明中有关性能效率的陈述。

团体标准 T/AIA 016—2023《信创产品测评 通用要求》对信创产品性能效率的测试要求如下。

1）应满足产品执行功能时使用资源量的要求。

2）应满足产品的最大限量的要求，包括但不限于用户容量、存储数据量、交易吞吐量和数据库规模。

3）其他应符合国家标准 GB/T 25000.10—2016 中关于性能效率的要求。

4.2.2 性能效率测试内容

性能效率测试内容可根据测试合同要求及所收集的各类文档（如招投标文件、需求规格说明书、设计文档、用户操作手册、用户使用说明书等）内容来确定，同时可通过访谈、问询、调查问卷等方式了解用户对系统性能的实际关注点和需求。

性能效率测试需求可以从如下几个角度进行确认。

1）测试范围可根据测试合同要求及所收集的各类文档（如需求规格说明书、设计文档、用户操作手册、用户使用说明书等）内容来确定。

2）文档（如需求规格说明书、设计文档、用户操作手册、用户使用说明书等）中涉及的响应时间要求根据测试合同要求及用户需求考虑纳入测试范围。

3）文档（如需求规格说明书、设计文档、用户操作手册、用户使用说明书等）中涉及的业务吞吐率要求（如请求数 / 秒、页面数 / 秒、人数 / 天、业务数 / 时、字节数 / 天等）根据测试合同要求及用户需求考虑纳入测试范围。

4）响应时间和吞吐率的采样功能点应根据合同约定执行。若合同、用户或供应方未明确定义采样功能点，则可将以下原则作为确定采样功能点的依据。

- 关键业务：用户最为关注的那些业务，须保证其性能和质量。
- 吞吐量大：某些业务流程可能不是关键业务，但有很高的吞吐量，占用大量服务器资源，如网站首页、统计图表展示页面等。
- 故障频度高：根据用户提供的系统故障记录，分析故障集中的业务点，建议测试应覆盖此类业务点。
- 动态数据处理的业务流程：涉及被测系统的不同组件（如 Web 服务器、应用服务器和数据库）的功能须进行全面的测试。

5）响应时间和吞吐率的并发用户数应根据合同约定执行。若合同、用户或供应方未明确定义并发用户数，则可根据以下原则确定。

- 若系统相关文档中已经定义并发用户数，则根据定义执行测试。
- 一般业务功能可根据系统设计容量（或活动用户）的 10% 确定并发用户数。
- 如果已知最大在线人数，那么最大并发用户数可选取系统最大在线人数的 20%。
- 对性能有特殊需求的业务功能，可根据业务实际情况（高峰值和平均值）估算并发用户数。
- 若有历史业务数据，则可根据历史业务数据量估算出不同时间段的并发用户数。

6）文档（如需求规格说明书、设计文档、用户操作手册、用户使用说明书等）中涉及的资源利用性要求根据测试合同要求及用户需求考虑纳入测试范围。如果合同、用户或供应方未明确定义资源利用率，那么应在测试中根据测试需求及测试环境选取有意义的指标，如服务器 CPU 利用率和内存占用率等。常见资源监测指标如表 4-26 所示。

表 4-26　常见资源监测指标

对象	度量	描述
PhysicalDisk	%Disk Time	磁盘利用率
PhysicalDisk	Avg.Disk Bytes/Transfer	衡量输入或输出（I/O）操作的数量的大小
PhysicalDisk	Avg.Disk Queue Length	处理队列中队列的平均长度
PhysicalDisk	Disk Transfers/sec	读取或写入操作速率
PhysicalDisk	%Idle Time	磁盘闲置时间的百分比
Processor	%Interrupt Time	中断时间的百分比
Processor	%Privileged Time	特权时间的百分比

续表

对象	度量	描述
Processor	%Processor Time	CPU 占用率
Memory	Available MBytes	物理内存的可用数
Memory	Cache Bytes	文件系统缓存（系统工作集的总大小）
Memory	Committed Bytes	提交的虚拟内存字节数
Memory	Page Faults/sec	处理器每秒处理的错误页数
Memory	Page Reads/sec	读取磁盘每秒处理的错误页数
Memory	Pages/sec	处理器每秒从磁盘读取或写入的总页数
Server	Bytes Total/sec	字节传输速率
System	Context Switches/sec	每秒的上下文切换次数
System	File Data Operations/sec	每秒的文件数据操作次数

测试工程师须严格遵循用户需求、GB/T 25000.51—2016《系统与软件工程 系统与软件质量要求和评价（SQuaRE） 第 51 部分：就绪可用软件产品（RUSP）的质量要求和测试细则》和 GB/T 25000.10—2016《系统与软件工程 系统与软件质量要求和评价（SQuaRE） 第 10 部分：系统与软件质量模型》对软件产品性能效率的测试内容要求和质量要求，通过设计测试用例（场景）来检测相关子质量特性是否符合要求，并对其进行符合性评价。

国家标准对性能效率测试内容的规定包括时间特性、资源利用性、容量、性能效率的依从性 4 个方面。

1. 时间特性

时间特性是指执行产品或系统功能时，其响应时间、处理时间及吞吐率满足需求的程度。时间特性反映与运行速度相关的性能。测试每个业务点的响应时间指标时，应分别模拟轻度并发、中度并发、重度并发情况，若另有要求，则根据要求进行测试，但所有测试结果均应达到产品说明或用户文档中的要求。

（1）响应时间

响应时间是指从用户发起一个请求开始到服务器完成对该请求的处理并返回处理结果所经历的时间。

用户请求可以是一个单步骤的操作，也可以是完成某项事务过程的一个步骤，如数据库查询所花费的时间、将字符回显到终端所花费的时间、访问 Web 页面所花费的时间。从客户端发出请求到得到响应的整个过程所花费的时间 $T_1=N_1+N_2+N_3+N_4$，处理时间 $T_2=N_2+N_3$，如图 4-12 所示。

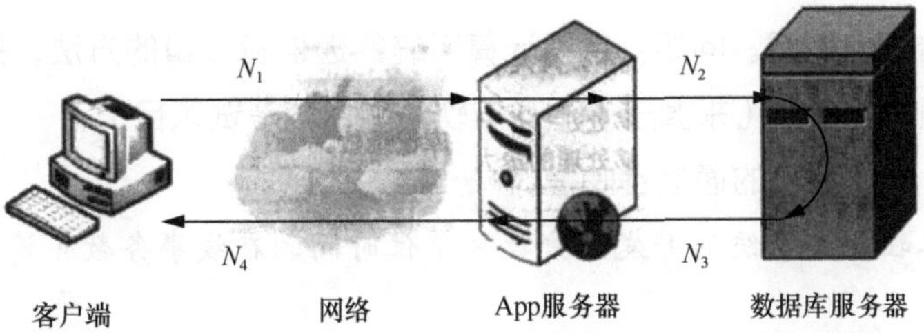

图 4-12　从客户端发出请求到得到响应的整个过程所花费的时间

响应时间的测试主要包括如下内容。

- 应对产品说明和用户文档中声明有响应时间的业务进行测试，且所有业务的响应时间指标应能达到明示要求。
- 测试每个业务点的响应时间指标时，应分别模拟轻度并发、中度并发、重度并发情况，且不同并发程度的测试结果都应达到产品说明和用户文档中的要求。轻度并发、中度并发和重度并发的数量范围为：轻度并发≤用户平均在线数＜中度并发≤用户最高峰在线数＜重度并发≤用户总量。
- 若另有要求，则根据要求进行测试，所有测试结果均应达到明示要求。

（2）吞吐率

吞吐率是指单位时间内系统所处理的客户请求的数量（如每秒处理的业务数量）。此指标直接体现软件系统的性能承载能力。

- 吞吐率一般用“请求数 / 秒”或“页面数 / 秒”来衡量。
- 从业务的角度来说，吞吐率可以用“访问人数 / 天”或“处理的业务数 / 时”等单位来衡量。
- 从网络的角度来说，吞吐率可以用“字节数 / 天”等单位来考查网络流量。

吞吐率的测试主要包括以下内容。

- 产品说明中声明的每个业务的吞吐率均应被测试覆盖，且所有业务的吞吐率指标均应达到产品说明中的要求。
- 测试每个业务点的吞吐率指标时，应分别模拟轻度并发、中度并发、重度并发情况。
- 若另有要求，则根据要求进行测试，所有测试结果均应达到明示要求。

【案例】某教育平台欲开发一个基于 Web 的在线作业批改系统，以实现高效的作业提交与批改，并进行统计。系统页面中涉及内部链接、外部参考链接及邮件链接等。页面中采用表单实现作业题目的打分和评价，其中打分为 1 ~ 5 分制（整数），评价为文本。系统要求支持：①当特定时期内出现 300 个并发用户时，主要功能的处理能力至少要达到 16 个请求 / 秒，每个请求的平均数据流为 16KB；②系统前端采用 HTML5 实现，以使用户可以通过不同移动设备的浏览器进行访问。问题：给出计算系统的通信吞吐量的方法，并计算在满足以上条件①时系统的通信吞吐量（来源于 2015 年软件测评师考试题目）。

针对该问题，计算系统的通信吞吐量：

系统的通信吞吐量 = 系统的并发用户数 × 单位时间的在线事务数（请求数）× 每个请求的平均数据流

在满足以上条件①时系统的通信吞吐量为 300 × 16 × 16KB=256MB。

2. 资源利用性

资源利用性是指产品或系统执行其功能时，所使用的资源数量和类型满足需求的程度。资源利用性主要考查系统所采用的各种资源的利用程度。资源并不仅仅指运行系统的硬件，也指支持整个系统运行程序的一切软件和硬件平台。一般考查的是服务器、数据库及中间件的资源利用情况，服务器监控资源主要包括 CPU 利用率、可用内存、磁盘 I/O、带宽等指标。数据库监控资源包括数据缓冲区、命中率等。例如，SQL Server 资源监控可通过性能监视器监控 CPU 内存、页面文件的使用、内存和缓冲区的使用、磁盘 I/O 等信息。MySQL 资源监控包括 MySQL 的进程数、客户端连接进程数、每秒查询率（Queries Per Second，QPS）、每秒处理的事务量（Transactions Per Second，TPS）、查询缓存命中率、线程缓存命中率、锁定状态等信息。资源利用性指标不是越高越好，应保持一定的余量，当达到一定的数值后，该资源可能进入系统性能瓶颈。资源利用性指标也不是越低越好，低于一定的数值就会造成资源浪费。

资源利用性的测试主要包括如下内容。

- 对产品说明中声明的每一种并发压力下的服务器资源利用性的要求均应被测试覆盖，所有资源利用性指标达到产品说明中的要求。
- 实施测试时，可分别模拟轻度并发、中度并发、重度并发情况，若另有要求，则根据要求进行测试，但所有测试结果均应达到产品说明中的要求。

3. 容量

容量是指产品或系统参数的最大限量所能满足需求的程度。容量主要反映系统能够承受的最大并发用户数、最大请求数，以及系统可能存在的最大交易事务吞吐量、最大通信带宽、最大存储数据项容量和数据处理容量。在各种极端情况下，系统会出现缓冲区溢出、访问超时等问题。

通常情况下，用户最关心的容量指标是最大用户并发数。最大用户并发数是指在生产运行环境下系统能够接受的同一时刻处理相同事务的最大用户数量。例如，网上订票系统在高峰时段能够承受多少用户同时订票，且订票响应成功率维持在可接受水平。典型的数据库处理容量有系统能够处理的最大文件长度，以及数据库能够处理的最大数据库记录数。

4. 性能效率的依从性

产品说明和用户文档集中是否提及与信创产品性能效率相关的法律法规、标准规范等，若涉及并提供了相关正式资料，则应将该资料作为样品及判定依据，并验证和评价产品的符合程度。

4.2.3 性能效率测试方法

1. 性能效率的测试策略

性能效率测试主要通过自动化测试工具模拟多种正常、峰值及异常负载条件，对系统的各项性能指标进行测试与结果分析，评估系统能力、识别系统瓶颈、检测软件存在的问题、验证系统稳定性。

性能效率测试过程中运用的具体测试方法包括负载测试、压力测试和业务测试等。在实际测试过程中，设计测试策略包含具体测试方法的不同组合，并根据用户的需求和测试目标设计具体的测试用例。测试内容包括测试目标、测试环境、输入数据、测试步骤、预期结果、测试脚本、测试场景等。

性能效率测试的主要策略是在实际生产环境下或依据真实的业务情况搭建模拟的局域网测试环境，在对系统实施单点、并发等性能测试的同时，监控服务器的资源使用情况。重点关注应用系统性能瓶颈及软硬件支撑环境故障。

在性能测试选取的关键业务中，测试人员进一步选取数据量较大且操作次数较多的业务，采用单一功能场景测试对其进行单独考查。同时，为了更全面地考查各子系统在整个系统运行中的性能情况，测试人员将按照生产环境中各子系统关键业务混合操作的方式，通过负载测试和压力测试来考查其运行情况。

（1）负载测试中的单一功能场景测试

在系统性能测试过程中，测试人员选取各系统数据量较大且操作次数较多的业务，测试系统的单一功能运行场景下（可酌情选取增量用户、高峰期用户、平峰期用户、低谷期用户）并发用户数的性能状况。在测试过程中监控各项性能指标。

（2）负载测试中的混合功能场景测试

在系统性能测试过程中，测试人员选取系统中的所有关键业务，测试软件系统的混合功能运行场景下（可酌情选取增量用户、高峰期用户、平峰期用户、低谷期用户）并发用户数的性能状况。在测试过程中监控各项性能指标。

（3）负载测试中的 7 × 24 小时疲劳场景测试

在系统性能测试过程中，测试人员选取系统中的所有关键业务，测试软件系统的混合功能运行场景在高峰期用户并发情况下长时间运行的性能状况。在测试过程中监控各项性能指标。

（4）压力测试

在系统性能测试过程中，测试人员选取所有测试功能，根据混合功能场景测试情况，测试软件系统在性能可以接受的前提下所能支持的最大负载。在测试过程中监控各项性能指标。同时，测试人员对业务系统部署环境中涉及的主机、网络等硬件设备进行测试，确保整个底层硬件平台能够满足上层应用的需求，不影响整体运行性能。

2. 性能效率的测试设计

选择用户关注或吞吐量大、并发用户数大或性能故障集中的业务作为采样点（被测试的功能点）。测试人员须确定被测系统使用了预期的协议，从而确定能够支持该协议规定的性能效率测试工具。对于被测系统所使用的协议，可直接询问开发人员，或者使用网络协议分析工具截取通信数据包进行分析，从而确定被测系统所使用的协议类型。

并发用户数按照合同或用户需求来确定。若用户未定义并发用户数，则可根据历史业务数据量或服务器访问日志等历史数据估算并发用户数。若没有任何历史参考数据，则可根据经验设定，一般可设定并发用户数为系统容量的 10% 或者最大在线人数的 20%。如果已确定最大并发用户数，那么在进行场景设计时应至少设计单用户（或少量用户）场景，将它作为基线测试并发用户数等于最小用户数与最大用户数的中位数的场景，以及最大并发用户数场景。例如，若最大并发用户数为 200，则设计场景时应至少包含 1 个用户场景，并以此为基线测试 100 个并发用户场景和 200 个并发用户场景。

场景设置的重点是负载模型的选择、思考时间的设置、集合点的设置，具体如下。

1）负载模型的选择主要根据需求和测试的目标进行，对于须验证明确性能目标（如系统能支持的虚拟用户数、某事务的事务响应时间、每秒完成的事务数等）的测试，可选择目标场景模式来设置性能目标，由系统自动加载用户。如果须定位系统性能瓶颈或进行复杂的负载场景模拟，则使用手动场景模式，手动设置用户的负载方式。在设置负载方式时，建议设置为每隔一段时间增加一定用户的周期性负载增长模式，这样能更加有效地获得系统在各个负载下的性能指标，使系统逐渐暴露出资源瓶颈，同时可避免一次负载太大而造成系统无法承受的情况。

2）思考时间不宜设置太短或太长。如果思考时间设置得太短，那么得出的结果会比较悲观；反之，结果会过于乐观。建议以一个熟练用户和一个新用户的思考时间的平均值来设置合理的思考时间。如果无法获取熟练用户和新用户的思考时间，那么根据经验一般将录制脚本时的思考时间作为熟练用户的思考时间，并上浮 20% 作为新用户的思考时间。

3）一般应在关键操作（如登录、信息提交）前设置集合点。集合点的位置应该在事务之外，否则，虚拟用户在集合点等待的时间会被计入事务时间，从而导致最终统计的响应时间有误。

测试过程中还应针对测试环境所选择的特定资源进行监控及性能数据的采集。监控及性能数据采集的方法通常分为以下 3 类。

1）使用性能效率测试工具中的资源监控窗口对服务器资源进行监控。

2）使用被测服务器自带的性能监控工具进行监控，如 Windows 操作系统的性能监控器和数据收集器、AIX 操作系统的 nmon 工具等。

3）使用专门的性能监控工具。例如，可通过常用性能监控语句和 Cloud Insight 数据库监控工具进行 MySQL 资源监控。

4.3　信创产品信息安全性测试技术

信创产品信息安全性测试是指根据软件产品的信息安全性特征及用户文档描述的信息安全性需求，考查产品或系统保护信息和数据的程度，以使用户、其他产品或系统具有与其授权类型和授权级别一致的数据访问度，进而评价软件产品是否满足产品说明和用户文档中关于信息安全性的要求。信息安全性测试主要针对保密性、完整性、抗抵赖性、可核查性、真实性、信息安全性的依从性进行测试。

4.3.1　信息安全性测试要求

在国家标准 GB/T 25000.51—2016《系统与软件工程　系统与软件质量要求和评价（SQuaRE） 第 51 部分：就绪可用软件产品（RUSP）的质量要求和测试细则》中，关于信息安全性的质量要求如下。

1）软件应按照用户文档集中定义的信息安全性特征来运行。

2）软件应能防止对程序和数据的未授权访问（不管是无意的还是故意的）。

3）软件应能识别出对结构数据库或文件完整性产生损害的事件，且能阻止该事件，并通报给授权用户。

4）软件应能按照信息安全要求，对访问权限进行管理。

5）软件应能对保密数据进行保护，只允许授权用户访问。

团体标准 T/AIA 016—2023《信创产品测评 通用要求》对信创产品信息安全性的测试要求如下。

1）硬件和软件产品应满足数据保密性要求。

2）硬件和软件产品应满足授权访问要求。

3）硬件和软件产品应满足数据完整性要求，防止数据被篡改。

4）其他应符合国家标准 GB/T 25000.10—2016 中有关信息安全性的要求。

4.3.2 信息安全性测试内容

信息安全性测试主要从保密性、完整性、抗抵赖性、可核查性、真实性、信息安全性的依从性角度进行分析、确认测试内容，并结合产品功能特点和应用场景，分析产品可能涉及的敏感数据、关键功能处理逻辑、关键业务流程、数据接口、关键基础设施等。

值得注意的是，信创产品的信息安全性与功能性、易用性有较大的关联。信息安全性是通过某些特定功能的实现来体现的，因此信息安全性测试基于功能性测试方法。同时，易用性与信息安全性既紧密相连，又存在矛盾——安全性较高时，往往用户的易用性体验会较差。

1. 保密性

（1）软件应能防止对程序和数据的未授权访问

应确保数据只有在被授权时才能访问，须防止未得到授权的人或系统访问相关信息或数据，还要保证得到授权的人或系统能正常访问相关信息或数据。应对未授权访问的鉴别尝试数值（包括尝试次数和时间阈值）进行设定，并明确规定达到阈值时是否采取具有规范性和安全性的措施，以实现鉴别失败的处理。为了保证数据在传输过程中不被窃听，须对通信过程中的整个报文或会话过程进行加密。例如，在交易系统中，涉及银行账号、交易明细、身份证号、手机号码等敏感信息时须保证这些信息在传输过程中的安全性，可采用三重数据加密算法（Triple Data Encryption Algorithm，3DES）、高级加密标准（Advanced

Encryption Standard，AES）和国际数据加密算法（International Data Encryption Algorithm，IDEA）等进行加密处理。同时，须考虑敏感信息在存储过程中的保密性。

（2）软件应能按照信息安全要求对访问权限进行管理

验证访问控制功能，依据安全策略和用户角色设置访问控制矩阵，控制用户对信息或数据的访问。用户权限应遵循“最小权限原则”，授予账户承担任务所需的最小权限。例如，管理员只需要拥有系统管理权限，不应具备业务操作权限；同时，要求不同账号之间形成相互制约的关系，系统的审计人员不应具有系统管理权限，系统管理人员也不应具有审计权限，这样审计员和管理员之间就形成了相互制约的关系。

2．完整性

软件应能识别出对结构数据库或文件完整性产生损害的事件，且能阻止该事件，并通报给授权用户。验证完整性主要是为了防止数据在传输和存储过程中被破坏或篡改，一般会采用增加校验位、循环冗余校验（Cyclic Redundancy Check，CRC）的方式，来检查数据完整性是否被破坏，或者采用各种散列运算和数字签名等方式来实现通信过程中的数据完整性。例如，典型的关系数据库（如达梦数据库、瀚高数据库、OceanBase、PolarDB、GaussDB、TDSQL、GBase、人大金仓数据库）保存数据时，应验证数据完整性约束，如唯一键、可选值、外键等；还应验证事务的原子性，以避免因为操作中断或回滚造成数据不一致，使得完整性被破坏。

3．抗抵赖性

抗抵赖性是指活动或事件发生后可以得到证实且不可否认的程度。抗抵赖性主要验证系统是否启用安全审计功能，对活动或事件进行追踪。当对审计日志进行验证操作时，日志应不允许任何人修改或删除，形成完整的证据链。验证是否采用数字签名来处理事务，在收到请求的情况下为数据原发者或接收者提供数据原发或接收证据。

4．可核查性

可核查性是指实体的活动可以被唯一地追溯到该实体的程度。与抗抵赖性不同，可核查性的重点在于追溯到实体的程度，主要考查启用安全审计功能之后，覆盖用户的多少和安全事件的程度等。可核查性应覆盖到每个用户活动。用户活动的日志记录内容至少应包括事件日期、时间、发起者信息、类型、描述和结果等。审计跟踪设置是否定义了审计跟踪极限的阈值，当存储空间耗尽时，能否采取必要的保护措施，如报警并导出、丢弃未记录的审计信息、暂停审计或覆盖以前的审计记录等。

5．真实性

真实性是指对象或资源的身份标识能够被证实符合其声明的程度。真实性主要验证系统提供的专用登录控制模块，对登录用户进行身份标识和鉴别，以验证其身份的真实性，同时须证实符合其声明的程度。用户的身份鉴别信息不易被冒用，同时不存在重复的用户身份标识。系统中的用户名唯一且与用户一一对应，采用用户名和口令的方式对用户进行身份鉴别，提高用户的口令开启复杂度。例如，口令长度在 8 位以上时，应至少包含数字、大小写字母和特殊字符中的两种，强制定期更换口令。系统不存在共享账户，应提供登录失败处理功能，采取如结束会话、限制非法登录次数和自动退出等措施（上述安全措施可能出现在用户文档集明示的条款中）。

6．信息安全性的依从性

软件应按照用户文档集中定义的信息安全性特征来运行。判断产品说明和用户文档集中是否提及与信创产品信息安全性相关的法律法规、标准规范等，若涉及并提供了相关正式资料，则应将该资料作为样品及判定依据，并验证和评价产品的符合程度。

4.3.3 信息安全性测试方法

根据信息安全质量特性要求，主要从保密性、完整性、抗抵赖性、可核查性、真实性、信息安全性的依从性方面设计测试用例，验证信创产品信息安全性是否符合标准规定和系统应用要求。

1．保密性测试方法

人工检查系统身份鉴别、访问控制的相关功能，验证相关测试项是否符合预期的安全要求。

（1）身份鉴别

1）应对登录的用户进行身份标识和鉴别，身份标识应具有唯一性，身份鉴别信息应具有复杂度要求并定期更换。

- 应核查用户在登录时是否采用了身份鉴别措施。
- 应核查用户列表，确认用户身份标识具有唯一性。
- 应核查用户配置信息，验证是否存在空口令用户。
- 应核查用户鉴别信息是否具有复杂度要求并定期更换。

2）应具有登录失败处理功能，配置并启用结束会话、限制非法登录次数和当登录连接超时时自动退出等相关措施。

- 应核查是否配置并启用了登录失败处理功能。
- 应核查是否配置并启用了限制非法登录功能，非法登录达到一定次数后采取特定措施，如账户锁定等。
- 应核查是否配置并启用了当登录连接超时时自动退出的功能。

3）当进行远程管理时，应采取必要措施防止鉴别信息在网络传输过程中被窃听。

应核查是否采用加密等安全方式对系统进行远程管理，防止鉴别信息在网络传输过程中被窃听。

4）应采用口令、密码技术、生物技术等两种或两种以上组合的鉴别技术对用户进行身份鉴别，且其中至少有一种鉴别技术使用密码技术来实现。

- 应核查是否采用动态口令、数字证书、生物技术和设备指纹等两种或两种以上组合的鉴别技术对用户身份进行鉴别。
- 应核查其中一种鉴别技术是否使用密码技术来实现。

（2）访问控制

1）应对登录的用户分配账户和权限。

- 应核查是否为用户分配了账户和权限及相关设置情况。
- 应核查是否已禁用或限制匿名、默认账户的访问权限。
- 应核查系统重要页面、功能模块是否采取访问控制措施，避免系统出现访问控制失效的情况。

2）重命名或删除默认账户，修改默认账户的默认口令。

- 应核查是否已经重命名默认账户或删除默认账户。
- 应核查是否已修改默认账户的默认口令。
- 应核查重置后的密码是否具备一定的安全强度。

3）应及时删除或停用多余的、过期的账户，避免共享账户的存在。

- 应核查是否存在多余或过期账户，管理员用户与账户之间是否一一对应。
- 应验证多余的、过期的账户是否被删除或停用。

4）应授予管理用户所需的最小权限，以实现管理用户的权限分离。

- 应核查是否进行角色划分。
- 应核查是否对管理用户的权限进行了分离。
- 应核查管理用户的权限是否为其完成工作任务所需的最小权限。

5）应由授权主体配置访问控制策略，访问控制策略规定主体对客体的访问规则。

- 应核查是否由授权主体（如管理用户）负责配置访问控制策略。

- 应核查授权主体是否依据安全策略配置了主体对客体的访问规则。
- 应验证用户是否有可越权访问的情形。

6）访问控制策略的控制粒度应达到主体为用户级或进程级，客体为文件、数据库表、记录或字段级。

应核查访问控制策略的控制粒度是否达到主体为用户级或进程级，客体为文件、数据库表、记录或字段级。

7）应对重要主体和客体设置安全标记，并控制主体对有安全标记的信息资源的访问。

- 应核查是否对主体、客体设置了安全标记。
- 应验证是否依据主体、客体安全标记控制主体对客体的访问。

（3）密码管理

- 应核查密码输入框中的密码是否为明文显示，是否允许复制。
- 应尝试使用过期密码登录系统，验证能否登录成功。
- 应测试系统是否提供密码有效期的设置功能。
- 修改密码时，应核查是否需要输入旧密码，并对新密码进行二次输入确认。
- 修改密码后，应核查是否自动退出当前登录状态，并要求输入新密码完成登录验证。
- 用最近使用过的旧密码登录，验证能否登录成功。
- 有特殊用途（如 PIN 码等）的口令，应设置弱口令库，通过对比、提示、告警等方式，提高用户口令质量。

（4）数据保密性

1）应采用密码技术保证重要数据在传输过程中的保密性，包括但不限于鉴别数据、重要业务数据和重要个人信息等。

- 应核查系统设计文档，其中鉴别数据、重要业务数据和重要个人信息等在传输过程中是否采用密码技术来保证保密性。
- 应通过嗅探等方式抓取传输过程中的数据包，鉴别数据、重要业务数据和重要个人信息等在传输过程中是否进行了加密处理。

2）应采用密码技术保证重要数据在存储过程中的保密性，包括但不限于鉴别数据、重要业务数据和重要个人信息等。

- 应核查是否采用密码技术保证鉴别数据、重要业务数据和重要个人信息等在存储过程中的保密性。
- 应核查是否采用数据安全保护系统等技术措施保证鉴别数据、重要业务数据和重要个人信息等在存储过程中的保密性。

- 应验证是否对指定的数据进行了加密处理。

（5）剩余信息保护

1）应保证鉴别信息所在的存储空间在被释放前或重新分配前得到完全清除。

应核查相关配置信息或系统设计文档，其中用户鉴别信息所在的存储空间在被释放前或重新分配前是否得到完全清除。

2）应保证存有敏感数据的存储空间在被释放前或重新分配前得到完全清除。

应核查相关配置信息或系统设计文档，其中敏感数据所在的存储空间在被释放前或重新分配给其他用户前是否得到完全清除。

2．完整性测试方法

（1）数据完整性

1）应采用校验技术或密码技术保证重要数据在传输过程中的完整性，包括但不限于鉴别数据、重要业务数据、重要审计数据、重要配置数据、重要视频数据和重要个人信息等。

- 应核查系统设计文档中的鉴别数据、重要业务数据、重要审计数据、重要配置数据、重要视频数据和重要个人信息等在传输过程中是否采用了校验技术或密码技术来保证完整性。
- 应测试在传输过程中对鉴别数据、重要业务数据、重要审计数据、重要配置数据、重要视频数据和重要个人信息等进行篡改，是否能够检测到数据在传输过程中的完整性受到破坏并能够及时恢复。
- 应核查服务端是否对数据完整性、有效性进行校验，或制定相关人工作业管理制度，确保只处理未经修改的数据。

2）应采用校验技术或密码技术保证重要数据在存储过程中的完整性，包括但不限于鉴别数据、重要业务数据、重要审计数据、重要配置数据、重要视频数据和重要个人信息等。

- 应核查系统设计文档是否采用了校验技术或密码技术来保证鉴别数据、重要业务数据、重要审计数据、重要配置数据、重要视频数据和重要个人信息等在存储过程中的完整性。
- 应核查是否采用技术措施（如数据安全保护系统等）保证鉴别数据、重要业务数据、重要审计数据、重要配置数据、重要视频数据和重要个人信息等在存储过程中的完整性。
- 应测试在存储过程中对鉴别数据、重要业务数据、重要审计数据、重要配置数据、重要视频数据和重要个人信息等进行篡改，是否能够检测到数据在存储过程中的完整性受到破坏并能够及时恢复。

- 采用非关系数据库时应核查是否具备完整性约束描述。
- 采用关系数据库保存数据时应验证数据完整性约束，如唯一键、可选值、外键等。

（2）数据备份与恢复

1）应提供重要数据的本地数据备份与恢复功能。

- 应核查是否按照备份策略进行本地备份。
- 应核查备份策略设置是否合理、配置是否正确。
- 应核查备份结果是否与备份策略一致。
- 应测试近期恢复记录是否能够进行正常的数据恢复。

2）应提供异地实时备份功能，利用网络将重要数据实时备份至备份场地。

应核查是否提供异地实时备份功能，并通过网络将重要配置数据、重要业务数据实时备份至备份场地。

3）应提供重要数据处理系统的热冗余，保证系统的高可用性。

应核查重要数据处理系统（包括边界路由器、边界防火墙、核心交换机、应用服务器和数据库服务器等）是否采用热冗余方式部署。

（3）验证码

- 应核查验证码是否有效果。
- 应核查生成的验证码不允许通过 HTML 源代码看到。
- 应核查验证码是否随机生成。
- 应核查验证码图片背景是否为纯色。
- 应核查验证码在认证一次后是否立即失效。
- 验证码与用户名、密码需要一次性同时提交至服务端验证。
- 服务端只有在验证码核验通过后才能进行用户名、密码的检验。

3. 抗抵赖性测试方法

1）应验证系统的安全审计功能是否有效。

- 应核查是否启用了安全审计功能，对活动或事件进行追踪。
- 应核查审计范围是否包括前端用户的操作行为，以及后台管理员的重要操作。
- 应核查审计日志是否具有完整的证据链，如日志应不允许被任何人修改或删除。

2）应验证是否采用数字签名技术，在收到请求时为数据原发者或接收者提供数据原发和接收证据。

- 应核查是否采用数字签名技术处理事务，如抓取网络通信数据包来分析事务的请求和响应数据。
- 应核查是否采用介质访问控制技术进行签名验证。

4．可核查性测试方法

1）应启用安全审计功能，让审计覆盖到每个用户，对重要的用户行为和重要安全事件进行审计。

- 应核查是否开启了安全审计功能。
- 应核查安全审计范围是否覆盖到每个用户。
- 应核查是否对重要的用户行为和重要安全事件进行了审计。

2）审计记录应包括事件的日期和时间、用户、事件类型、事件是否成功及其他与审计相关的信息。

- 应核查审计记录信息是否包括事件的日期和时间、用户、事件类型、事件是否成功及其他与审计相关的信息，如源 IP 地址、操作接口、操作数据等。
- 应核查是否提供对审计记录数据进行查询和分析的功能。

3）应对审计记录进行保护，定期备份，避免其受到未预期的删除、修改或覆盖等。

- 应核查是否采取了保护措施对审计记录进行保护，不允许删除、修改或覆盖审计记录。
- 应核查是否采取技术措施对审计记录进行定期备份，并核查其备份策略。

4）应对审计进程进行保护，防止未经授权的中断。

应测试通过非审计管理员的其他账户来中断审计进程，验证审计进程是否受到保护。

5．真实性测试方法

1）应验证系统是否提供专用登录控制模块，对登录用户进行身份标识和鉴别，验证其身份的真实性，同时须证实符合其声明的程度。

2）应核查用户列表，验证是否存在重复的用户身份标识，并测试能否通过修改数据的方式产生相同的用户身份标识，如新增用户时输入相同的用户名，或将某用户名修改为已存在的相同用户名。

3）应核查系统是否存在共享账户。

4）应验证系统是否提供登录失败处理功能，如结束会话、限制非法登录次数和自动退出等措施。

6. 信息安全性的依从性测试方法

信息安全性的依从性测试主要验证系统是否符合相关标准规范的要求，可以依据相关标准规范设计有针对性的测试用例，设计方法同信息安全性其他子特性的测试用例设计方法。

例如个人信息保护方面，可重点关注系统采集的用户个人信息是否为业务应用所必需、是否制定了有关用户个人信息保护的管理制度和流程、是否采用技术措施限制对用户个人信息的访问和使用。系统的通常做法是通过官方正式渠道或弹窗提示向用户表明采集信息的内容、用途及相关的安全责任，并在用户同意、授权的情况下采集、保存业务必需的用户个人信息，通过技术和管理手段，防止未授权访问和非法使用。

4.3.4 应用安全漏洞扫描

除了对明示的安全功能进行审查，通常还会借助自动化测试工具完成应用系统的漏洞扫描。漏洞扫描作为对软件产品或信息系统进行应用层面测试的重要手段，可以在造成严重危害前发现安全漏洞并加以防范。

使用安全漏洞扫描工具（如 AppScan）对被测系统进行安全漏洞扫描时，应在工具中配置访问地址、登录账号密码、测试策略等。扫描工具通过捕获系统发送的请求，并以此为依据构造安全漏洞的攻击请求并发送至服务端，通过验证服务端回传的响应信息，靶向判断系统是否存在此类安全漏洞。

测试策略配置包括但不限于 HTTP 响应分割、HTTP 请求分割、LDAP 注入、SOAP 数组滥用、SQL 注入、SSI 注入、URL 重定向滥用、XML 外部实体、XML 注入、XPath 注入、不安全索引、会话定置、会话期限不足、传输层保护不足、信息泄露、内容电子欺骗、凭证或会话预测、功能滥用、可预测资源位置、恶意内容测试、拒绝服务、操作系统命令、整数溢出、服务器配置错误、权限不足、格式字符串、目录索引、空字节注入、缓冲区溢出、蛮力、认证不充分、跨站脚本编制、跨站请求伪造、路径遍历、远程文件包含、邮件命令注入。

4.4 信创产品可靠性测试技术

信创产品可靠性测试是评价软件系统、产品或组件在基于国产化技术底座的运行条件下、指定时间内执行指定功能的程度。可靠性测试主要针对成熟性、可用性、容错性、易恢复性和可靠性的依从性进行测试。

4.4.1 可靠性测试要求

在国家标准 GB/T 25000.51—2016《系统与软件工程　系统与软件质量要求和评价（SQuaRE） 第 51 部分：就绪可用软件产品（RUSP）的质量要求和测试细则》中，关于可靠性的质量要求如下。

1）软件应按照用户文档集中定义的可靠性特征来执行。

2）与差错处置相关的功能应与产品说明和用户文档集中的陈述一致。

3）软件应识别违反句法条件的输入，并且不应将其作为许可的输入加以处理。

4）软件应具有从致命性错误中恢复的能力，并对用户是明显易懂的。

团体标准 T/AIA 016—2023《信创产品测评 通用要求》对信创产品可靠性的测试要求如下。

1）产品失效后，应实现恢复到正常状态的要求。

2）产品在需要时能够正常操作和访问。

3）产品存在故障，应实现运行符合期望的要求。

4）其他应符合国家标准 GB/T 25000.10—2016 中可靠性的要求。

4.4.2 可靠性测试内容

根据软件的可靠性特征及用户文档集描述的可靠性需求来设计测试用例，从成熟性、可用性、容错性、易恢复性、可靠性的依从性角度来检测相关子质量特性是否符合要求。

1）成熟性：系统、产品或组件在正常运行时满足可靠性要求的程度。

2）可用性：系统、产品或组件在需要使用时能够进行操作和访问的程度。

3）容错性：尽管存在硬件或软件故障，但是系统、产品或组件的运行符合预期的程度。

4）易恢复性：发生中断或产品失效时，产品或系统能够恢复直接受影响的数据并重建期望的系统状态的程度。

5）可靠性的依从性：产品或系统遵循与可靠性相关的标准、约定、法规及类似规定的程度。

4.4.3 可靠性测试方法

可靠性测试应基于已完成的功能性测试，结合信创产品的可靠性需求，从成熟性、可用性、容错性、易恢复性和可靠性的依从性角度选取适用于被测产品的技术指标进行测试，以验证信创产品可靠性指标是否符合质量要求。

业内对可靠性测试方法仍然处于持续探索阶段，并非每一种测试方法都可固定应用于各种信创产品。常见的测试方法有基于功能性的测试验证和基于技术指标的度量分析，也可以将二者结合起来进行综合测试评价，下文所用的测试方法就是将二者结合起来使用的典范。

1. 成熟性测试方法

成熟性是指信创产品在满足国产化软硬件环境或其他特殊条件（如一定的负载压力）的情况下使用时，验证其为用户提供相应服务的能力。

根据需求规格说明书和产品说明中描述的产品或系统的运行环境，在设定的测试周期内，基于功能性测试方法，为文档明示的可靠性相关功能编写测试用例，执行所有测试用例，汇总、分析测试结果。

【案例】需求规格说明书要求软件产品支持 24 小时不间断运行。

设计测试用例时，首先要考虑在常规工作时间内（9:00 至 17:00）对软件执行各类功能性测试，观察操作期间是否发生系统宕机等失效行为；其次要考虑工作时间之外系统是否也在持续运行，只是没有业务操作；最后考虑在设计相应测试用例时对系统运行日志进行核验，重点检查是否出现系统错误日志、重启日志等。

显然，采用度量的方式可以计算出更精确的可靠性指标，可将软件故障数、平均失效间隔时间、发生失效的比例、系统的完整性级别等作为评价指标。依据测试结果，确定检测到的故障数、所发现的缺陷的严重程度，以及判断系统的完整性级别等。

（1）测试覆盖率

- 测试内容。

测试覆盖率 = 测试期间执行的测试用例数 ÷ 获得充分测试覆盖率所要求的测试用例数

其中，获得充分测试覆盖率所要求的测试用例数是指每个功能点最少要有一个测试用例。

- 判定准则。

通过：软件产品测试覆盖率达到 100% 或达到相关约定的要求。

不通过：软件产品测试覆盖率未达到 100% 或未达到相关约定的要求。

（2）故障密度

故障密度即在一定的试验周期内检测出多少故障。

- 测试内容。

故障密度 = 检测到的故障数目 ÷ 产品规模

其中，检测到的故障数目是指程序中的错误数量，产品规模是指功能点总数。

● 判定准则。

通过：软件产品的故障密度不超过 3% 或达到相关约定的要求。

不通过：软件产品的故障密度超过 3% 或未达到相关约定的要求。

（3）缺陷的严重程度

● 测试内容。

测试中发现的缺陷与缺陷严重程度之间的关系如下。

a. 无：没有检测到缺陷。

b. 建议改进：一些小问题（如有个别错别字或文字排版不整齐等情况），对功能几乎没有影响，软件产品仍可使用。

c. 低级：不太严重的错误，如次要功能模块丧失、提示信息不够准确、用户界面差或操作时间长等。

d. 中级：严重错误，如功能模块或特性没有实现、主要功能部分丧失、次要功能全部丧失或存在致命的错误声明。

e. 高级：致命错误，造成系统崩溃、死机，或造成数据丢失、主要功能完全丧失等。

● 判定准则。

通过：软件产品不存在上述 d 和 e 所列的问题。

不通过：软件产品存在上述 d 或 e 所列的问题。

（4）成熟性的总体判定

● 测试内容。

测试上述 a ~ c 的结论。

● 判定准则。

通过：上述 a ~ c 的结论均为通过。

部分通过：上述 a ~ c 的结论中有一个结论为不通过。

不通过：上述 a ~ c 的结论中有两个或两个以上结论为不通过。

2. 可用性测试方法

可用性是对信创产品可使用程度的一种评价，可检测软件产品使用周期内实际可用时间的比例、平均无故障时间。

根据需求规格说明书或产品说明中描述的产品或系统指定的系统使用时间编写测试用例，记录系统实际提供的操作时间。例如，产品说明中描述了“系统支持 7×24 小时不间断运行"，就应据此设计测试用例，详细记录系统实际提供的操作时间。测试期间，当产品或系统失效时，记录从宕机到软件可正常使用所花费的时间及总的宕机次数，从而计算出平均宕机时间。

1）系统可用性：在计划的系统运行时间中，系统实际可用时间的比值。

- 测试内容。

系统可用性 = 实际提供的系统运行时间 ÷ 操作计划中规定的系统运行时间

- 测试方法。

依据业务场景，在特定时间周期内，测量系统每次因故障而不能使用后所需的修复时间，并将系统实际提供的运行时间与规定的运行时间相比较。

2）平均宕机时间：失效发生时，系统不可用的时间。

- 测试内容。

平均宕机时间 = 总宕机时间 ÷ 观察到的宕机次数

- 测试方法。

对特定的时间周期内检测到的宕机次数进行统计，并测量每次系统不能用时的宕机时间，计算其平均宕机时间。

3．容错性测试方法

容错性与发生运行故障或违反接口规则时产品或系统维持规定性能等级的能力有关。例如，用户执行某一功能时存在违反句法条件的输入，或执行了不符合业务逻辑的操作步骤，导致产品或系统出现错误或异常，与差错处置相关的功能应与用户文档集或产品说明中的陈述保持一致。具体测试方法如下。

1）根据用户需求，对该软件异常处理功能进行测试，验证该软件的容错性是否实现（软件异常处理状态包括提示信息、报警信息、屏蔽、重做和还原功能、数据保存和恢复信息等）。

2）根据用户需求，对该软件限制条件范围内使用的功能进行测试，验证该软件的处理数据是否丢失（软件限制条件包括利用的容量高达规定的极限、企图利用超出规定极限的容量、由最终用户造成的不正确输入、违背用户文档规定的细则等）。

3）根据用户需求，对该软件的各种出错情况的运行能力进行测试，验证在有用户接口出错、应用程序自身逻辑出错、系统或网络资源可用性引起差错的情况下，该软件是否有运行的能力（避免死机：在测试过程中，软件不应引起整个运行环境死机）。

4）根据用户需求，设计违反句法条件的输入数据，验证该软件在面对非法输入时是否有处理或屏蔽的能力。

4. 易恢复性测试方法

在产品或系统发生中断或失效时，恢复系统所需时间的长短、业务系统恢复的程度均体现了系统的恢复能力。通过验证用户文档集和产品说明中描述的数据备份和恢复方法，检查数据备份和恢复机制、备份数据信息正确性等。

软件失效通常表现为以下几种情况。

1）死机：软件停止输出。

2）运行速度不匹配：数据输入或输出的速度与系统的需求不符。

3）计算精度不够：因数据采集量不够或算法问题导致某一或某些输出参数值的计算精度不符合要求。

4）输出项缺损：缺少某些必要的输出值。

5）输出项多余：软件输出了系统不期望的数据或指令。

当软件失效发生时，验证系统能否采取措施重建为用户提供相应服务的能力并恢复直接受影响的数据（可重新启动）。验证措施通常有以下几种。

1）重启软件。

2）恢复备份的数据。

3）一键还原数据。

4）错误操作提示。

5）联系服务商。

6）对明示要求进行验证。例如，系统能够 1 分钟内完成重启工作并为用户提供服务。

5. 可靠性的依从性测试方法

产品说明中是否提及与信创产品可靠性相关的法律法规、标准规范等，若涉及并提供了相关正式资料，则应将该资料作为样品及判定依据，并验证和评价其符合程度。

4.5 信创产品兼容性测试技术

信创产品兼容性测试是在共享相同的国产化软硬件运行环境的条件下，验证信创产品、系统或组件能够与其他产品、系统或组件交换信息，以及执行其所需的功能的程度。兼容性测试主要针对共存性、互操作性、兼容性的依从性进行测试。

信创产品兼容性测试应依托于可移植性测试。可移植性是指适配不同的信创基础设施、基础软件、应用软件和信息安全产品。在满足适配要求的基础上，被测产品与同一运行环境中的其他产品或组件能否共存、能否有效进行数据交换等可移植性可理解为兼容性测试的范畴。

4.5.1 兼容性测试要求

在国家标准 GB/T 25000.51—2016《系统与软件工程　系统与软件质量要求和评价（SQuaRE）　第 51 部分：就绪可用软件产品（RUSP）的质量要求和测试细则》中，关于兼容性的质量要求如下。

1）若用户进行安装操作，则软件应提供一种方式来控制已安装组件的兼容性。

2）软件应按照用户文档集和产品说明中定义的兼容性特征来执行。

3）如果软件需要提前配置环境和参数，以执行已定义的兼容性，那么应在用户文档集中明确说明。

4）在用户文档集中应明确指明兼容性、功能、数据或流的类型。

5）软件应能识别出哪个组件负责兼容性。

6）若用户进行安装操作，且软件在安装时对组件有共存性的约束条件，则在安装前应予以明示。

团体标准 T/AIA 016—2023《信创产品测评 通用要求》对信创产品兼容性的测试要求如下。

1）用户文档集应提供必要的信息以标识使用该软件的兼容性要求，包括但不限于软件和（或）硬件的名称、版本、特定操作系统等。

2）当用户文档集引证已知的、用户可调用的其他软件的接口时，应标识出这些接口或软件。

3）其他应符合国家标准 GB/T 25000.10—2016 中关于兼容性的要求。

4.5.2 兼容性测试内容

根据软件的兼容性特征及用户文档集中描述的兼容性需求来设计测试用例，从共存性、互操作性、兼容性的依从性角度来检测相关子质量特性是否符合要求。

1）共存性：在与其他产品共享通用的环境和资源的条件下，产品能够有效地执行其所需的功能并且不会对其他产品造成负面影响的程度。

2）互操作性：两个或两个以上系统、产品或组件能够交换信息并使用已交换信息的程度。

3）兼容性的依从性：产品或系统遵循与兼容性相关的标准、约定、法规及类似规定的程度。

测试期间应注意观察被测产品是否与其他产品、系统或组件之间发生失效或错误，并分析该现象是否与被测产品存在关联。兼容性测试内容主要包括如下几点。

1）平台兼容性：系统对操作系统、数据库系统的兼容程度。

2）软件兼容性：考查系统与其他应用软件的兼容性，如 IE 浏览器、客户端分辨率等。

3）数据兼容性：符合用户手册的数据标准要求，在保证系统和数据安全的前提下，能够方便地与其他系统实现数据交换和共享。

4.5.3 兼容性测试方法

验证信创产品是否满足产品说明或需求规格说明书中关于兼容性的描述。根据兼容性质量特性，通过设计测试用例来检测相关子质量特性是否符合要求。

设计测试用例时应注意如下两点。

1）硬件或软件环境是共享、相同的，不应考虑不同环境下的情况。

2）两个或两个以上系统、产品或组件能够交换信息并使用已交换的信息，不应考虑相互间没有关系的情况。

1. 共存性测试方法

软件在运行和安装过程中需要与其他软件进行交互。共存性主要考查软件产品安装和运行时与正在运行的软件之间的共存性约束。设计共存性测试用例时可考虑如下方面。

1）两个软件同时运行时，系统的 CPU、进程等系统资源是否异常。

2）是否造成其他软件运行错误或本身不能正确地实现功能。

3）是否存在系统出错、软件用户界面显示不友好等情况。

2. 互操作性测试方法

设计互操作性测试用例时可考虑如下方面。

1）数据格式的可交换性：软件互操作性表现为软件之间共享并交换信息，以便能够互相协作、共同完成一项功能。例如，软件能否支持 WPS、PDF 文件的导入或导出等。

2）数据传输的交换接口：在与其他软件进行数据交互时，对于约定的数据接口，数据通信交换功能能否正确实现。例如，某办公软件能否适配不同品牌型号的打印机，不同打印机输出文件的字符是否相同、格式是否一致。

3. 兼容性的依从性测试方法

产品说明和用户文档集中是否提及与信创产品兼容性相关的法律法规、标准规范等，若涉及并提供了相关正式资料，则应将该资料作为样品及判定依据，并验证和评价产品的符合程度。

4.6 信创产品易用性测试技术

信创产品易用性测试是指在指定的国产化软硬件运行环境中，产品或系统在有效性、效率和满意度特性方面为了指定的目标可为指定用户使用的程度。易用性测试主要针对可辨识性、易学性、易操作性、用户差错防御性、用户界面舒适性、易访问性和易用性的依从性进行测试。需要注意的是，易用性既可以从其子质量特性角度进行产品质量验证，也可以从使用质量角度对其子质量特性进行使用度量。

4.6.1 易用性测试要求

在国家标准 GB/T 25000.51—2016《系统与软件工程　系统与软件质量要求和评价（SQuaRE）第 51 部分：就绪可用软件产品（RUSP）的质量要求和测试细则》中，关于易用性的质量要求如下。

1）有关软件执行的各种问题、消息和结果都应是易理解的。

2）每个软件出错消息应指明如何改正差错或向谁报告差错。

3）出自软件的消息应设计成使最终用户易于理解的形式。

4）屏幕输入格式、报表和其他输出对用户来说应是清晰且易理解的。

5）对具有严重后果的功能的执行应是可撤销的，或者软件应给出其中后果的明显警告，并且在这种命令执行前要求确认。

6）借助用户接口、帮助功能或用户文档集提供的手段，最终用户应能够学习如何使用某一功能。

7）当执行某一功能时，若响应时间超出通常的预期限度，则应告知最终用户。

8）每种元素（如数据媒体、文件等）均应带有产品标识，若有两种以上的元素，则应附上标识号或标识文字。

9）用户界面应能使用户感觉愉悦和满意。

团体标准 T/AIA 016—2023《信创产品测评 通用要求》对信创产品易用性的测试要求如下。

1）应符合可辨识性、易学性、易操作性、用户差错防御性、用户界面舒适性、易访问性及易用性的依从性等。

2）其他应符合国家标准 GB/T 25000.10—2016 中关于易用性的要求。

4.6.2 易用性测试内容

根据软件的易用性需求来设计测试用例。易用性通常需要考虑 7 个要素：可辨识性、易学性、易操作性、用户差错防御性、用户界面舒适性、易访问性、易用性的依从性。测试内容如下。

1）可辨识性：它取决于通过对产品或系统的初步印象和（或）任何相关文档来辨识产品或系统功能的能力。产品或系统提供的信息可包括演示、教程、文档或网站的首页信息。

2）易学性：考查在指定的使用环境中产品或系统在有效性、效率、抗风险和满意度特性方面，为了学习使用该产品或系统这一指定的目标可为指定用户使用的程度。

3）易操作性和用户差错防御性：考查可控性、操作容错性（系统预防用户犯错的能力），以及与用户期望的符合性。

4）用户界面舒适性：考查所涉及产品或系统中旨在提高用户愉悦性和满意度的各种属性，如颜色的使用和图形化设计的自然性。

5）易访问性：考查产品或系统被具有最广泛特征和能力的个体使用的程度。

6）易用性的依从性：产品或系统遵循与易用性相关的标准、约定、法规及类似规定的程度。

4.6.3 易用性测试方法

验证信创产品是否满足产品说明或需求规格说明书中关于易用性的描述。根据易用性质量特性，通过设计测试用例来检测相关子质量特性是否符合要求。

1. 可辨识性测试方法

用户通过查阅需求文档、设计文档、操作手册等用户文档集和产品说明，辨识产品或系统功能的程度。用户在首次使用产品或系统时，要考查能够了解到的功能项。产品或系统提供的演示、教程、文档或网站的首页信息能够帮助用户辨识产品或系统是否符合他们的要求。具体测试方法如下。

1）根据用户需求，对软件的接口类型（包括命令行、菜单、视窗、Web 浏览器、功能键和帮助功能等）进行测试，验证上述接口类型是否易于理解和操作。

2）根据用户需求，对软件执行的各种问题、消息和结果进行测试，验证该软件执行的各种手段（包括恰当地选择术语、图形表示、提供背景信息、由帮助功能解释等）是否易于理解。

3）根据用户需求，对出自软件的消息的形式（如确认、软件发出的查询、警告和出错消息等）进行测试，验证该软件是否使最终用户易于理解。

4）根据用户需求，对软件的屏幕输入格式、报表和其他输出进行测试，验证该软件对用户来说是否易于理解。

5）根据用户需求，对软件的每种元素（如数据媒体、文件等）的标识及两种以上元素有文字标识的情况进行测试，验证该软件的每种元素及多种元素是否均带有产品标识。

2．易学性测试方法

系统可以通过提供在线帮助、可操作指导的视频、可操作课程系统等措施，使用户容易学会使用该产品或系统的功能。具体测试方法如下。

1）根据用户需求，对软件所要求的专业知识（包括所使用的数据库调用和协议知识、技术领域知识、操作系统知识、经专门培训可获得的知识等）进行测试，验证该软件是否易于学习和操作。

2）用户使用了用户文档集或帮助机制后应能正确完成任务，也就是在借助用户接口、帮助功能或用户文档集提供的手段后，最终用户应能够容易地学会如何使用某一功能。

3．易操作性和用户差错防御性测试方法

易操作性是指产品或系统具有易于操作和控制属性的程度。用户差错防御性是指系统预防用户犯错的程度。最终用户能够根据用户文档集对产品或系统进行操作，并且实际结果应与用户文档集一致。产品或系统的提示信息应易于理解，便于用户纠正使用中的错误。例如，当发生操作错误时，产品或系统应能够撤销原来的操作或重新执行任务。当产品或系统提供定制功能时，用户能够根据用户文档集实现功能定制操作。具体测试方法如下。

1）软件中不应有与用户期望不一致的不可接受的消息或功能，如提示信息与操作不一致、对功能的操作不能完成预期的任务等。

2）当发生操作错误时，应能够撤销原来的操作或重新执行任务。

3）用户文档集、产品说明和软件中的默认值（除时间部分）都应是可用的。

4）用户应能够定制软件的操作流程，如 Word 中的自定义工具栏。

5）软件在运行过程中发生错误时，应有指导用户如何改正差错或向谁报告的提示信息。例如，若在安装了卡巴斯基反病毒软件的计算机上安装瑞星杀毒软件，则在安装时应有类似“您已经安装了其他杀毒软件，请卸载后再进行本软件的安装”的提示信息，而不是直接终

止软件的安装。

6）执行具有严重后果的删除、改写或中止一个过长的处理操作时，该操作应是可逆的，或者有明显的警告和提示确认信息。例如，数据的删除操作在影响数据库中数据的情况下应该是可逆的或有提示信息的；导入新数据覆盖原有的数据时，也应有相关的提示信息。若删除的数据与数据库中的数据没有联系，则不具有严重后果。例如，在播放列表中删除某些歌曲。

7）若执行某项功能，在规定的时间内软件没有响应且引起冲突时，应告知用户。例如，浏览器/服务器（Browser/Server，B/S）架构的软件由于网速问题使用户的请求无法得到响应，这时会有一个连接超时的提示信息。

8）与软件相关的元素应带有标识，若含有两种以上元素，还须带有标识号或标识文字。

4. 用户界面舒适性测试方法

用户界面舒适性是指用户界面提供令人愉悦和满意的交互的程度。内部或外部用户界面舒适性测试用来评价用户界面的外观好坏和受到屏幕设计、颜色等因素影响的程度。好的颜色组合能够帮助用户快速阅读文本或识别图像，有利于辨识产品或系统的菜单项。用户界面不应出现乱码、不清晰的文字或图片等影响界面美观与用户操作的情形。具体测试方法如下。

1）根据用户需求，对软件的界面、菜单及显示进行测试，验证该软件的交互界面是否规范和合理。

2）根据用户需求，对软件外观的吸引力进行测试，验证该软件的外观是否具有美观性和独特性。

3）根据用户需求，对软件帮助信息的提供方式和效果进行测试，验证该软件是否具有必要的帮助功能。

4）根据用户需求，对软件的快捷键、多窗口、图形界面和输入法等便捷特色进行测试，验证该软件的显示和操作是否能吸引用户使用。

5. 易访问性测试方法

易访问性是指在指定的使用环境中，为了达到指定的目标，产品或系统被具有最广泛特征和能力的个体所使用的程度。易用性以实现指定目标用户（如特殊群体）可以访问的程度来度量。特殊群体包括有认知障碍、生理缺陷、听觉 / 语言障碍或视觉障碍的用户。当产品或系统支持多种不同的语言时，易用性是指用户试图运用与他们母语不同的语言使用该产品或系统来验证完成指定任务的程度。

6. 易用性的依从性测试方法

产品说明中是否提及与信创产品易用性相关的法律法规、标准规范等，若涉及并提供了相关正式资料，则应将该资料作为样品及判定依据，并验证和评价其符合程度。

4.7 信创产品维护性测试技术

信创产品维护性测试是指验证和评价信创产品或系统能够被预期的维护人员修改的有效性和效率的程度。维护性测试主要针对模块化、可重用性、易分析性、易修改性、易测试性、维护性的依从性进行测试。

4.7.1 维护性测试要求

在国家标准 GB/T 25000.51—2016《系统与软件工程　系统与软件质量要求和评价（SQuaRE） 第 51 部分：就绪可用软件产品（RUSP）的质量要求和测试细则》中，关于维护性的质量要求如下。

1）软件应按照用户文档集中定义的维护性特性来执行。

2）软件应能识别出每一个基本组件的发布号、相关的质量特性、参数和数据模型。

3）软件应能在任何时候识别出每一个基本组件的发布号，包括安装的版本，以及对软件特性产生的影响。

团体标准 T/AIA 016—2023《信创产品测评 通用要求》对信创产品维护性的测试要求如下。

1）应满足模块化、可重用性、易分析性、易修改性、易测试性及维护性的依从性等。

2）其他应符合国家标准 GB/T 25000.10—2016 中关于维护性的要求。

4.7.2 维护性测试内容

从总体来看，维护性基本可理解为工程实施和维护基础数据时是否能够方便、快速地解决用户维护方面的问题。高可维护性对经历周期性更改的产品或快速开发的产品很重要。

维护性测试主要考查系统是否满足产品说明和用户文档集中定义的维护性特征，以及模块化、可重用性、易分析性、易修改性、易测试性和维护性的依从性 6 个子质量特性的要求，验证是否提供并正确实现维护性的相关功能。具体测试内容如下。

1）模块化：由多个独立组件组成的系统或计算机程序，其中一个组件的变更对其他组件的影响最小的程度。

2）可重用性：资产能够被用于多个系统或其他资产建设的程度。

3）易分析性：可以评估预期变更（变更产品或系统的一个或多个部分）对产品或系统的影响、诊断产品的缺陷或失败原因、识别待修改部分的有效性和效率的程度。

4）易修改性：产品或系统可以有效地、有效率地修改，且不会引入缺陷或降低现有产品质量的程度。

5）易测试性：能够为系统、产品或组件建立测试准则，并通过测试执行来确定测试准则是否被满足的有效性和效率的程度。

6）维护性的依从性：产品或系统遵循与维护性相关的标准、约定、法规及类似规定的程度。

4.7.3　维护性测试方法

验证信创产品是否满足产品说明或需求规格说明书中关于维护性的描述。根据维护性质量特性，通过设计测试用例来检测相关子质量特性是否符合要求。

1. 模块化测试方法

模块化是指程序被划分为若干模块，每个模块完成一个子功能，这些模块集中起来就组成了一个整体。模块化是软件设计的一个基本准则。

模块化测试主要查验被测系统的各个模块之间相互关联的耦合性。模块间耦合性越低，代表模块相互间的影响越小，模块的独立性越强，模块化程度高。测试方法如下。

- 确定每个模块的功能、调用关系及模块间传递的数据，查验各个模块之间接口的复杂程度、调用模块的方式，以及模块是否允许单独编译甚至单独调试。
- 对某个模块、组件或业务流程进行配置变更，查验该变更对其他模块的影响。

常见的模块化程度高的服务架构有企业服务总线（Enterprise Service Bus，ESB）、Web Service 架构、微服务架构、面向服务架构（Service-Oriented Architecture，SOA）、消息传递等。微服务架构强调的是业务系统需要彻底地组件化和服务化，将原有的单个业务系统拆分成多个可以独立开发、设计、运行和运维的小组件。这些小组件之间通过服务完成交互和集成，一个小组件的变更对其他小组件的影响较小。

2. 可重用性测试方法

在软件工程中，重用可以减少维护的时间和降低维护成本。可重用性测试主要查验软件生命周期中具有重用价值的资产，如项目计划、体系结构、需求规格说明书、用户文档和技术文档、用户界面和测试用例等，验证上述资产是否可被重复利用或借鉴。

3. 易分析性测试方法

易分析性测试可站在维护人员或用户的角度，考查是否方便诊断产品的缺陷和失效的原因，以及标识需要修改的部分所要耗费的工作量。可从以下三个方面进行测试。

- 当测试过程中出现异常或软件失效时，检查是否有明确的提示信息，以及根据提示信息能否有效解决问题。
- 查验用户文档集（包括需求文档、设计文档和操作手册等）中是否清晰描述了产品或系统常出现的问题或现象，以及故障排除方法等。
- 适用时，验证软件产品是否按照产品说明中的要求对软件的各项失效操作进行追踪，如通过日志记录、运行状态情况报告、失效操作提示信息及导致软件失效的操作列表等信息，了解引起软件失效的具体操作。

4. 易修改性测试方法

当产品或软件系统支持对编码、设计、文档和验证进行变更时，用户进行相应修改后，产品或系统应能够正确运行，修改的实际结果应与预期结果相一致（维护后的版本及修改内容可按照产品说明或用户文档中的描述进行查验）。

修改形式如下。

- 通过配置文件或配置功能模块，对应用系统参数进行配置。
- 对用户权限和业务流程等进行定制。
- 软件产品升级。

5. 易测试性测试方法

易测试性主要验证产品或系统内置测试功能或测试手段的有效性。

- 通过查看用户文档集，验证是否容易选择检测点进行测试用例的编制和执行，以及验证是否容易搭建测试环境、测试输入和输出是否清晰可见。
- 软件的功能或配置被修改后，验证是否可对修改之处进行测试，以及测试过程是否需要附加的测试措施。

6. 维护性的依从性测试方法

产品说明中是否提及与信创产品维护性相关的法律法规、标准规范等，若涉及并提供了相关正式资料，则应将该资料作为样品及判定依据，并验证和评价其符合程度。

第 5 章 环境试验的测试技术

信创产品涵盖了软件系统和各类硬件设备，如台式计算机、便携式计算机、一体式计算机、工作站、服务器等。本章主要探讨如何对硬件设备进行可靠性检测，以确保其在不同环境下能够正常地使用、运输或存储。为此，我们经常进行高温试验、低温试验、交变湿热试验、恒定湿热试验、中性盐雾试验、绝缘性能试验和 EMC 试验等检测。

5.1 湿热环境影响试验

5.1.1 高低温试验技术

1. 什么是高低温试验

高低温试验是指产品在高温或低温环境下的性能及可靠性的试验。通过将产品放在高温或低温环境中工作一段时间，查看产品在不同环境下的工作状态、特性及寿命等。

在国家标准 GB/T 2423.1—2008《电工电子产品环境试验 第2部分：试验方法 试验A：低温》中，测试低温试验时的温度范围为 −65℃、−55℃、−50℃、−40℃、−33℃、−25℃、−20℃、−10℃、−5℃、+5℃，持续时间为 2h、16h、72h、96h。特殊情况下可以根据产品本身实际特性来设置测试的温度和时间。

在国家标准 GB/T 2423.2—2008《电工电子产品环境试验 第 2 部分：试验方法 试验 B：高温》中，测试高温试验时的温度范围为 +1000℃、+800℃、+630℃、+500℃、+400℃、+315℃、+250℃、+200℃、+175℃、+155℃、+125℃、+100℃、+85℃、+70℃、+65℃、+60℃、+55℃、+50℃、+45℃、+40℃、+35℃、+30℃，持续时间为

2h、16h、72h、96h、168h、240h、336h、1000h。特殊情况下可以根据产品本身实际特性来设置测试的温度、湿度和时间。在做高温试验时，我们还要根据试验箱自身情况来选择合适的温度进行试验。

针对不同行业、不同类型的产品，我们在做高低温试验时所采用的环境试验条件是不一样的。电工电子产品采用国家标准 GB/T 2423.1—2008 和 GB/T 2423.2—2008 所要求的环境进行试验；轨道交通产品采用国家标准 GB/T 25119—2021 所要求的环境进行试验；电子测量仪器产品采用国家标准 GB/T 6587—2012 所要求的环境进行试验；计算机设备类产品采用国家标准 GB/T 9813 系列所要求的环境进行试验；风力发电机组产品采用行业标准 NB/T 31004—2011 所要求的环境进行试验；医疗仪器产品采用国家标准 GB/T 14710—2009 所要求的环境进行试验；PLC 系统产品采用国家标准 GB/T 15969 系列所要求的环境进行试验。

2．为什么要做高低温试验

做高低温试验的目的是确定元件、设备或其他产品在高温或低温环境下使用、运输或存储的能力。产品在生产、搬运或使用过程中，会面临各种各样的环境，通过模拟真实的使用环境，可判断环境对产品产生的物理性质、机械性质甚至化学性质的改变。通过查看产品的变化，可检测是否存在问题。我们通过高温试验和低温试验的数据和检测结果，分析产品的性能和寿命，从而保证产品的质量，减少产品的故障率、失效率，提高产品的市场竞争力。

在做高低温试验时，为了确保产品的质量，测试人员应对产品的不同型号分别进行高低温试验。同种型号由于原材料不同，也需要根据不同材质分别进行高低温试验，再分别根据测试数据和检测结果分析产品的质量。

3．高低温试验检测过程

根据相关的标准要求，完整的高低温试验检测过程通常包括 6 个步骤：预处理、初始检测、条件试验、中间检测、恢复和最后检测（注意：特殊的环境检测在条件试验和恢复期间可能要求中间检测）。

（1）预处理

如果检测的产品有预处理要求，那么预处理就是高低温试验检测过程的第一步。预处理是为了消除或部分消除试验产品以前经历的各种效应，在条件试验前对试验产品所做的处理。预处理可使试验产品经受有关规范要求的气候、电气或其他条件的作用，以便在检测和试验前稳定试验产品的性能。

（2）初始检测

初始检测主要查看检测之前产品功能和性能是否正常，外观是否出现异常，记录好产品检测前的状态。试验产品的初始状态可通过目视检查或者按照相关规范要求进行功能检测而获得。

（3）条件试验

试验产品按照相关规范的规定在低温或高温条件下暴露至规定的持续时间。在做高温试验时，除了要考虑温度，还需要注意产品工作的湿度环境。相关标准中规定：绝对湿度不应超过 $20g/m^3$（相当于温度为 35℃，相对湿度为 50%）。

（4）中间检测

如果对试验产品在条件试验期间或条件试验结束时（试验产品仍在试验箱中）进行加载和（或）测量，那么应根据相关规范对这类产品的测量内容和时间间隔进行规定。针对这种测量，试验产品不应移出试验箱。需要注意的是，如果要求查看某种试验产品在规定的试验持续时间结束之前的性能，则应该为每段不同的试验持续时间准备一个单独批次的试验产品。每一批次的产品应单独进行恢复和最后检测。

（5）恢复

试验结束之前，试验产品需要经过恢复阶段恢复到正常工作环境。在恢复阶段，试验产品应在试验箱内经过恢复过程或者其他合适的过程。恢复时间足以使温度达到稳定，至少需要 1h。如果有相关规范要求，试验产品应在恢复期间连续通电或加载并测量。特殊试验产品若不适应该恢复方法，则应根据相关规范要求其他的恢复条件。

（6）最后检测

最后检测主要查看检测之后产品功能和性能是否正常，外观是否出现异常，并记录好产品检测后的状态。试验产品在检测结束后应再一次进行目视检查或者按照相关规范要求进行功能检测。

4. 高低温试验应用场景

高低温试验是一种广泛应用于党、政、金融、电力、电信、石油、交通、教育、医疗、航空航天、电子、汽车及船舶等领域的测试方法。为了确保产品的可靠性，入市前需要进行严格的检验，高低温试验是其中重要的环节。

5.1.2 湿热试验技术

1. 什么是湿热试验

信创产品的湿热试验主要检测产品在温度和湿度两种环境中的综合适应情况，主要验证产品表面受潮或者产品内容受潮的情况。测试人员可以通过湿热试验来判断产品的可靠性。

信创产品的湿热试验分为恒定湿热试验和交变湿热试验两类。恒定湿热试验是为了确定元器件或设备在高温、高湿条件下使用、存储和运输时的适应性，也是为了确定在规定时间内恒定温度、无凝霜的高温环境对产品的影响。而交变湿热试验是为了确定元件、设备或其他产品在高湿度与温度循环变化组合且通常会在产品表面产生凝露的条件下使用、运输和存储的适应性。如果交变湿热试验用于检验带包装的试验产品在运输和存储中的性能，则应带包装一起进行试验。

2. 为什么要做湿热试验

湿热环境普遍存在于电子产品的运输、存储和使用的整个过程中。在湿热环境的影响下，电子产品中的绝缘材料和金属表面会吸附水蒸气，导致产品出现退化现象；同时，潮湿、温度和电应力的共同作用，会引起电化学反应和金属腐蚀，导致电子设备的绝缘电阻下降、漏电增加，严重时出现飞弧、击穿导致的电路损坏等。

3. 湿热试验检测过程

（1）恒定湿热试验检测过程

根据相关标准要求，完整的恒定湿热试验的检测过程通常包括 6 个步骤：预处理、初始检测、条件试验、中间检测、恢复和最后检测。

1）预处理。

如果检测的产品有预处理要求，那么预处理就是恒定湿热试验检测过程的第一步。预处理是为了消除或部分消除试验产品以前经历的各种效应，在条件试验前对试验产品所做的处理。预处理可使试验产品经受有关规范要求的气候、电气或其他条件的作用，以便在检测和试验前稳定试验产品的性能。

2）初始检测。

初始检测主要在检测之前对产品进行外观检查，对其电气和机械性能进行检测，记录好产品检测前的状态。试验产品的初始状态可通过目视检查或者按照相关规范要求进行功能检测而获得。

3）条件试验。

试验产品应按相关规范的要求放入试验箱中。除非有特殊规定，否则应将无包装、不通电、准备使用状态的试验产品置于试验箱内。在特定的时候，相关规范可以允许试验产品在达到试验条件时放入试验箱内，且应避免产品产生凝露，对于小型产品可通过预热方式达到此项要求。

调整试验箱内温度（简称箱温），以达到所要求的严酷等级。为了避免试验产品产生凝露，应控制试验产品的温度或使试验产品先达到试验温度再调整试验箱内的相对湿度以达到规定值。在 2h 之内，通过调整试验箱内的湿度以达到规定的试验严酷等级。试验的严酷等级由温度、相对湿度、试验持续时间共同决定。除非相关规范规定，否则试验的温度和相对湿度应从表 5-1 中进行选择。推荐的持续时间为 12h、16h、24h、2d、4d、10d、21d 或 56d。

表 5-1　试验的温度和相对湿度

温度 /℃	相对湿度 /%
30±2	93±3
30±2	85±3
40±2	93±3
40±2	85±3

相关规范应规定试验条件及试验的持续时间。试验持续时间应从试验条件达到规定值时开始计算。相关规范应规定试验产品取出试验箱时的试验条件和持续时间。

在条件试验后、最后检测前，应规定试验的恢复程序。

4）中间检测。

如果要在条件试验期间或条件试验结束时查看试验产品，那么试验产品应留在试验箱内进行检测。如果需要这种检测，有关规范应规定检测的项目及完成这种检测的时间。在进行这种检测时，试验产品不应移出试验箱。

5）恢复。

试验结束之前，试验产品需要经过恢复阶段恢复到正常工作环境。在恢复阶段，相关规范规定了试验产品是在标准大气条件下进行恢复，还是在特定条件下进行恢复。若产品必须在特定条件下进行恢复，则应将产品移到另一试验箱内或者仍留在原试验箱内。若需要将试验产品转移到另一试验箱中进行恢复，则转移试验产品的时间应尽可能短。若留在原试验箱中恢复，则应在规定的时间内将相对湿度降到合适的范围内，并将温度调节到试验所要求的温度。具体相关规范应规定恢复方法和时间。恢复条件的规定参照 IEC60068-1 中的要求。

6）最后检测。

最后检测主要对检测之后的产品外观进行检查，对其电气和机械性能进行检测，记录好产品检测后的状态。试验产品在检测结束后应再一次进行目视检查或者按照相关规范要求进行功能检测。

注意 上述检测过程引用自国家标准 GB/T 2423.3—2016《环境试验 第 2 部分：试验方法 试验 Cab：恒定湿热试验》。

（2）交变湿热试验检测过程

根据相关标准要求，完整的交变湿热试验检测过程通常包括 7 个步骤：预处理、初始检测、条件试验（温度容差、稳定期）、24 小时循环、中间检测、恢复、最后检测。

1）预处理。

如果检测的产品有预处理要求，那么预处理就是交变湿热试验检测过程的第一步。预处理是为了消除或部分消除试验产品以前经历的各种效应，在条件试验前对试验产品所做的处理。预处理可使试验产品经受有关规范要求的气候、电气或其他条件的作用，以便在检测和试验前稳定试验产品的性能。

2）初始检测。

初始检测主要在检测之前对产品进行外观检查，对其电气和机械性能进行检测，记录好产品检测前的状态。试验产品的初始状态可通过目视检查或者按照相关规范要求进行功能检测而获得。

3）条件试验。

试验产品应按相关规范的要求放入试验箱中。除非有特殊规定，否则应将无包装、不通电、准备使用状态的试验产品置于试验箱内。如果没有规定特定的安装架，那么安装架的热传导应尽可能低，使其实际上对所有的试验产品都是绝热的。

① 温度容差。总的温度容差 ±2K 或 ±3K 是考虑到测量的绝对误差、温度的缓慢变化及工作空间内的温度变化而确定的。然而，为了维持相对湿度在规定的容差范围内，在任意时刻的工作空间内，任何两点之间的温度差必须维持在一个较小的范围内。如果温度差超过 1K，那么湿度条件就达不到要求。为了维持规定的湿度，温度短时波动应维持在 ±0.5K。

② 稳定期。试验产品的温度应稳定在 25℃ ±3K。达到稳定的方法：在将试验产品放入试验箱之前，应将试验产品放置在另一试验箱中；或者在将试验产品放入试验箱之后，将箱温调至 25℃ ±3K，并保持到试验产品达到温度稳定为止。无论采用何种方法，在达到温度稳定期间，其相对湿度必须在规定的试验用的标准大气条件限制内。试验产品在试验箱内稳定之后，箱内的相对湿度应不小于 95%，环境温度为 25℃ ±3K。

4）24 小时循环。

试验箱内温度应升到有关标准所规定的合适的高温值。在 3h±3min 之内应该达到高温，试验箱的温升速率保持在图 5-1 和图 5-2 所示的阴影区域内。该阶段的相对湿度应不小于 95%，最后 15min 内的相对湿度应不小于 90%。在温度上升阶段，试验产品上可能出现凝露（出现凝露意味着试验产品的表面温度在箱内空气露点温度之下）。温度应保持在规定的高温限值 ±2K 内，直至从循环开始的 12h±30min 为止。本阶段的最初和最后 15min 内，相对湿度应在 90% ~ 100% 范围内，其余时间相对湿度应在（93±3）%。

降温的两种方法如下。

方法 1 如图 5-1 所示。温度应在 3 ~ 6 h 内降到 25℃ ±3K。最初 1.5h 的降温速率应如图 5-1 所示，在 3h±15min 内温度达到 25℃ ±3K。除了最初 15min 的相对湿度不小于 90%，其余时间的相对湿度应不小于 95%。

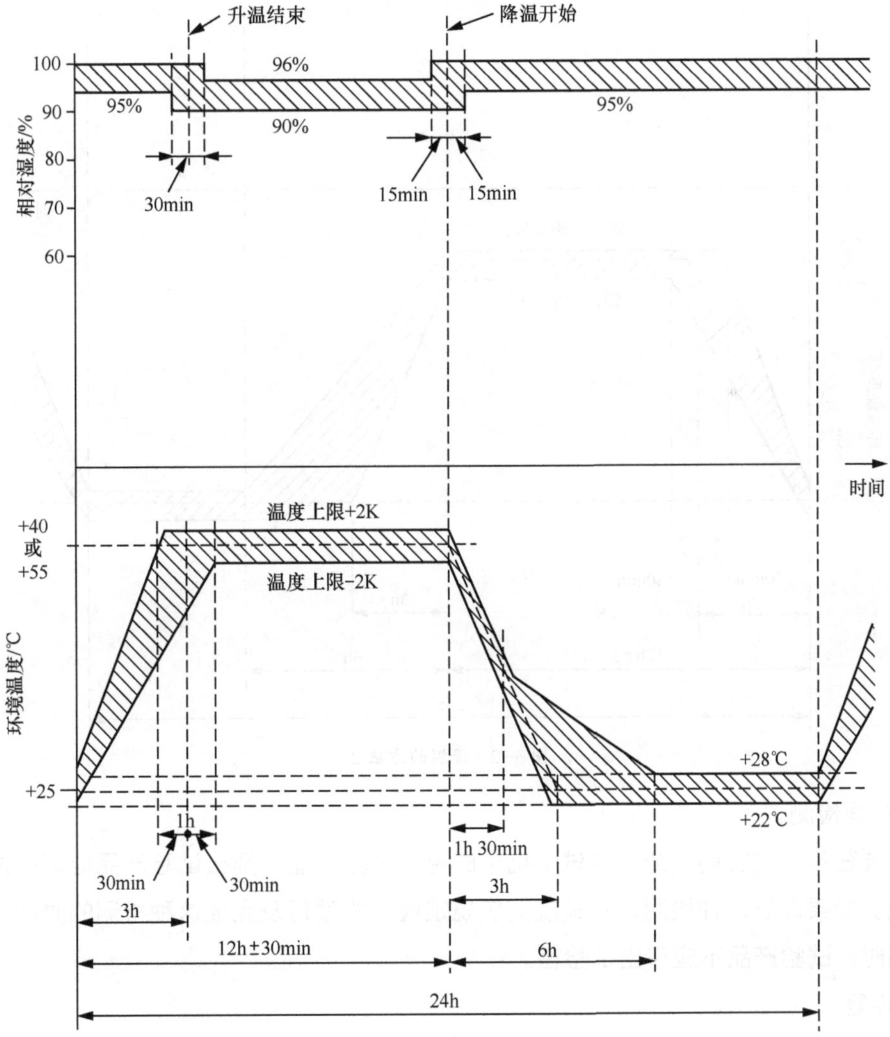

图 5-1　降温的方法 1

方法 2 如图 5-2 所示。温度应在 3 ~ 6 h 内降到 25℃ ±3K，但没有方法 1 中最初 1.5h 的附加要求。相对湿度应不小于 80%。

温度应保持在 25℃ ±3K，同时相对湿度不小于 95%，直至 24 h 一个循环结束。

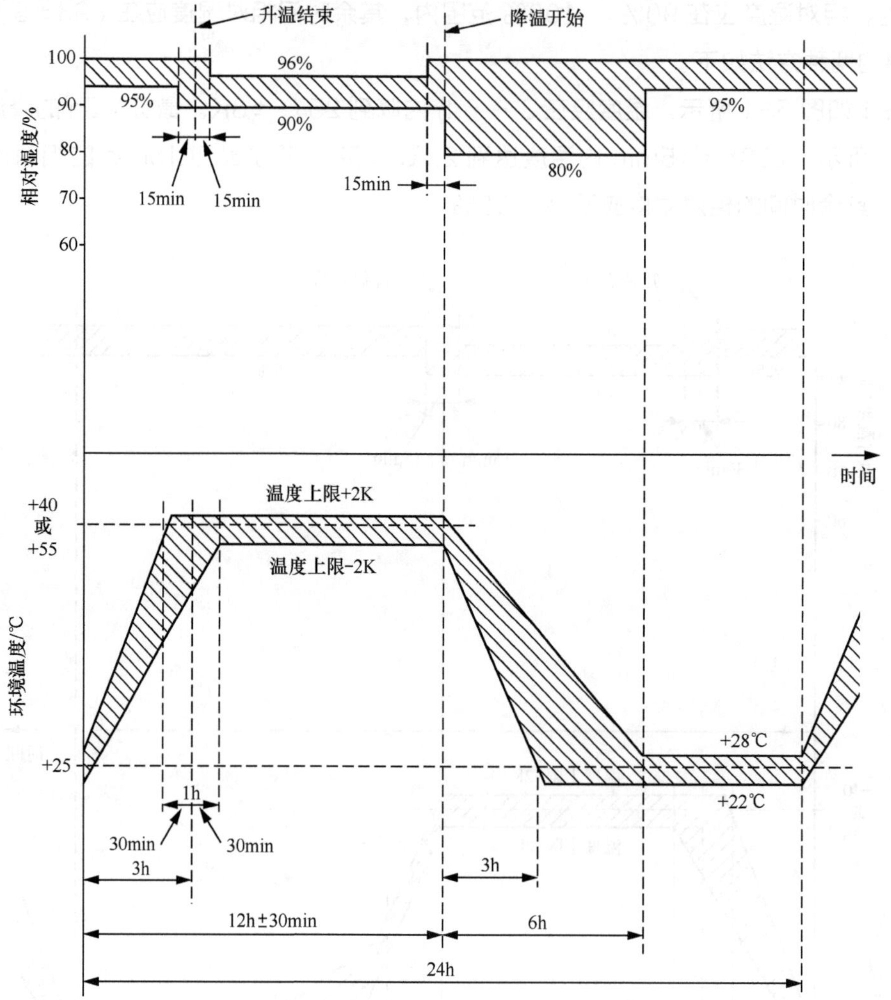

图 5-2 降温的方法 2

5）中间检测。

如果要在条件试验期间或条件试验结束时查看试验产品，那么试验产品应留在试验箱内进行检测。如果需要这种检测，有关规范应规定检测的项目及完成这种检测的时间。在进行这种检测时，试验产品不应移出试验箱。

6）恢复。

试验结束之前，需要经过恢复阶段恢复到正常工作环境。在恢复阶段，相关规范规定了试验产品是在试验用的标准大气条件下进行恢复，还是在受控的条件下进行恢复。如果要求试验产品用受控的恢复条件（见图 5-3），那么试验产品可以转移到另一试验箱中或仍留在原试验箱中进行恢复。若试验产品被转移至另一试验箱中，则转换时间应尽可能短，并且不能超过 10min。若试验产品留在原试验箱中，则应在 1h 内将相对湿度降到（75±2）% 范围内，然后在另外 1h 内将温度调节到实验室温度 ±1K。对于大件试验产品，有关标准允许有较长的转换时间。恢复时间（1 ~ 2 h）的计算是从规定的恢复条件达到后开始计算的。如果试验产品具有较大的热时间常数，那么允许有一个足够的、使温度达到稳定的恢复时期。有关标准应说明是否要用任何特殊措施除去试验产品表面的湿气。

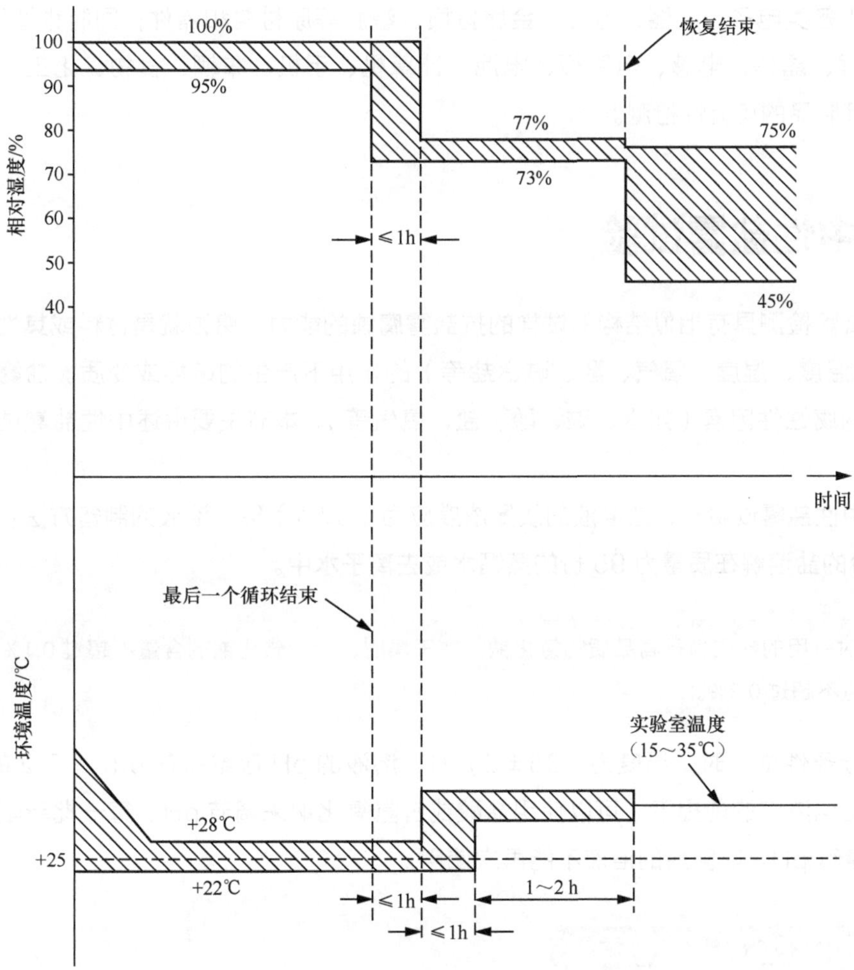

图 5-3 试验产品在受控条件下的恢复过程

7）最后检测。

最后检测主要查看检测之后产品功能和性能是否正常，外观是否出现异常，并记录好产品检测后的状态。测量应在恢复期结束后马上进行，并且对相对湿度最敏感的参数要最先被测量。除非有相关规定，否则所有参数的测量应在 30min 之内完成。

> 注意 上述检测过程引用自国家标准 GB/T 2423.4—2008《电工电子产品环境试验 第 2 部分：试验方法 试验 Db：交变湿热（12h+12h 循环）》。

4．湿热试验应用场景

湿热试验主要用于检测产品在各种环境下的耐热、耐干、耐湿、耐寒的适应能力。湿热试验适用于各类电子、电器、电工、金属材质、塑胶等原材料和器件；同时也适用于光纤、液晶显示屏、晶体、电感、电路板、电池、计算机、手机、车辆、食物、化工、建材、医疗、航天等制品的可靠性检测。

5.2 中性盐雾试验

盐雾试验检测具有相似结构的试样的抗盐雾腐蚀的能力。腐蚀就是材料或其性能在环境（大气中的温度、湿度、氧气、酸、碱、盐等）的作用下产生的破坏或变质。盐雾试验主要模拟自然的腐蚀性因素（如水、碱、酸、盐、氧气等）。本节主要讲述中性盐雾试验环境下的测试。

在做中性盐雾试验时，盐溶液的质量浓度应为（5±1）%。溶液的制备方法：将质量为（5±1）份的盐溶解在质量为 95 份的蒸馏水或去离子水中。

> 注意 试验时所用的盐应当是高品质的氯化钠，在干燥时，盐中碘化钠的含量不超过 0.1%，盐中杂质的总含量不超过 0.3%。

在进行条件试验时，温度为（35±2）℃，溶液的 pH 应维持在 6.5 ~ 7.2 的范围内，在保证氯化钠浓度的前提下，可以使用盐酸或者氢氧化钠来调节 pH。每一批新配置的盐溶液都要测量其 pH。喷雾后的溶液不能再次使用。

5.2.1 做中性盐雾试验的意义

盐雾试验的目的是检测产品材料的耐盐雾腐蚀的情况。盐雾试验是一种人造气氛的加速抗腐蚀评估的方法。盐雾试验就是将一定浓度的盐水雾化，喷在一个密闭的试验箱内，试验箱内的温度应维持在（35±2）℃，通过观察试验箱中被测产品的变化来反映被测产品的抗腐蚀性。这是一种加速测试方法，只需要几小时或者几天就可以了。盐雾试验一般分为 4 种：中性盐雾试验（NNS 试验）、醋酸盐雾试验（ASS 试验）、铜盐加速醋酸盐雾试验（CASS 试验）和交变盐雾试验。通常，我们采用中性盐雾试验，这是出现最早且目前应用领域最广的一种加速腐蚀的试验方法。

以下这些产品需要做盐雾测试。

- 金属及其合金，如镀光亮铬。
- 金属覆盖层，如化学镀、电镀、喷镀、离子镀、热浸镀、化学气相沉积等。常用的电镀层有镀锌、镀镍、镀铜、镀锡、镀铬、镀黄铜合金、镀铅锡合金等。
- 有机覆盖层，如清漆、粉末喷涂油漆、防锈油等。

5.2.2　中性盐雾试验测试过程

根据相关标准要求，完整的中性盐雾试验检测过程通常包括 5 个步骤：预处理、初始检测、条件试验、恢复和最后检测。

1. 预处理

如果检测的产品有预处理要求，那么预处理就是中性盐雾试验测试过程的第一步。相关标准应规定试验前对试验产品所采用的清洁程序，同时规定是否需要移除保护性涂层。

> **注意**　清洁方法不应影响盐雾对试验产品的腐蚀，且不能引入任何二次腐蚀。试验前应尽量避免用手接触试验产品的表面。

2. 初始检测

初始检测主要查看检测之前产品功能和机械性能是否正常，外观是否出现异常，并记录好产品检测前的状态。试验产品的初始状态可通过目视检查或者按照相关规范要求进行功能检测而获得。

3. 条件试验

1）根据相关规范，试验产品应按正常使用状态进行试验。因此，试验产品应分为多个批次，每个批次按照一种使用状态进行试验。试验产品之间不应有接触，也不能与其他金属部件接触，因此试验产品应安放好以消除部件之间的影响。

注意 试验产品在试验箱内的位置（试验产品表面与竖直平面的倾斜角）非常重要，位置上非常小的差别可能会导致结果上比较大的差别，这取决于试验产品的形状。

2）试验箱内的温度应维持在（35±2）℃。

3）所有的暴露区域都应维持盐雾条件，用面积为 $80cm^2$ 的器皿在暴露区域的任意一点连续收集至少 16h 的雾化沉积溶液。平均每小时的收集量应在 1.0 ~ 2.0 mL，至少应采用两个收集器皿。器皿放置的位置不应受试验产品的遮挡，以避免收集到有试验产品凝结的溶液。器皿内的溶液可用于测试 pH 和质量浓度。溶液的收集可以按照步骤 5 的规定在试验前或试验过程中进行。

4）使用步骤 3 收集到的溶液，在温度为（35±2）℃时测量，溶液的质量浓度和 pH 应分别符合（5±1）% 和 6.5 ~ 7.2 的要求。

5）质量浓度和 pH 的测量应当在下列时间进行。

- 对于连续使用的试验箱，每次试验后都应对试验过程中收集到的溶液进行测量。
- 对于不连续使用的试验箱，试验开始前应进行 16 ~ 24 h 的试运行，在试运行结束后、试验产品开始试验前立即进行测量。为了保证稳定的试验条件，还应按照上一条的规定进行测量。

6）相关规范应规定试验周期，分别为 16h、24h、48h、96h、168h、336h、672h。

4. 恢复

试验结束后，除非有相关规定，否则小型试验产品应在自来水下冲洗 5min，用蒸馏水或去离子水冲洗，然后晃动或者用气流进行干燥。清洗用水的温度不应超过 35℃。

如有必要，相关规范应规定较大型试验产品的清洗和干燥方法。试验产品应在标准恢复条件下放置，不少于 1h，且不超过 2h。

5. 最后检测

最后检测主要查看检测之后产品功能和性能是否正常，外观是否出现异常，并记录好产品检测后的状态。试验产品应进行目视检查，如有必要，则按照相关规范进行电气和机械性能检测，并记录试验结果。应注意保证剩余的盐沉积不能破坏测量结果的重现性。

5.2.3 中性盐雾试验应用场景

中性盐雾试验是一种常见的腐蚀试验方法，用来评估金属和非金属材料在盐雾环境下的耐腐蚀性能。中性盐雾试验被广泛应用于汽车、航空、船舶、建筑等行业，以确定各种材料的耐腐蚀性能。

5.3 绝缘性能

5.3.1 绝缘电阻实用技术

绝缘电阻是指绝缘材料对电流的阻碍能力，是衡量绝缘材料绝缘性能的重要指标。在电气工程中，绝缘电阻的大小直接关系到电气设备的安全性和正常运行。绝缘电阻越大，表示绝缘材料的绝缘性能越好。

5.3.2 绝缘强度实用技术

绝缘强度是指绝缘材料抵抗电气干扰的能力，通常用单位时间通过单位面积的电流密度来表示。绝缘强度越高，材料抵抗电气干扰的能力就越强。绝缘强度与材料的种类、结构和含水量等因素密切相关。在电子电器中，绝缘强度是保证电器正常运行的重要因素之一。

5.3.3 冲击电压实用技术

频率等于 50Hz 的正弦交流电压叫作工频电压。冲击电压是指作用时间极短的电压，如雷电冲击电压或操作冲击电压。冲击电压能在瞬间产生极大的电流能量。

5.4 EMC 试验的实用技术

国家标准 GB/T 17624.1—1998 中将电磁兼容性（Electro Magnetic Compatibility，EMC）定义为设备或系统在电磁环境中能正常工作且不对该环境中任何事物构成不能承受的电磁骚扰的能力。

EMC 测试是一种评估电子设备在其使用环境（使用环境包括电子设备与外部环境之间、电子设备之间及不同频段之间）中产生的抵抗电磁干扰（Electro Magnetic Interference，EMI）和射频干扰（Radio Frequency Interference，RFI）能力的综合评估方法。

通常来说，EMC 测试是为了当电子设备共存于同一环境下时，测试电子设备在正常工作时会不会产生电磁干扰及其对外界干扰的抵抗情况。

5.4.1 做 EMC 试验的意义

日常生活中，我们时时刻刻处于一个较大的电磁环境中，如打电话时、使用电磁炉做饭时等。因此，电磁辐射是否对我们产生影响，备受大家关注。由于政府部门对电子电器产品进行了严格强制管理，为了减少电磁影响，大部分电子电器产品在投入使用前做了大量的 EMC 试验，以确保电子电器产品性能、可靠性、抗干扰能力达到最好，而将干扰降至最低。

EMC 测试通常使用专门的测试设备和仪器，如频谱分析仪、信号发生器、辐射室和探头、EMC 测试仪、网络分析仪、频谱分析仪等。将测试结果与国际标准和规范进行比较，比如由国际电工委员会（International Electrotechnical Commission，IEC）和其他标准化组织发布的相关标准。

5.4.2 EMC 试验参考标准与试验检测项目

本节主要介绍信创产品在做 EMC 试验时的检测项目及依据的标准。信创产品在进行 EMC 试验时，可根据产品自身情况选择合适的检测项目。具体内容如下。

1. 电快速瞬变脉冲群抗扰度试验

电快速瞬变脉冲群抗扰度试验的目的是为评估电气和电子设备的供电电源端口、信号、控制和接地端口在受到电快速瞬变脉冲群时的性能确定一个共同的能再现的评定依据。在做电快速瞬变脉冲群抗扰度试验时可参考国家标准 GB/T 17626.4—2018《电磁兼容 试验和测量技术 电快速瞬变脉冲群抗扰度试验》，信创产品在进行电快速瞬变脉冲群抗扰度试验时也可参考该标准。

2. 静电放电抗扰度试验

静电放电抗扰度试验主要测试电气和电子设备遭受直接来自操作者及操作者对邻近物体的静电放电时抗扰度的情况。静电放电是指当操作人员或物体接触设备时，由于静电的积累而使电荷放电的现象。这项试验旨在确保设备在正常使用过程中不会受到静电干扰。在做静电放电抗扰度试验时可参考国家标准 GB/T 17626.2—2018《电磁兼容 试验和测量技术 静电放电抗扰度试验》，信创产品在进行静电放电抗扰度试验时也可参考该标准。

3. 传导发射测试

传导发射测试通常也称骚扰电压测试，只要有电源线的产品都会涉及，包括许多直流供电产品。供电的设备通过一定的途径将自身的共模电流传导给其他与其互连的设备。大部分欧洲标准基于国际无线电干扰特别委员会（International Special Committee on Ridio Interference，CISPR）和 IEC 制定的国际标准。与信创产品有关的传导发射测试可参考国家标准 GB/T 6113 系列。

4. 辐射发射测试

辐射发射测试旨在检测设备在工作状态下所产生的电磁辐射水平，包括电磁场强度、频谱分布、辐射功率等。这项测试也是为了保证设备不会对周围的电子设备或人体产生干扰或危害。与信创产品有关的辐射发射测试可参考 CISPR 22 或 EN 55022 标准。

5. 浪涌（冲击）抗扰度试验

浪涌（冲击）抗扰度试验主要模拟设备对由开关和雷电瞬变过电压引起的单极性浪涌（冲击）抗扰度的情况。

雷电瞬变主要模拟间接雷击，例如雷电击中户外线路，有大量电流流入户外线路或接地电阻，产生干扰电压。雷电击中邻近物体产生电磁场，在线路上感应出电压和电流，或者雷电击中地面，地电流通过公共接地系统时引入干扰。

电力系统开关瞬变主要模拟主电源系统切换时产生的干扰，以及同一电网大型开关跳动时产生的干扰。

在做浪涌（冲击）抗扰度试验时可参考国家标准 GB/T 17626.5—2019《电磁兼容 试验和测量技术　浪涌（冲击）抗扰度试验》，信创产品在进行浪涌（冲击）抗扰度试验时也可参考该标准。

6. 射频电磁场辐射抗扰度试验

该试验用于评估设备在电磁环境中的抗干扰能力，包括抗电压暂降、抗电压暂升、抗瞬态抑制和抗高频电磁场等，旨在确保设备在电磁干扰环境下能够正常工作。在做射频电磁场辐射抗扰度试验时可参考国家标准 GB/T 17626.3—2023《电磁兼容 试验和测量技术　第 3 部分：射频电磁场辐射抗扰度试验》，信创产品在进行射频电磁场辐射抗扰度试验时也可参考该标准。

7. 射频场感应的传导骚扰抗扰度试验

射频场感应的传导骚扰抗扰度试验用来测试由电磁辐射感应的传导骚扰信号对设备产生的影响。在做射频场感应的传导骚扰抗扰度试验时可参考国家标准 GB/T 17626.6—2016《电磁兼容 试验和测量技术　射频场感应的传导骚扰抗扰度》，信创产品在进行射频场感应的传导骚扰抗扰度试验时也可参考该标准。

8. 电压暂降、短时中断和电压变化的抗扰度试验

电压暂降、短时中断和电压变化的抗扰度试验用来测试电气和电子设备受到供电电源电压暂降、短时中断和电压变化的影响。电压暂降、短时中断是由电网、电力设施的故障或负

荷突然出现大的变化引起的，在某些情况下会出现两次或两次以上连续的暂降或中断。电压变化是由连接到电网的负荷连续变化引起的。在做电压暂降、短时中断和电压变化的抗扰度试验时可参考国家标准 GB/T 17626.11—2023《电磁兼容 试验和测量技术 第 11 部分：对每相输入电流小于或等于 16A 设备的电压暂降、短时中断和电压变化的抗扰度试验》，信创产品在进行电压暂降、短时中断和电压变化的抗扰度试验时也可参考该标准。

5.4.3 EMC 试验应用场景

EMC 试验常应用于各种电子电器设备，包括汽车电子设备、医疗器械、家用电器、通信设备、消防电子产品、船舶电气与电子设备、工业射频设备、军工电子产品等。涉及的标准主要是由 IEC 和美国联邦通信委员会（Federal Communication Commission，FCC）等组织制定的标准。

5.5 案例分享

本节以一款智能报警终端（型号：XXX）产品为案例，与读者分享如何进行高温试验、低温试验、EMC 试验及绝缘性能试验等，其他类型的试验方法可以参考笔者提供的相关扩展资料进行了解。

5.5.1 高温试验

1. 试验需求

检测智能报警终端（型号：XXX）在高温 85℃、相对湿度 50% 的环境下试验 2 小时，其外观及功能是否正常。

2. 过程记录

该产品于 2022 年 10 月 13 日进行了高温试验。以下为试验的过程记录，仅供参考。

试验产品名称	智能报警终端	版本 / 型号	×××
试验内容	在高温 85℃的环境下试验 2 小时，验证其外观及功能是否正常		
试验设备名称及型号	可程式恒温恒湿试验箱 型号：×××	检测时长	高温 85℃、相对湿度 50% 的环境下试验 2 小时
试验开始时间	2022 年 10 月 13 日 09 时 00 分	试验结束时间	2022 年 10 月 13 日 12 时 02 分

续表

序号	检查内容	试验前检查		试验后检查	
1	试验使用的设备、仪器	☑ 正常　☐不正常		☑ 正常　☐不正常	
2	试验产品、夹具外观、结构	☑ 正常　☐不正常		☑ 正常　☐不正常	
3	试验产品功能与性能检测	☑ 正常　☐不正常		☑ 正常　☐不正常	
4	试验产品拍照	☑ 已拍		☑ 已拍	
5	试验现场、仪器清理或归还	☑ 已清理		☑ 已清理归还	
6	实验室环境温湿度	温度：18℃	相对湿度：45%	温度：22℃	相对湿度：40%
试验过程记录					
初始检测试验产品：智能报警终端（型号：×××）外观完好，无损坏，相关的功能可正常使用。 试验过程记录： 1）09 时 00 分开始试验准备，试验箱设置定值试验，设置为温度 85℃，相对湿度 50%，温度变化率 1℃ /min，持续时间 2 小时 2）样品放入试验箱，10 时 02 分试验箱内的温度达到 85℃，相对湿度达到 50% 后，试验箱持续运行 1 小时 2 分钟 3）10 时 30 分试验箱内的温度为 85℃，相对湿度为 50%，打开试验箱照明，查看智能报警终端（型号：×××），发现外观完好，无损坏，查看相关的功能可正常使用 4）12 时 00 分试验箱内的温度为 85℃，相对湿度为 50%，打开试验箱照明，查看智能报警终端（型号：×××），发现外观完好，无损坏，查看相关的功能可正常使用 试验后检测试验产品：试验结束后查看智能报警终端（型号：×××），发现外观完好、无损坏，并且相关的功能正常使用					
试验结果、结论、评价、建议					
测试结果：智能报警终端（型号：×××）在高温 85℃、相对湿度 50% 的环境下试验 2 小时，外观正常无损坏，功能正常					

3. 试验结果

高温试验的检验结果汇总如下所示。

序号	检测项目	高温试验			
1	试验前条件	室内温度	18℃	室内相对湿度	45%
		试验箱温度参数设置	85℃	试验箱相对湿度参数设置	50%
		温度斜率	1℃ /min	试验时间	2h
2	试验步骤	1）试验箱温度从常温升到 85℃，相对湿度从箱内相对湿度到 50% 2）高温放置 2 小时 3）试验完毕将试验产品放置在室内恢复到常温			
3	试验结果	在高温 85℃、相对湿度 50% 的环境下，持续 2 小时，功能正常，外观无变化 试验结论：☑ 通过　　☐不通过			

高温试验的判定方法如下所示。

判定方法	试验结束后，将试验产品在常温下恢复至少 2 小时以上，再对试验产品的外观、功能进行检验 通过：试验后，试验产品外观无损坏、功能正常 不通过：试验后，试验产品外观有损坏或功能不正常

高温试验的检测报告附页中的照片如下所示。

试验前照片 【　】前面 【　】后面 【　】左面 【√】右面 【　】内部 【√】顶部 【　】底部	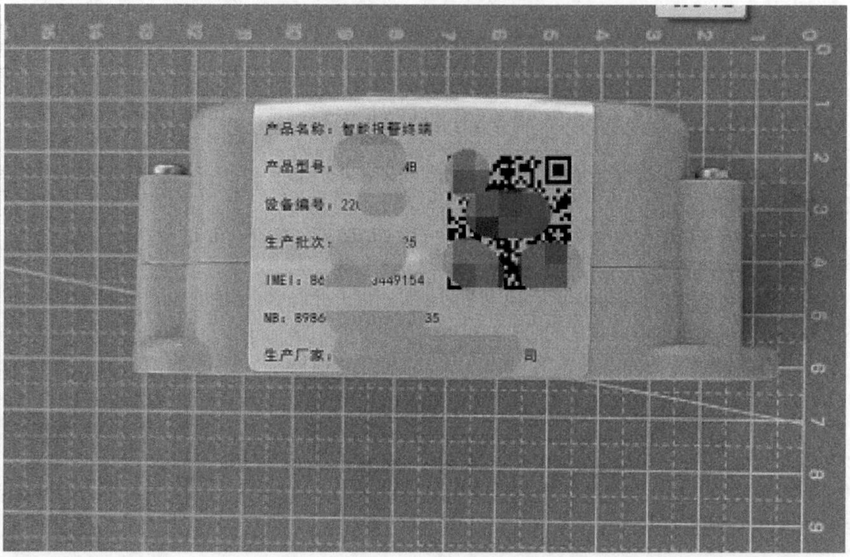 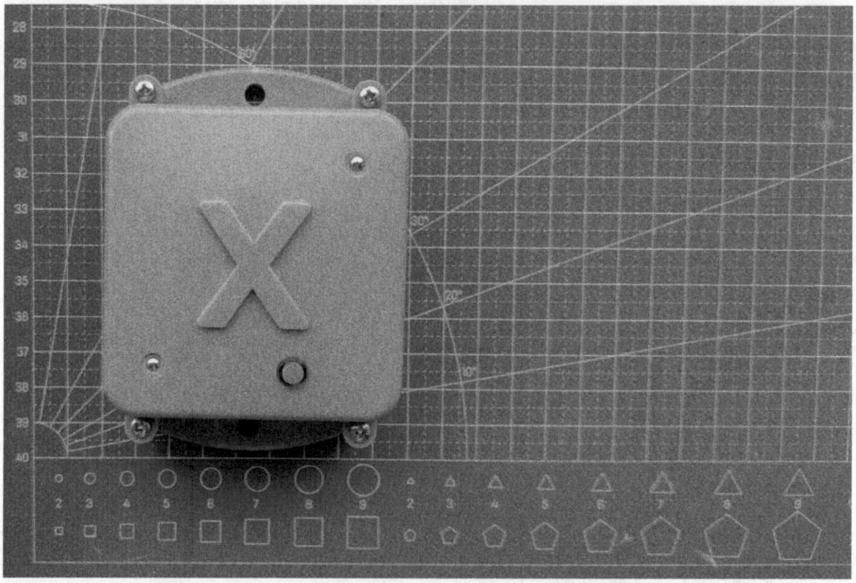

续表

试验过程照片 【 】前面 【 】后面 【√】左面 【 】右面 【 】内部 【 】顶部 【 】底部	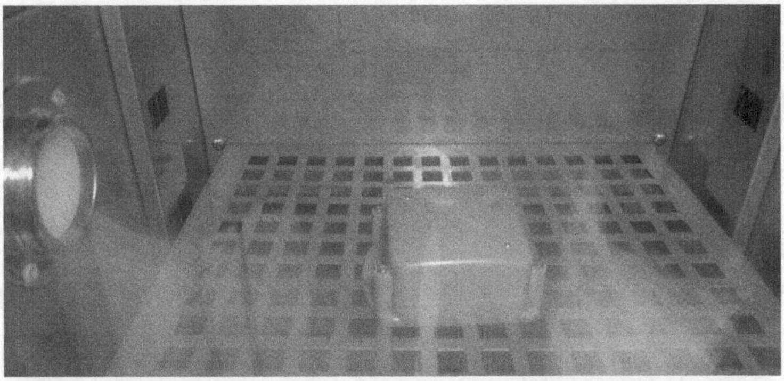
试验后照片 【　】前面 【　】后面 【　】左面 【√】右面 【　】内部 【√】顶部 【　】底部	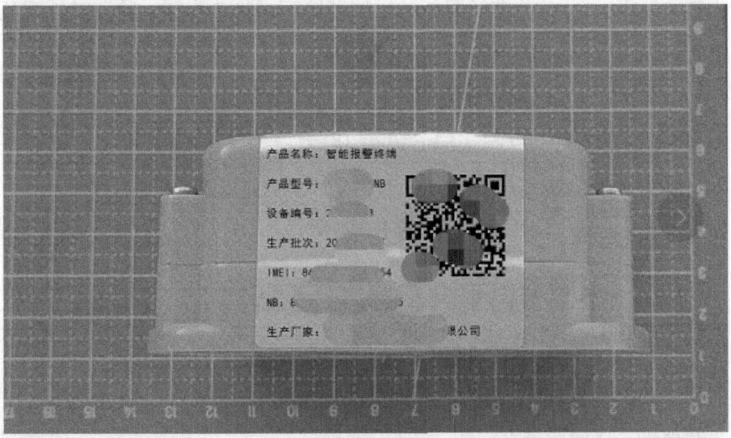 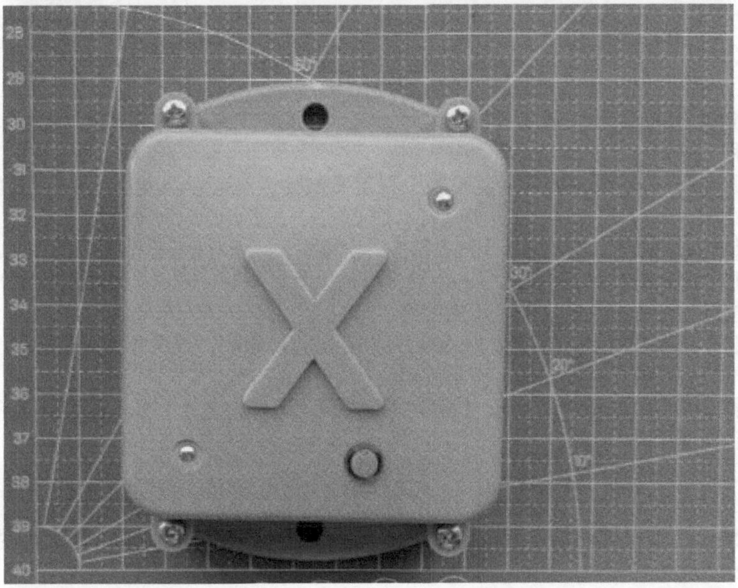

5.5.2 低温试验

1. 试验需求

检测智能报警终端（型号：XXX）在低温 -40℃的环境下试验 2 小时，验证其外观及功能是否正常。

2. 过程记录

该产品于 2022 年 10 月 13 日进行了低温试验。以下为试验过程的记录，仅供参考。

<table>
<tr><td colspan="2">试验产品名称</td><td colspan="2">智能报警终端</td><td>版本 / 型号</td><td>× × ×</td></tr>
<tr><td colspan="2">试验内容</td><td colspan="4">在低温 -40℃的环境下试验 2 小时，验证其外观及功能是否正常</td></tr>
<tr><td colspan="2">试验设备名称及型号</td><td colspan="2">可程式恒温恒湿试验箱
型号：× × ×</td><td>检测时长</td><td>低温 -40℃的环境下试验 2 小时</td></tr>
<tr><td colspan="2">试验开始时间</td><td colspan="2">2022 年 10 月 13 日 14 时 00 分</td><td>试验结束时间</td><td>2022 年 10 月 13 日 17 时 03 分</td></tr>
<tr><td>序号</td><td>检查内容</td><td colspan="2">试验前检查</td><td colspan="2">试验后检查</td></tr>
<tr><td>1</td><td>试验使用的设备、仪器</td><td colspan="2">☑ 正常 □不正常</td><td colspan="2">☑ 正常 □不正常</td></tr>
<tr><td>2</td><td>试验产品、夹具外观、结构</td><td colspan="2">☑ 正常 □不正常</td><td colspan="2">☑ 正常 □不正常</td></tr>
<tr><td>3</td><td>试验产品功能与性能检测</td><td colspan="2">☑ 正常 □不正常</td><td colspan="2">☑ 正常 □不正常</td></tr>
<tr><td>4</td><td>试验产品拍照</td><td colspan="2">☑ 已拍</td><td colspan="2">☑ 已拍</td></tr>
<tr><td>5</td><td>试验现场、仪器清理或归还</td><td colspan="2">☑ 已清理</td><td colspan="2">☑ 已清理归还</td></tr>
<tr><td>6</td><td>实验室环境温湿度</td><td>温度：23℃</td><td>相对湿度：39%</td><td>温度：22℃</td><td>相对湿度：54%</td></tr>
<tr><td colspan="6">试验过程记录</td></tr>
<tr><td colspan="6">初始检测试验产品：智能报警终端（型号：× × ×）外观完好，无损坏，相关的功能可正常使用。
试验过程记录：
1）14 时 00 分开始试验准备，试验箱设置定值试验，设置为温度 -40℃，温度变化率 1℃ /min，持续时间 2 小时
2）样品放入试验箱，15 时 03 分试验箱内的温度达到 -40℃，试验箱持续运行 1 小时 3 分钟
3）15 时 30 分试验箱内的温度为 -40℃，打开试验箱照明，查看智能报警终端（型号：× × ×）外观完好，无损坏，查看相关的功能可正常使用
4）17 时 00 分试验箱内的温度为 -40℃，打开试验箱照明，查看智能报警终端（型号：× × ×）外观完好，无损坏，查看相关的功能可正常使用
试验后检测样品：试验结束后查看智能报警终端（型号：× × ×），发现外观完好、无损坏，并且相关的功能正常使用</td></tr>
<tr><td colspan="6">试验结果、结论、评价、建议</td></tr>
<tr><td colspan="6">测试结果：智能报警终端（型号：× × ×）在低温 -40℃的环境下试验 2 小时，外观正常无损坏，功能正常</td></tr>
</table>

3．试验结果

低温试验的检验结果汇总如下所示。

序号	检测项目	低温试验			
1	试验前条件	室内温度	23℃	室内湿度	39%
		试验箱温度参数设置	-40℃	试验箱湿度参数设置	
		温度斜率	1℃ /min	试验时间	2 小时
2	试验步骤	1）温度从常温降到 -40℃ 2）低温放置 2 小时 3）试验完毕将样品放置在室内恢复到常温			
3	试验结果	在低温 -40℃的环境下，持续 2 小时，功能正常，外观无变化 试验结论：☑ 通过　☐不通过			

低温试验的判定方法如下所示。

判定方法	试验结束后，将试验产品在常温下恢复至少 2 小时以上，再对试验产品外观、功能进行检验 通过：试验后，试验产品外观无损坏、功能正常 不通过：试验后，试验产品外观有损坏或功能不正常

低温试验的检测报告附页中的照片如下所示。

试验前照片 【　】前面 【　】后面 【　】左面 【√】右面 【　】内部 【√】顶部 【　】底部	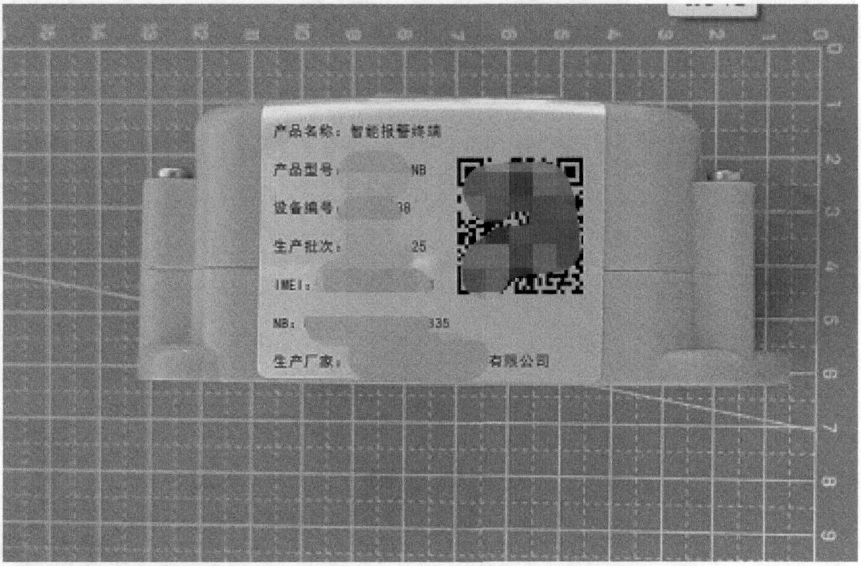

续表

	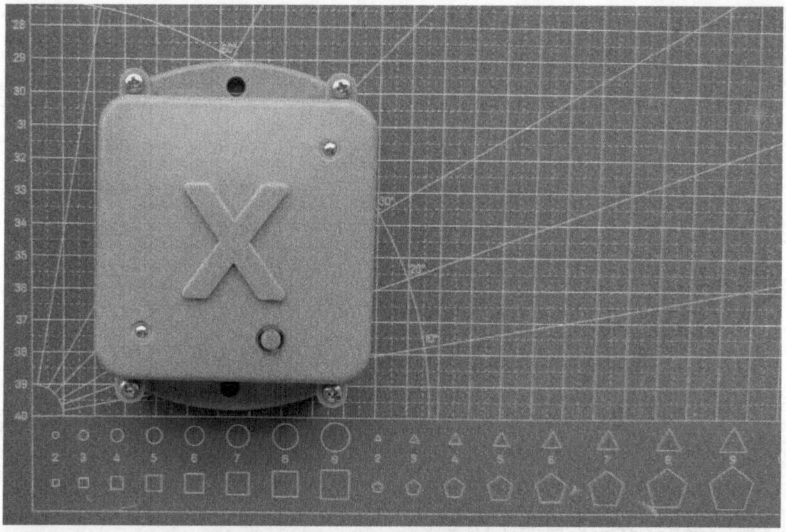
试验过程照片 【 】前面 【 】后面 【√】左面 【 】右面 【 】内部 【 】顶部 【 】底部	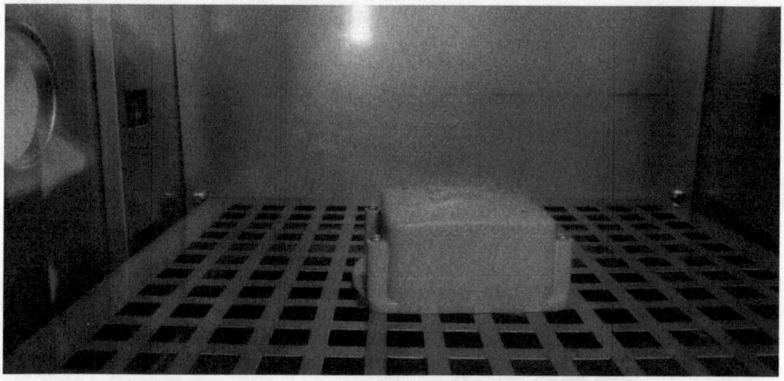
试验后照片 【 】前面 【 】后面 【 】左面 【√】右面 【 】内部 【√】顶部 【 】底部	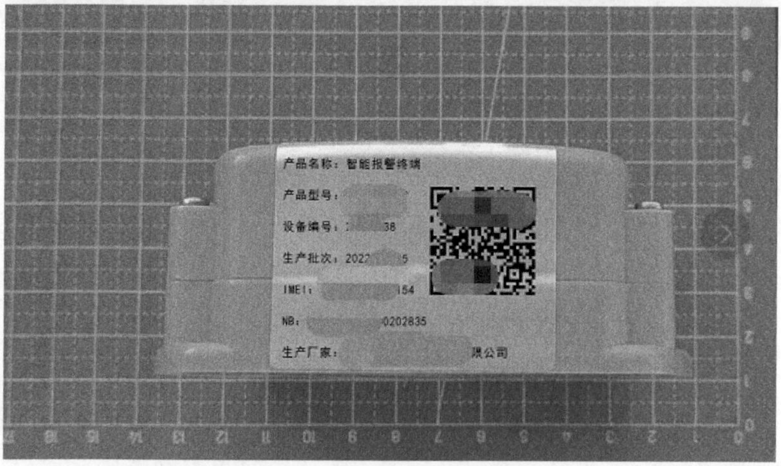

续表

	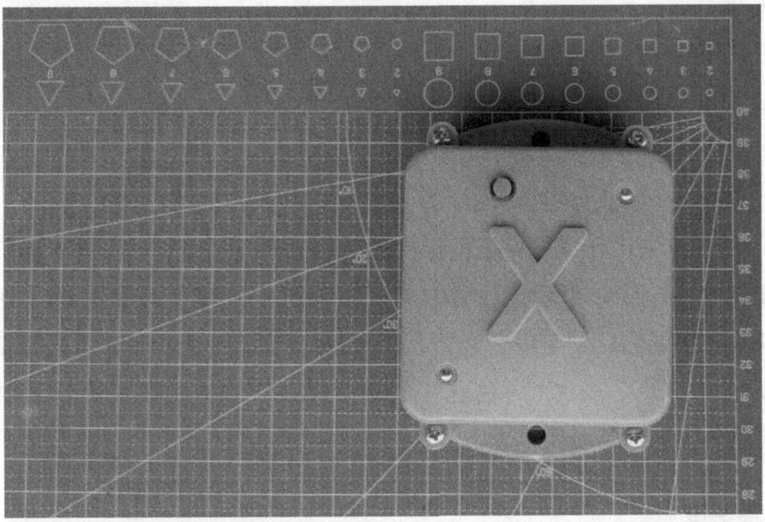

5.5.3　电快速瞬变脉冲群抗扰度试验

1. 试验需求

某电力设备按照国家标准 GB/T 17626.4—2018 中的规定，在下述要求下进行试验。

1）终端在正常工作状态下，试验电压分别施加于终端信号输入回路中的每一个端口和保护接地端之间。

- 严酷等级：3 级或 4 级。
- 试验电压：±1kV 或 ±2kV。
- 重复频率：5kHz 或 100kHz。
- 试验时间：1 分钟 / 次。
- 试验电压施加次数：正负极性各 3 次。

2）终端在正常工作状态下，试验电压分别施加于终端交流模拟量回路中的每一个端口和保护接地端之间。

- 严酷等级：3 级或 4 级。
- 试验电压：±2kV 或 ±4kV。
- 重复频率：5kHz 或 100kHz。
- 试验时间：1 分钟 / 次。
- 试验电压施加次数：正负极性各 3 次。

3）终端在正常工作状态下，用电容耦合夹将试验电压耦合至脉冲信号输入及通信线路上。

- 严酷等级：3 级或 4 级。
- 试验电压：±1kV 或 ±2kV。
- 重复频率：5kHz 或 100kHz。
- 试验时间：1 分钟 / 次。
- 施加试验电压次数：正负极性各 1 次。

在试验中，终端可能出现短时（不应超过 5 分钟）通信中断，但应无须人工干预就能自行恢复。终端台区配电设备运行状态监控、电能计量与抄表等功能和性能应符合企业标准 Q/GDW XXXXX—2021《台区智能融合终端功能模块技术规范》中的规定，以满足配电业务应用与营销业务应用需求。

2. 过程记录

该试验的过程记录如下所示，仅供参考。

<table>
<tr><td>样品编号</td><td colspan="4">SY4-23/03/28-024-006-3</td></tr>
<tr><td>试验环境</td><td colspan="4">温度为 23℃，相对湿度为 42.4%</td></tr>
<tr><td>技术要求</td><td colspan="4">测试结果</td></tr>
<tr><td rowspan="7">±2kV 施加于状态量输入端；RS-485 通信线 ±1kV 耦合。试验中，终端可能出现短时通信中断，但应无须人工干预就能自行恢复，终端状态量、抄表等功能符合要求</td><td colspan="4">状态量输入端
试验时，终端有无损坏现象：无　　试验后，状态量采集：正确
RS-485 通信线
试验时，终端有无损坏现象：无　　试验后，状态量采集：正确</td></tr>
<tr><td colspan="4">典型抄表数据（单位：kWh）</td></tr>
<tr><td colspan="2">RS-485 抄表</td><td colspan="2">HPLC 抄表</td></tr>
<tr><td>主机读数</td><td>电表示值</td><td>主机读数</td><td>电表示值</td></tr>
<tr><td>总：18 816.12
费率一：3055.28
费率二：4218.19
费率三：4536.89
费率四：7005.76</td><td>总：18 816.12
尖：3055.28
峰：4218.19
平：4536.89
谷：7005.76</td><td>总：2929.52
费率一：734.3
费率二：796.27
费率三：462.27
费率四：936.45</td><td>总：2929.52
尖：734.53
峰：796.27
平：462.27
谷：936.45</td></tr>
<tr><td colspan="4">回路监测</td></tr>
<tr><td colspan="4">二次回路正常结果：正确　　二次回路短路结果：正确
二次回路开路结果：正确</td></tr>
</table>

续表

<table>
<tr><td rowspan="11">±4kV 施加于电源回路与地之间。试验中，终端可能出现短时通信中断，但应无须人工干预就能自行恢复，终端状态量、抄表等功能符合要求。交流模拟量测量值允许改变量应不大于等级指数的 200%，电能计量允许误差偏移 ±2.0%</td><td colspan="4">试验时，终端有无损坏现象：无
试验后，状态量采集：正确</td></tr>
<tr><td colspan="4">典型抄表数据（单位：kWh）</td></tr>
<tr><td colspan="2">RS-485 抄表</td><td colspan="2">HPLC 抄表</td></tr>
<tr><td>主机读数</td><td>电表示值</td><td>主机读数</td><td>电表示值</td></tr>
<tr><td>总：18 817.67
费率一：3055.28
费率二：4218.19
费率三：4536.89
费率四：7007.31</td><td>总：18 817.67
尖：3055.28
峰：4218.19
平：4536.89
谷：7007.31</td><td>总：2930.05
费率一：734.53
费率二：796.27
费率三：462.80
费率四：936.45</td><td>总：2930.05
尖：734.53
峰：796.27
平：462.80
谷：936.45</td></tr>
<tr><td colspan="4">交流模拟量采集</td></tr>
<tr><td colspan="2">实测改变量 /%</td><td colspan="2">实测最大误差 /%</td></tr>
<tr><td colspan="2">电压：0.17 有功功率：
电流：0.12 无功功率：0.04</td><td colspan="2">电压：−0.14 有功功率：−0.09
电流：−0.07 无功功率：−0.11</td></tr>
<tr><td colspan="4">回路监测</td></tr>
<tr><td colspan="2">二次回路正常结果：正确
二次回路开路结果：正确</td><td colspan="2">二次回路短路结果：正确</td></tr>
<tr><td colspan="2">电流值</td><td colspan="2">实际误差偏移 /%</td></tr>
<tr><td></td><td colspan="2">$10I_{tr}$</td><td colspan="2">0.02</td></tr>
<tr><td rowspan="3">±2kV 交流模拟量输入端。交流模拟量测量允许改变量应不大于等级指数的 200%</td><td colspan="4">试验时交流模拟量采集</td></tr>
<tr><td colspan="2">实测改变量 /%</td><td colspan="2">实测最大误差 /%</td></tr>
<tr><td colspan="2">电压：0.01
电流：0.02</td><td colspan="2">电压：−0.10
电流：−0.06</td></tr>
</table>

3. 试验结果

根据上述试验记录，可得出试验结论：合格。

电快速瞬变脉冲群抗扰度试验的检测报告附页中的照片如图 5-4 所示。

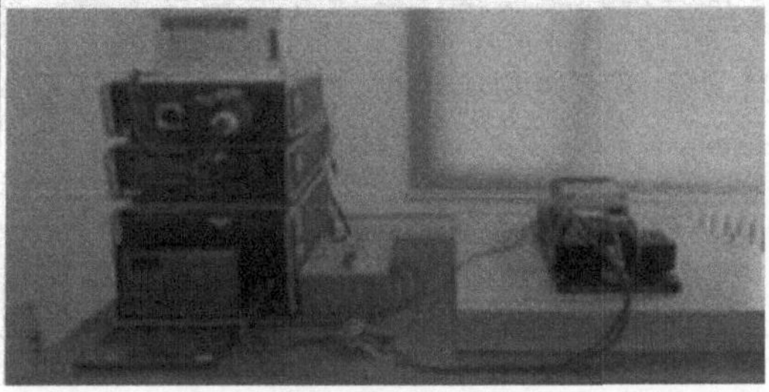

图 5-4 检测报告附页中的照片

电快速瞬变脉冲群抗扰度试验的检测布置图如图 5-5 所示。

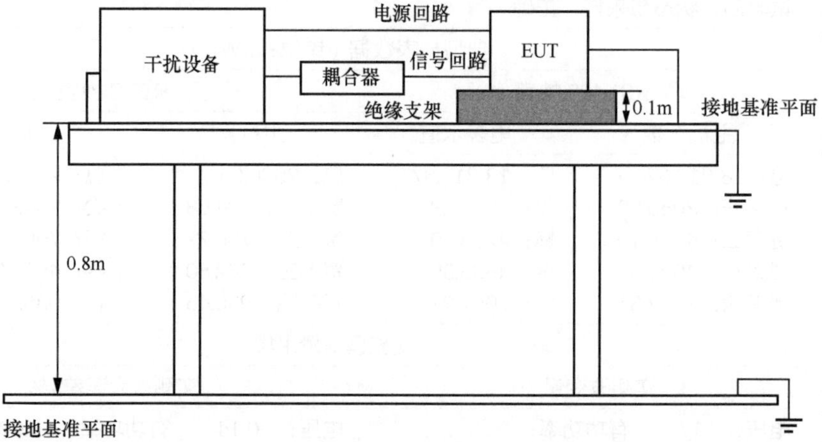

图 5-5　电快速瞬变脉冲群抗扰度试验的检测布置图

5.5.4　浪涌抗扰度试验

1. 试验需求

按照国家标准 GB/T 17626.5—2019 中的规定，在下述条件下进行试验。

1）试验等级：3 级或 4 级。

2）试验电压：共模 2kV 或 4kV，差模 1kV 或 2kV。

3）波形：1.2/50μs。

4）极性：正、负。

5）试验次数：正负极性各 5 次。

6）重复率：1 次 / 分钟。

试验中，终端可能出现短时（不应超过 5 分钟）通信中断，但应无须人工干预就能自行恢复。终端台区配电设备运行状态监控、电能计量与抄表等功能和性能应符合企业标准 Q/GDW XXXXX—2021《台区智能融合终端功能模块技术规范》中的规定，以满足配电业务应用与营销业务应用需求。

2. 过程记录

该试验的过程记录如下所示，仅供参考。

<table>
<tr><td>样品编号</td><td colspan="4">SY4-23/03/28-024-006-3</td></tr>
<tr><td>试验环境</td><td colspan="4">温度为 23.3℃，相对湿度为 42.6%</td></tr>
<tr><td>技术要求</td><td colspan="4">测试结果</td></tr>
<tr><td rowspan="10">状态量输入与地间 ±4kV（共模），电源电压两端口之间 ±2kV（差模）。试验中，终端可能出现短时通信中断，但应无须人工干预就能自行恢复，终端状态量、抄表等功能符合要求，引起的交流模拟量误差改变量不大于误差等级指数的 200%</td><td colspan="4">状态量输入端
试验时，终端有无损坏现象：无
试验后，状态量采集：正确
电源回路：±2kV（差模）
试验时，终端有无损坏现象：无
试验后，状态量采集：正确</td></tr>
<tr><td colspan="4">典型抄表数据（单位：kWh）</td></tr>
<tr><td colspan="2">RS-485 抄表</td><td colspan="2">HPLC 抄表</td></tr>
<tr><td>主机读数</td><td>电表示值</td><td>主机读数</td><td>电表示值</td></tr>
<tr><td>总：18 823.46
费率一：3055.28
费率二：4218.19
费率三：4536.89
费率四：7013.10</td><td>总：18 823.46
尖：3055.28
峰：4218.19
平：4536.89
谷：7013.10</td><td>总：2932.16
费率一：734.53
费率二：796.27
费率三：464.91
费率四：936.45</td><td>总：2932.16
尖：734.53
峰：796.27
平：464.91
谷：936.45</td></tr>
<tr><td colspan="4">交流模拟量采集</td></tr>
<tr><td colspan="2">实测改变量 /%</td><td colspan="2">实测最大误差 /%</td></tr>
<tr><td colspan="2">电压：0.16　有功功率：0.03
电流：0.11　无功功率：0.01</td><td colspan="2">电压：−0.19　有功功率：−0.11
电流：−0.06　无功功率：−0.14</td></tr>
<tr><td colspan="4">回路监测</td></tr>
<tr><td colspan="2">二次回路正常结果：正确
二次回路开路结果：正确</td><td colspan="2">二次回路短路结果：正确</td></tr>
<tr><td rowspan="10">电源电压与地之间 ±4kV（共模），试验中，终端可能出现短时通信中断，但应无须人工干预就能自行恢复，终端状态量、抄表等功能符合要求，引起的交流模拟量误差改变量不大于误差等级指数的 200%</td><td colspan="4">试验时，终端有无损坏现象：无
试验后，状态量采集：正确</td></tr>
<tr><td colspan="4">典型抄表数据（单位：kWh）</td></tr>
<tr><td colspan="2">RS-485 抄表</td><td colspan="2">HPLC 抄表</td></tr>
<tr><td>主机读数</td><td>电表示值</td><td>主机读数</td><td>电表示值</td></tr>
<tr><td>总：18 824.37
费率一：3055.28
费率二：4218.19
费率三：4536.89
费率四：7014.01</td><td>总：18 824.37
尖：3055.28
峰：4218.19
平：4536.89
谷：7014.01</td><td>总：2932.82
费率一：734.53
费率二：796.27
费率三：465.57
费率四：936.45</td><td>总：2932.82
尖：734.53
峰：796.27
平：465.57
谷：936.45</td></tr>
<tr><td colspan="4">交流模拟量采集</td></tr>
<tr><td colspan="2">实测改变量 /%</td><td colspan="2">实测最大误差 /%</td></tr>
<tr><td colspan="2">电压：0.16　有功功率：0.02
电流：0.12　无功功率：0.02</td><td colspan="2">电压：−0.19　有功功率：−0.12
电流：−0.04　无功功率：−0.13</td></tr>
<tr><td colspan="4">回路监测</td></tr>
<tr><td colspan="2">二次回路正常结果：正确
二次回路开路结果：正确</td><td colspan="2">二次回路短路结果：正确</td></tr>
</table>

3．试验结果

根据上述试验记录，可得出试验结论：合格。

浪涌抗扰度试验的检测报告附页中的照片如图 5-6 所示。

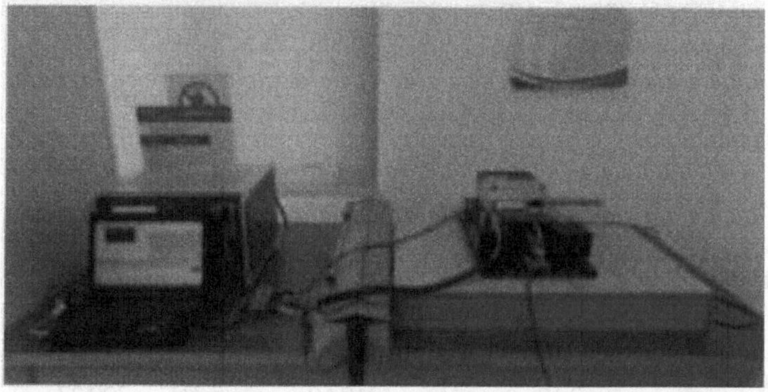

图 5-6　检测报告附页中的照片

浪涌抗扰度试验的检测布置图如图 5-7 所示。

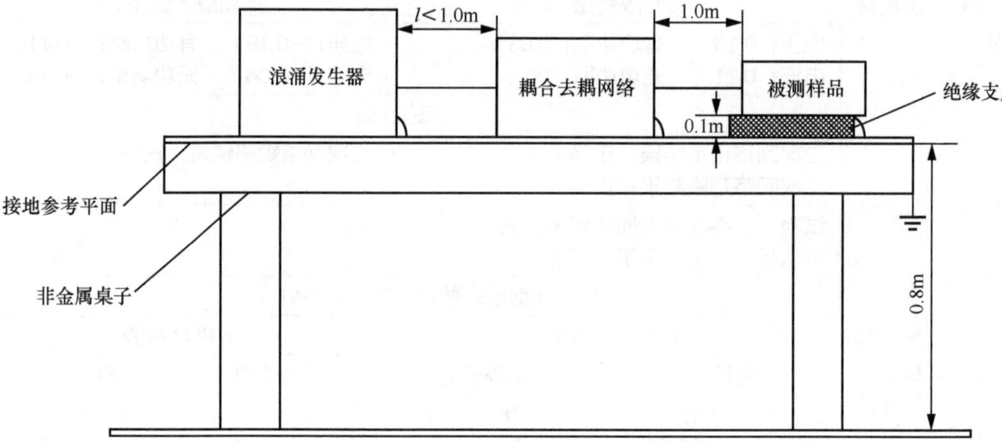

图 5-7　浪涌抗扰度试验的检测布置图

5.5.5　绝缘电阻试验

1．试验需求

在正常温度和湿热条件下，绝缘电阻试验按国家标准 GB/T 16935.3—2016《低压系统内设备的绝缘配合　第 3 部分：利用涂层、罐封和模压进行防污保护》中的有关规定执行，试验后设备的各项功能和性能指标应满足相关要求，具体应符合表 5-2 中所列的要求。

表 5-2　绝缘电阻应符合的要求

额定绝缘电压 / V	绝缘电阻 / MΩ		测试电压 / V
	正常条件	湿热条件	
$U \leqslant 60$	≥ 10	≥ 2	250
$60<U \leqslant 250$	≥ 10	≥ 2	500
$U>250$	≥ 10	≥ 2	1000

注：与二次设备及外部回路直连的接口回路采用 U>250V 的要求。

2. 过程记录

该试验的过程记录如下所示，仅供参考。

样品编号	SY4-23/03/28-024-006-12				
海拔 /m	46.0	是否带外壳	是	是否安装有支架	否
检测部位		绝缘电阻 / MΩ			
		检测要求		检测结果	
电源回路对地		≥ 10		> 500	
状态输入回路对地		≥ 10		> 500	
交流工频电流输入回路对地		≥ 10		> 500	
交流工频电压输入回路对地		≥ 10		> 500	
交流工频电流输入回路与交流工频电压输入回路之间		≥ 10		> 500	
说明	正常大气条件下，额定绝缘电压 $U_i \leqslant$ 60V 时，绝缘电阻 ≥ 10MΩ（用 250V 兆欧表）；60V<$U_i \leqslant$ 250V 时，绝缘电阻≥ 10MΩ（用 500V 兆欧表）；U_i>250V 时，绝缘电阻≥ 10MΩ（用 1000V 兆欧表）；与二次设备及外部回路直接连接的接口回路采用 U>250V 的要求				
检测结论：					
检测日期：2023 年 03 月 28 日					

3. 试验结果

该试验的结果如下所示。

样品编号	SY4-23/03/28-024-006-12				
海拔 /m	46.0	是否带外壳	是	是否安装有支架	否
检测部位		绝缘电阻 / MΩ			
		检测要求		检测结果	
电源回路对地		≥ 10		> 500	
状态输入回路对地		≥ 10		> 500	

续表

检测部位	绝缘电阻 / MΩ	
	检测要求	检测结果
交流工频电流输入回路对地	≥ 10	> 500
交流工频电压输入回路对地	≥ 10	> 500
交流工频电流输入回路与交流工频电压输入回路之间	≥ 10	> 500
说明	正常大气条件下，额定绝缘电压 $U_{\mathrm{i}} \leqslant$ 60V 时，绝缘电阻≥ 10MΩ（用 250V 兆欧表）；60V$<U_{\mathrm{i}} \leqslant$ 250V 时，绝缘电阻≥ 10MΩ（用 500V 兆欧表）；$U_{\mathrm{i}}>$250V 时，绝缘电阻≥ 10MΩ（用 1000V 兆欧表）；与二次设备及外部回路直接连接的接口回路采用 $U>$250V 的要求	
检测结论：符合 5 项		
检测日期：2023 年 03 月 28 日		

第二部分 方法篇

正如练功一样，只有招式，练到老，也是一场空。在前面各章中，我们已经对信创产品的基础知识、理论、测试技术等做了比较详细的介绍。然而，只有这些基础理论和技术还不够，我们需要有一套系统的测试方法论，来指导我们在一个更高层次上对信创产品进行测试分析与测试思路的设计，然后使用基础的测试技术对信创产品进行测试。

在本部分，我们主要介绍两种测试方法论。一种是基于业务场景的测试设计。该方法论主要应用于传统信创厂家，通过场景的方式，梳理出信创底座与信创系统之间的关联，然后像看电影一样，一个镜头一个场景，且每个场景代表一系列测试项，再结合信创产品测试技术，将信创产品的测试内容完整地表达出来，达到覆盖率和效率双高的目的。另一种是基于任务驱动的测试设计。该方法论主要应用于第三方检验检测单位，其重点在于保护用户的真实需求，根据信创产品的需求和信创底座的情况，使用该方法论设计测试方案，然后结合信创测试技术，完善测试案例。该方法论最大的特点就是目标精准清晰、测试效率极高。

第 6 章 基于业务场景的测试设计

基于业务场景的测试设计是一种主要应用于传统信创厂家的测试方法论。通过场景的方式，梳理出信创底座与信创系统之间的关联，然后像看电影一样，一个镜头一个场景，每个场景代表一系列测试项，再结合信创产品测试技术，将信创产品的测试内容完整地表达出来，达到覆盖率和效率双高的目的。在本章中，我们将着重介绍该方法论的设计思路和要点分析。

6.1 什么是业务场景

在影视剧中，场景是指在特定时间、空间内发生的特定的任务行动或因人物关系而构成的具体生活画面，也就是由人物的行动和生活事件表现剧情内容的具体发展过程中阶段性的横向展示。更简便地说，场景是指在一个单独的地点拍摄的一组连续的镜头。同样，测试工作也不例外，交付给用户使用的产品要想获得用户的认可，就必须站在用户的角度，以用户的使用逻辑及操作习惯为出发点，结合测试用例的设计方法，使测试用例的设计更贴近实际，从而最大程度地满足用户的需求。因此，场景就是从用户的角度来描述系统的运行行为，反映系统的期望运行方式。场景是由一系列相关活动组成的，就像一个剧本，演绎系统未来预期的使用过程。场景是用户使用产品的一连串输入、行为的组合。

随着科技的发展，越来越多的电子产品（如手机）与人们的生活连接得越来越紧密。手机在原来单纯的通话业务基础上，实现了越来越丰富和便利的业务功能，如交友、阅读、购物和办公等。上述业务以不同的应用程序运行在手机上。手机作为一种载体，其硬件配置不同，操作系统有差别，使用手机的人群庞大而复杂，每个人使用软件的情景、环境千差万别。每一个人使用手机进行相关业务操作时的情景都可以说是一个业务场景。业务场景如此多且复杂，那么作为测试人员如何测试这样的业务场景，便是本节所要说明的内容。

6.1.1　业务场景的来源

现在的软件几乎是由事件触发来控制流程的。事件触发时的情景便形成了业务场景，而同一事件不同的触发顺序和处理结果就形成了事件流。这种软件设计方面的思想被引入软件测试中，生动地描绘了事件触发时的情景，有利于测试设计者设计测试用例，同时测试用例也更容易得到理解和执行，从而最大程度地覆盖用户需求。

业务场景的来源主要是需求。需求描述了用户期望的功能。作为测试人员获取用户需求的途径主要有以下几种。

- 与用户直接进行沟通交流。
- 从需求规格说明书中获取。
- 与产品经理进行需求的讨论。
- 与研发人员一起参与产品设计的评审。
- 与销售人员进行沟通交流。
- 分析产品的旧版本或者同类竞争产品。
- 对售后人员接到的用户投诉进行分析。

测试人员在设计业务场景的时候，与用户直接沟通是得到业务场景最有效的方式。这是因为需求规格说明书不是用户编写的，产品经理的理解可能与用户的想法之间存在偏差，而产品功能的实现是研发人员依据需求规格说明书转化而来的。

6.1.2　基于业务场景的测试目的

基于业务场景的测试主要关注用户需要做什么，而不是产品能够做什么，即从用户意图找出用户要做什么及如何做。因此，基于业务场景进行测试的目的就是根据需求、业务，分析用户的意图和行为，使设计的业务场景能够贴合用户的实际操作，以此业务场景形成的测试案例能够最大限度地测试出产品是否符合用户需求和行为习惯。

基于业务场景的测试减少了两类主要错误，具体如下。

1）不正确的规格说明，如增加用户不需要的功能，或是缺少用户需要的功能。基于业务场景的测试从需求出发，测试人员站在用户的角度使用产品，如果产品的一个功能不符合需求或者测试场景，那么这个功能就是不正确的。同样，功能缺失也是如此。因此，基于业务场景的测试能够在很大程度上发现产品设计的问题。

2）没有考虑子系统间的交互作用，如一个子系统的建立，导致其他子系统失败。以往的测试方法大多偏重于具体功能的输入输出情况下的测试验证，而发现系统级别问题的灵敏度较低，甚至在后期才慢慢发现，严重影响项目进度。

6.2 如何进行基于业务场景的测试

基于业务场景的测试案例必须是基于一定的业务产生的。测试人员可以将自己当成实际用户，来模拟用户会如何使用产品，将各种使用的可能流程分别形成案例。每个案例即对应一个业务场景。如果一个业务场景测试能够从开始走到结束，那么这个业务场景测试就是成功的。

6.2.1 创建业务场景的方法

创建业务场景常用的方法如下。

- 理解需求，列出产品中主要的业务流程。
- 列出可能的用户，分析他们的兴趣和目标。
- 考虑恶意用户可能如何攻击你的程序。
- 列出系统事件，以及系统如何处理这些事件。
- 列出特殊事件，以及系统如何容纳这些事件。
- 列出收益并创建端到端的任务来检查产品。
- 与用户面谈，找出以前系统中他们最不满意的地方。
- 与用户一起工作，观察他们怎么工作。
- 了解类似的系统会做什么。
- 研究对这个系统的以前版本和竞争对手的抱怨。
- 创建一个模拟业务，认真对待这个模拟业务并处理相关数据。
- 试着将竞争对手和以前版本的真实数据转换到新的系统。

6.2.2 创建业务场景的原则

要想设计一个好的业务场景，就应遵循以下原则。

- 独立性。要尽可能地让一个业务场景独立于其他业务场景。业务场景之间的依赖会使制定计划、确定优先级、估算工作量都变得很困难。通常，我们可以通过组合场景和分解场景来减少依赖性。
- 可协商。一个业务场景的内容需要是可以协商的。业务场景不是合同。一个业务场景只是对场景的一个简短的描述，并不包括太多的细节。具体的细节在沟通阶段产出。一个场景描述如果带有太多的细节，则会实际上限制与用户的沟通。

- 有价值。每个业务场景都必须对用户具有价值。一个让业务场景有价值的好方法就是让用户写下它们。当一个用户意识到这是一个业务场景而不是一份契约，并且可以进行协商的时候，他们会非常乐意地将其写下来。
- 可以估算。开发团队需要估计一个业务场景来确定优先级与工作量，以便安排计划。然而，让开发者难以估计业务场景的根源来自对领域知识的缺乏（这种情况下需要进行更多的沟通），或者业务太大了（这时需要对业务进行分解）。
- 短小。一个好的业务场景在工作量上要尽量短小。业务场景越小，在设计业务场景和测试执行时也就越简便。业务场景越大，安排计划、工作量估算等方面的风险就会越大。
- 可测试。一个业务场景需要是可以测试的，以便确认它是可以完成的。如果一个业务场景不能测试，那就无法知道它什么时候可以完成。一个不可测试的业务场景的例子：软件应该是易于使用的。

6.3　基于业务场景测试的优缺点

基于业务场景测试的优点如下。

- 基于业务场景进行测试最明显的优点就是从需求出发，站在用户的角度进行测试，测试具有很强的实用性。
- 基于业务场景进行测试设计，能够从整个系统的角度体现数据的流向及紧密的业务流程关系，能够比较真实地模拟用户实际使用业务的情况，测试系统是否“流程走得顺，数据流得通”。
- 运用业务场景描述系统的功能点或业务流程，使业务场景贯穿于整个产品功能，可发现各个功能模块之间接口数据和业务流向的问题，从而提高测试的有效性。
- 学习产品。学习在基于业务场景的测试中非常重要。一个测试人员如果想要设计出符合需求和用户逻辑的场景，就需要仔细理解需求规格说明书或直接与用户沟通，分析产品的功能和想要达成的效果。学习还可以更好地分辨产品的问题，为业务场景设计和测试提供材料。
- 将需求文档和测试联系起来。需求文档是测试设计的主要依据，业务场景设计同样也不例外且尤为重要。

- 暴露产品的设计缺陷。业务场景的设计依赖需求文档和与用户沟通等，对产品整体业务流程进行测试，通过业务场景测试可以充分暴露产品的设计问题。
- 探索产品的专业用法。产品设计完成后，第一批用户就是测试人员。测试人员根据业务场景进行测试，对产品的使用进行记录，为用户操作手册的编写积累素材。

基于业务场景测试的缺点如下。

- 在早期不稳定的代码上，业务场景测试的效果不如其他方式。这是因为用户场景比较庞大，业务场景测试比较复杂，包含许多特性，一旦某个特性出错或没有实现，就会阻碍测试的进行。
- 基于业务场景的测试主要针对用户的业务需求进行测试设计，而与 80% 的用户业务需求相对应的功能可能仅占全部功能的 20%，导致无法全面覆盖产品功能。
- 业务场景测试经常发现的是设计问题，而不是代码问题。代码问题更适合由其他测试来发现。

无论我们设计出多少种业务场景，在没有最终用户使用的情况下，模拟的业务场景永远不可能做到对用户场景的完全覆盖。因此，问题往往在产品发布后才被用户发现。为了解决这部分问题，可以采用众包或发布 Beta 版本的方式，让真实的用户参与到测试中。而测试人员进行业务场景测试的作用就是保证基本的业务流程没有问题，以免带来严重的问题，影响产品声誉和用户体验。

6.4 基于业务场景的测试设计应注意的要点

在进行业务场景设计之前，首先需要问自己是否看过需求文档并理解用户需求，需求中有没有无法理解的项，对无法理解的项有没有去咨询和学习；是否理解用户想要实现的业务，对业务是否了解或者需要学习；测试人员的技术能力是否符合测试要求；测试周期是否满足测试要求；测试重点是什么等问题。如果对于上述所有问题，你的答案都是肯定的，那就可以进行业务场景设计了。

一个合格的业务场景测试有以下几个特征。

- 基于用户怎么使用软件，包括用户的初衷。
- 业务场景必须在实际用户使用过程中具有一定的需求量，通过业务场景执行失败所产生的影响程度来促进缺陷的修复。
- 业务场景要可信，即在真实世界中很可能发生。
- 业务场景是复杂的，不仅包括复杂的软件使用，还包括复杂的使用环境和输入数据。

- 测试结果容易评估。

测试人员使用描述用户意图的业务场景来进行测试。因为模拟的是真实用户的行为，所以能够有效地发现异常，而且能够发现其他测试方法遗漏的缺陷。然而，在真正的用户使用过程中，用户可能不全是按照我们设计的业务场景去使用软件的，而是根据自己的习惯或偏好来使用软件，这样就与我们预期的业务场景或多或少存在差异。为了避免或减少产品的缺陷，还需要使用基于风险的测试设计和基于探索的测试设计，结合传统的测试方法，丰富并完善用户场景，给用户一个相对完美的体验。

基于业务场景的测试设计主要从系统层面对产品的业务流程进行测试，以发现更多的业务流程性错误。在业务场景确定后，面对具体的输入需要使用其他测试方法进行测试用例的设计。

在面对更具体的输入输出时，有些产品有明确的规则，这时候用因果图法厘清因果之间的关系是最好的选择。由于每一个输入有无数种情况，我们要用等价类划分法将无限测试变为有限测试。边界值分析法等其他的测试方法能够对测试案例进行补充。

在基于业务场景的测试中使用等价类划分法、边界值分析法、因果图法、场景分析法等传统的测试方法，它们之间没有包含与被包含的关系，也没有相悖的地方，它们更多的是相互促进、相互补充，提高测试的覆盖率和测试质量。产品是复杂的，测试同样是复杂的。我们只有选择最适合的测试方法和技术，才能使测试更有效率，让产品质量更有保障。

6.5　案例详解

基于业务场景的测试设计从需求出发，以确定用户需求中重要的业务，并通过需求来确定用户想要干什么，哪些是重要的，哪些是不太重要的，从而划分级别，对级别较高的优先进行业务场景设计。

我们以一款国产化无线路由器产品为例，确定它所实现的业务是从何而来的，以及如何把控业务的优先级别。对于该产品，测试人员的需求更多地源自产品经理及技术支持人员的反馈。下面我们以测试人员与产品经理对话交流的方式来获取部分业务需求，其他业务需求的获取方式可参考 6.1.1 节中的内容。

以下为测试人员与产品经理的对话内容。

测试人员：本次测试的对象是什么?

产品经理：测试对象为一款国产化无线路由器产品。

测试人员：这款产品面向的群体有哪些?

产品经理：主要用于家庭、小型餐饮娱乐场所、学校公寓或小型办公场所。

测试人员：这款产品对同时上网的人数有没有限制？

产品经理：这款产品支持同时上网的人数不超过 100。

测试人员：这款产品设计的初衷是什么？主要实现哪些功能？

产品经理：设计前期我们搜集了大量的用户需求和同类产品的信息，经过分析发现需求主要体现在无线上网功能，有线上网功能反而不太重要，并且能够对路由器账户进行管理，能够记录日志和限制终端的连接。我们的产品采用的都是国产化的主控芯片和国产化操作系统。

……

通过以上对话，我们知道该项目是对一个产品进行测试，目标客户定位为家庭、小型餐饮娱乐场所、学校公寓或小型办公场所，可以看出路由器面向的用户大多是随机的，又根据使用场景可以判断该产品对并发连接数的要求应该不高（从产品经理后面的表述知道同时上网的人数不超过 100 就行，说明上述分析也是合理的）。值得注意的一点是，产品经理明确说明上网连接的需求为无线方式，并且采用了国产底座。

最终我们分析：产品经理着重提及的内容，就是能够支持无线上网，为信创产品，产品对并发数的要求并不高，但是又由于该产品大多使用在开放的场景中，因此我们要着重考虑其稳定性和安全性。这些应该是目标客户最主要的业务需求。因为其他功能（如账户管理、日志记录和限制终端连接）并不是用户经常操作的内容（虽然产品经理提及了该问题，但是没有哪个用户会经常更改这些内容），所以本次设计的业务场景应涵盖无线连接功能、信创适配、稳定性及安全性，该产品的其他功能使用其他测试方法覆盖即可。

根据上述内容，构建业务场景矩阵（部分），如表 6-1 所示。

表 6-1 业务场景矩阵（部分）

业务	涉及的功能点								
	基本设置	无线设置	账户管理	……	……	……	……	……	……
无线上网	√	√							
信创适配	√								
稳定性					√				
安全性							√		
……	……	……	……	……	……	……	……	……	……

本项目的最终测试场景（部分）如下。

业务场景 1：验证产品是否为信创产品，进行信创相关测试项目的检测。

业务场景 2：设置 100 个用户，通过无线连接的方式连接到路由器并同时上网 1 小时。

业务场景 3：使用 AppScan 等安全性测试工具对该款路由器进行测试，验证其安全性。

业务场景 4：让该路由器持续运行 7 × 24 小时，100 个用户不间断联网，验证其稳定性。

通过上述内容，基于业务场景的测试设计虽然能够覆盖用户的主要业务需求，但是功能覆盖率较低。未被覆盖的功能需要使用其他测试方法进行测试。业务场景设计完成后，还需要使用其他测试技术进行补充和完善。

第 7 章 基于任务驱动的测试设计

日常生活中的任务通常指交派的工作，以及担负的职责。测试任务就是为完成某个测试流程而执行的活动。任务驱动测试是指整个测试项目以通过执行测试任务的方式来达成。所有任务测试完成后，即完成了测试项目。以任务驱动为导向的测试可以称为基于任务驱动的测试。任何一个测试项目都可以按照该测试方法论进行。第三方测评、外包测试最常使用的就是基于任务驱动的测试模式。

本章将介绍基于任务驱动的测试方法、设计思路、实施方案，以及如何把控这类测试。

7.1 浅谈基于任务驱动的测试

7.1.1 任务驱动测试的目的及特点

基于任务驱动的测试（即任务驱动测试）以任务驱动为导向，可以实现以下目的。

- 通过任务的形式达到约束测试、提高测试效率的目的。
- 达到降低研发、测试成本和缩短周期的目的。
- 达到尽快确认和保障产品质量的目的。

基于任务驱动的测试具有以下特点。

- 以任务为导向，测试目的和范围明确。
- 具有明确的输入条件和数据，测试内容清晰。
- 严格依据测试结果判定测试是否通过。

7.1.2　任务驱动测试设计的优缺点

通过上述内容的介绍，我们可以发现基于任务驱动的测试设计具有以下优缺点。

1）基于任务驱动的测试设计的优点如下。

- 测试公平公正、专业透明。基于任务驱动的测试总是将任务分配给专业的团队去测试，以保证测试的质量。该测试方法具有明确的任务，测试任务决定测试内容，测试内容明确则执行结果统一。每个过程都经过相关方的评审，评判标准透明，测试结果和验收依据标准进行，直观公正。
- 节约成本。基于任务驱动的测试往往将任务交给专业的机构或组织（如第三方检验检测单位），从而减少人员的招募、人员管理、设备和工具等资源的配置，以及对测试人员的培养等成本的开支。
- 权威性。任务往往分配给专业的测试团队或测评机构。它们一般具有公正、权威的公信力，而且拥有专业的测试仪器，能够从客户利益考虑，对测试的严格程度和测试策略都通过评审来确定，具有很好的说服力。
- 严格的文档审查。基于任务驱动的测试通常不仅仅验证产品的能力，还对测试文档资料进行审查，这有利于产品的验收和推广应用。

2）基于任务驱动的测试设计的缺点如下。

- 测试可能不全面或测试深度不够。基于任务驱动的测试都具有明确的目的，测试范围明确的同时限定了测试的全面性，如外包测试。一般外包出去的业务都是非核心业务，测试任务可能会被分配给不同的外包公司，每个外包公司只负责其中的一个或者几个功能，这就导致功能交互无法测试或被遗漏。第三方测评往往验证产品是否达到了某种能力，而不是证明产品无误，因此第三方测评只能发现功能系统级别的问题，而无法发现细粒度的缺陷。自动化测试只能发现已经存在的缺陷或者证明原来的功能没有问题，而无法发现新的缺陷。
- 沟通不畅会影响测试进度。基于任务驱动的测试需要有明确的输入，任务双方在沟通过程中若出现沟通不及时、需求传达理解不透彻、沟通接口太多导致信息同步不全面等情况，都可能导致测试延期或返工，因而此类测试需要有专门的人员进行项目沟通。
- 需要增加保密成本。由于涉及不同地点或组织的参与人员，机密信息的保护显得尤为重要。特别是，第三方测评和 OEM 测试都需要给测试方提供后台账户和密码。这些密码是否与本公司其他产品的密码一致，从而导致公司产品后台防护的缺失？解决这些问题都需要投入成本，造成成本的增加。

7.2 如何进行基于任务驱动的测试

7.2.1 约束条件和目的

基于任务驱动的测试都带有目的，即做某项任务想要达成的结果，而要满足这些结果，就需要经受若干条件的约束。任务双方的目的是一致的，都希望测试的产品满足需求。约束条件是双向的，规定双方需要履行的责任和义务，如第三方测评任务，引入第三方测评的目的一般有两点，具体如下。

- 作为某个产品验收的第三方，对产品进行系统性验收。机构的测评能够给予产品一个客观的评价，证明产品具备的质量和能力，达到用户验收的效果。
- 软件开发商期望通过第三方测评机构的专业测评，取得具有权威性和专业性的测评报告或认证资质，为产品的销售、推广提供必要的信誉担保。

不管何种测评目的，在测评前都要签署合同。合同对双方进行约束，规定测评双方的关系、职责和义务，并保护双方各自的权益。在测试的过程中，委托方、开发方和测评机构进行测试的依据都是测试方案，目的都是确认系统能否稳定运行且通过测试。

7.2.2 测试任务的划分

如果一个项目就是一个任务，那么项目中每一步的实施、每个测试用例的执行就是一个小任务。传统的项目测试计划需要确定测试周期，而基于任务驱动的测试比传统的项目测试更应该加强时间管理，对项目进度应该严格控制。任务测试的负责人更需要有效地监控项目的进度和风险，从而避免项目延误，并避免额外的支出费用。负责人拿到任务的项目计划后，要详细地进行审核并依据项目计划的要求制定测试计划和测试方案。通过这些活动和过程，负责人进一步了解整个项目的流程、内容、估计的工作量和资源的安排是否与项目本身的要求吻合。明显的差异都需要及时澄清并建立共识。确认了项目计划后才能够正式启动项目，开始实施项目测试。

7.2.3 测试实施的方法

测试计划和测试方案确定之后，一个重要的任务就是进行测试环境的搭建。当测试计划和测试方案已明确并经过评审后，测试环境就是明确的，只需要根据网络环境拓扑准备必要的软硬件资源并搭建测试环境即可。基于任务驱动的测试的特点就是任务目的明确、输入条件明确，同样测试环境也是明确的。测试按照测试计划和测试用例执行，对测试用例的每一项执行结果进行记录，将发现的缺陷提交到指定的软件缺陷跟踪管理系统中。

不同的基于任务驱动的测试模式，测试的执行管理也不同。下面以外包测试实施过程中的执行管理为例进行说明。

- 现场测试的测试环境和测试资源由外包方提供，测试人员根据提供的测试用例开展实施工作，对测试发现的问题提交汇报。
- 外部测试需要外包公司提供测试资源并搭建测试环境，测试人员除了需要进行测试用例的执行，还需要根据合同规定，对测试进度进行每日汇报或每周汇报，并且需要对测试期间发现的缺陷、测试存在的问题、测试进度等进行说明并汇报。同时，外包方会对测试过程进行监督，检测测试内容是否按照测试计划进行，是否执行了所有的测试用例，以及是否提交了无效的缺陷（需要检测缺陷的有效性）。
- 分布式测试通过互联网进行测试的发布和管理，外包方设定相关的测试需求，规定测试内容和周期。普通用户通过接取任务，在规定的周期内提交测试结果。该方法能够快速获取测试结果，并尽早发现产品问题。分布式测试人员一般不收取报酬或收取极少的报酬，可以降低成本。大量的普通用户测试可以获取大量真实用户的反馈。

除了测试环境的搭建和测试用例的执行，还要求对产品文档进行测试。一般需要测试的内容如下。

- 查看文档内容与产品功能是否相符。
- 检查文档的流程图是否与程序一致。
- 检查文档是否有错别字或不符合语法的地方。
- 检查用户说明和帮助文档是否准确、通俗易懂。
- 对文档的完整性、正确性、一致性、易理解性、易浏览性、版本统一性进行校验。

7.2.4 测试结果的判定

基于任务驱动的测试结果的判定十分明确。每个任务在开始前都具有明确的约束性文档（如合同和验收方案等），依据规定的内容进行测试验收，需要对测试中每个流程的内容、任务和目标进行确认和评估，还需要对测试结果进行确认，并出具测试报告或相关证明。例如第三方测评认证完成后，测评机构根据测试结果出具测评报告，并在报告中说明测试结论。

无论是哪种基于任务驱动的测试模式，测试报告的内容都大体类似。对于任务结果的判定，主要依据如下。

- 是否满足需求。

- 是否通过了验收测试。
- 是否执行了全部的测试用例。
- 是否遗漏了重要的缺陷。
- 任务过程是否有完善的记录文档。

7.3 测试任务的把控

上述内容对基于任务驱动的测试的目的、特点、优缺点和测试要点进行了说明，并通过案例分析的方式对测评任务过程进行了说明。那么，在测试任务从开始到结束的过程中，作为测试人员如何对测试过程进行跟踪和把控呢？下面将分别从测试内容、沟通交流、过程控制和文档管理 4 个方面逐一说明。

7.3.1 测试内容

测试内容是基于任务驱动的测试的关键。任务可以是功能测试、性能测试、本地化测试、兼容性测试、硬件测试和安全性测试等。任务的主体就是测试内容，同时包括完成测试内容的时间、测试地点、测试场景、人员组织、沟通协调和结果验收等。一切都围绕着测试内容展开，如测试内容的多少、测试内容应用的场景有哪些、测试内容的复杂程度、需要多少人员参与等。基于任务驱动的测试会对测试内容进行梳理并明确定义，使测试变得可控和可衡量，并使测试结果是可预期的。

7.3.2 沟通交流

基于任务驱动的测试在选择测试团队和进行团队管理时，需要重点考虑沟通的问题。在任务初期需要明确沟通方式和方法，尤其当一个项目分多个团队协作时，不仅需要明确各个团队与任务分配方的沟通交流方式和方法，还需要明确不同团队之间的交流方式，明确定义各个团队的目标、任务和交付内容。同时，项目团队必须对沟通过程进行记录并存档，一切争议事项或问题都应有文档依据可查。在基于任务驱动的测试过程中，人的沟通协调占据重要的地位。从前期任务信息的沟通、测试任务过程中的沟通到测试任务结果的确认与总结，人的特性往往影响任务的进展和测试质量的好坏。

7.3.3 过程控制

当测试任务复杂、任务量大、分配团队较多时，对不同团队进行有效的监管是我们面临的一个挑战。监管的缺失会造成潜在的风险。对监管工作的重要性认识不足常常导致监管的人力不够，或者监管的人缺乏足够的技能。由于监管的对象很多，对监管团队成员的要求相应较高。监管团队成员不仅要掌握较强的技术，而且在监管过程中要处理很多非技术方面的问题（如管理、商业沟通和社交等）。基于任务驱动的测试的监管团队或接口人一定要具备技术、管理和商业社交的能力。

7.3.4　文档管理

践行“以测试者引导开发，以文档化把控质量”的理念，每个测试任务的开始、实施、结束都需要相关的文档作为记录和支撑。初期的测试任务的内容、时间和质量目标都需要测试人员进行分析和确定，形成测试计划、测试方案和验收方案等文档，分别作为测试任务开始、实施和验收的重要依据。在实施阶段，测试用例的编写、测试环境的描述、缺陷的记录和分析都由相关文档进行记录并汇总。测试结束验收时，验收的依据就是验收方案，通过对测试过程中的文档、数据、缺陷和测试报告进行审查，并对相关功能项进行验收测试，从而出具验收报告。以上任何一个阶段所出具的测试文档都需要任务相关方的参与评审，并出具评审报告。所有的质量标准都以文档内容为准。文档记录着测试任务的每一步发展。 因此，测试期间，一定要做好测试文档的记录和管理工作，保证所有文档具有上下游关系，并保证文档的可追溯性和真实性。

第三部分

案例篇

在本部分，我们首先向读者详细介绍了三大信创底座（国产化服务器、国产化操作系统、国产化数据库）的测试案例，让读者明白信创底座的测试思路和方法，为其他信创产品的测试打下基础。然后以一款基于鲲鹏处理器和 openEuler 操作系统为国产化底座的维保派工平台为案例，详细介绍了如何对信创软件进行测试指标分析及测试案例设计。我们对信创产品的迁移适配测试做了案例分享，同时增加了与质量特性相关的功能、性能效率、安全性和可靠性等方面的检验检测内容。最后与读者分享了一款国产化办公软件的测试案例，该款软件可以适配大部分的国产计算机和国产操作系统。因此，我们在进行案例分享时没有分享该软件的适配测试案例（可以参考前两个案例的适配内容），而主要针对这类产品，为读者提供了大量的与质量特性相关的测试用例。

希望通过上述案例的分享，帮助读者在信创产品测试领域快速积累测试经验。

第 8 章 对国产化底座的测试案例分析

任何信创产品都需要在国产化底座上正确运行，这是最基本的要求。国产化底座最基础的三部分分别为国产服务器（其中 CPU 必须为国产化产品）、国产操作系统和国产数据库。本章着重为读者介绍如何对国产化底座进行检验检测，为后面对信创产品的测试测评业务打下坚实的基础。

8.1 国产化底座之国产服务器的测试分享

本节为读者分享一款基于鲲鹏 CPU 的服务器的测试案例，以帮助读者在信创产品的测试过程中掌握对服务器的测试要点。

所测试的服务器的配置如表 8-1 所示。

表 8-1 服务器的配置

配置项	名称	数量
CPU	Kunpeng 920 5220	2
内存	32GB 2933MT/s 2Rx4	8
硬件	960GB SAS SSD	8
RAID 卡	SAS3508 2GB 高速缓冲存储器	1
网卡	TM210	1
	TM280/SP333 10GE	1
HOST OS	Kylin-Server-10-SP2-Release-Build09-20210524	
GUEST OS	Kylin-Server-10-SP2-Release-Build09-20210524	
直通设备	10GE PF/VF KAE	

虚拟机配置采用千兆位以太网或万兆位以太网等 Linux 网桥。

8.1.1 功能性测试

针对基于鲲鹏 CPU 的服务器，本小节主要对前置数码管精确显示故障、远程登录、历史功耗查询、RAID 卡信息动态监控、风扇监控、虚拟光驱文件挂载、用户密码安全性、BIOS 升级、BMC 升级、BMC 操作审计、服务器宕机前保存桌面录屏等进行功能性测试分析；对 BIOS 固件升级进行可靠性测试分析；对 BMC 进行访问控制、账户弱口令检测进行信息安全性测试分析。下面对具体的测试用例进行介绍。

服务器前置数码管精确显示故障功能的测试用例如下所示。

用例编号		用例类型	
用例名称		用例模块	
用例目的	检测服务器是否具备前置数码管，并能够精确显示服务器故障		
预置条件	数码管是由 3 组 8 位 LED 显示单元组成的显示模组		
测试步骤	① 观察服务器前面板的前置数码管 ② 前置数码管可以正确显示服务器部件故障码 ③ 正常状态下前置数码管不显示故障码 ④ 拔掉其中一个电源的 AC 输入线缆，观察前置数码管，此时数码管显示故障码 ⑤ 对照服务器故障码参考文档，步骤④中显示的故障码与参考文档描述一致，为电源模块输入故障 ⑥ 插入步骤④中的 AC 输入线缆，观察前置数码管，此时数码管中的故障码消失		
预期结果	服务器的前置数码管可正确显示部件故障状态		
实际结果			
测试结论			
备注（测试说明）	故障产生时可显示正确的故障码，故障恢复后可消除故障码		

远程登录功能的测试用例如下所示。

用例编号		用例类型	
用例名称		用例模块	
用例目的	① 验证设备具备 BMC 模块，提供独立的网络管理端口 ② 验证网络管理端口可配置 IP，进行远程接入管理		
预置条件	① 被测服务器电源供电正常 ② 被测服务器网络连接正常		
测试步骤	① 接入设备电源，连接网络管理端口和测试所用计算机的网络端口，配置相同网段间可互通 IP 地址		

续表

测试步骤	② 通过 IE 浏览器或客户端接入网络管理端口提供的管理地址 ③ 输入用户名和密码能够进入被测设备的远程管理界面，查看界面功能生效，并截图 ④ 重复刷新 10 次页面，页面正常		
预期结果	① 服务器具备 BMC 管理模块，提供独立的网络管理端口 ② 服务器 BMC 模块工作正常，网络管理端口接入及界面正常 ③ 刷新页面正常，未异常退出		
实际结果			
测试结论			
备注（测试说明）			

历史功耗查询功能的测试用例如下所示。

用例编号		用例类型	
用例名称		用例模块	
用例目的	验证被测服务器支持历史功耗查询功能		
预置条件	① 被测服务器电源供电正常 ② 被测服务器网络连接正常		
测试步骤	① 通过测试所用的计算机登录被测服务器的网络管理地址，输入管理员的用户名和密码，进入远程管理界面 ② 在远程管理界面上可以查询到被测服务器的历史功耗数据		
预期结果	远程管理界面支持历史功耗数据查询		
实际结果			
测试结论			
备注（测试说明）			

RAID 卡信息动态监控功能的测试用例如下所示。

用例编号		用例类型	
用例名称		用例模块	
用例目的	验证被测服务器支持 RAID 卡信息动态监控功能		
预置条件	① 被测服务器电源供电正常 ② 被测服务器网络连接正常		
测试步骤	① 通过测试所用的计算机登录被测服务器的网络管理地址，输入管理员的用户名和密码，进入远程管理界面 ② 进入被测服务器管理界面，查看 RAID 卡信息：RAID 卡型号、RAID 卡状态（是否故障）、RAID 类型、逻辑盘数量、物理盘数量		

续表

预期结果	可以监控到被测试服务器的 RAID 卡信息
实际结果	RAID 卡型号 RAID 卡状态（是否故障） RAID 类型 逻辑盘数量 物理盘数量
测试结论	
备注（测试说明）	

风扇监控功能的测试用例如下所示。

用例编号		用例类型	
用例名称		用例模块	
用例目的	验证被测服务器支持风扇监控功能		
预置条件	① 被测服务器电源供电正常 ② 被测服务器网络连接正常		
测试步骤	① 通过测试所用的计算机登录被测服务器的网络管理地址，输入管理员的用户名和密码，进入远程管理界面 ② 进入被测服务器管理界面，或者通过命令行方式，查看风扇监控信息		
预期结果	可以监控到被测服务器的风扇信息（风扇转速或风扇转速百分比），非一直满转		
实际结果	风扇转速 风扇转速百分比 非一直满转		
测试结论			
备注（测试说明）			

虚拟光驱文件挂载功能的测试用例如下所示。

用例编号		用例类型	
用例名称		用例模块	
用例目的	① 验证被测设备远程管理接入后支持虚拟光驱 ② 验证被测设备远程管理接入后支持远程挂载文件夹		
预置条件	① 被测设备的电源供电正常 ② 被测设备的网络连接正常		
测试步骤	① 通过测试所用的计算机登录被测设备的网络管理地址，输入管理员的用户名和密码，进入远程管理界面 ② 从远程管理界面进入虚拟光驱界面，可以模拟插入光盘镜像 ISO 文件，并可以引导系统安装		

续表

测试步骤	③ 从远程管理界面将测试所用计算机的文件夹挂载至被测设备，在被测设备的操作系统下可以识别并打开该文件夹
预期结果	① 被测设备远程管理支持虚拟光驱功能 ② 被测设备远程管理接入后支持远程挂载文件夹 ③ 反复挂载 ISO 文件 10 次，验证功能正常可用
实际结果	① 管理软件支持虚拟光驱 ② 管理软件支持远程文件夹挂载 ③ 反复挂载 BMC 正常
测试结论	
备注（测试说明）	

用户密码安全性功能的测试用例如下所示。

用例编号		用例类型	
用例名称		用例模块	
用例目的	验证被测设备可通过远程管理软件支持用户管理安全功能		
预置条件	① 被测设备的电源供电正常 ② 被测设备的网络连接正常		
测试步骤	① 通过测试所用的计算机登录被测设备的网络管理地址，输入管理员的用户名和密码，进入远程管理界面 ② 通过管理界面进行密码复杂度的安全功能测试，记录密码复杂度要求规则，如密码是否必须有特殊字符、大小写字母、数字、密码长度要求等的限制 ③ 通过管理界面进行密码有效期部分的功能测试，记录是否可以进行有效期时间的设置 ④ 通过管理界面进行密码登录失败锁定的功能测试，记录密码输入有误被锁定的次数是否可以设置		
预期结果	上述测试步骤②、③、④中密码复杂度、密码登录失败锁定功能满足要求		
实际结果	密码复杂度要求 密码登录失败锁定次数		
测试结论			
备注（测试说明）			

BIOS 升级功能的测试用例如下所示。

用例编号		用例类型	
用例名称		用例模块	
用例目的	验证被测设备可通过远程管理软件进行 BIOS 系统的补丁升级		

续表

预置条件	① 被测设备的电源供电正常 ② 被测设备的网络连接正常 ③ 准备两个 BIOS 版本
测试步骤	① 进入被测设备的操作系统，并在开机自检画面中记录主板的 BIOS 版本号 ② 通过测试所用的计算机登录被测设备的网络管理地址，输入管理员的用户名和密码，进入远程管理界面 ③ 在远程管理界面中按操作手册进行远程 BIOS 补丁升级 ④ 重新启动被测设备，在开机自检画面中记录主板的 BIOS 版本号，验证其升级后的版本号 ⑤ 自定义升级文件（如系统镜像大小 4GB），选择升级，验证非法文件不可操作
预期结果	① 测试步骤③中被测设备的操作系统运行正常，BIOS 文件上传成功 ② 测试步骤④中重启后远程管理界面显示升级后的主板 BIOS 版本号 ③ 升级后进行 BIOS 操作，BMC 配置信息不丢失 ④ BMC 对非目标格式文件有拦截功能
实际结果	
测试结论	
备注（测试说明）	

BMC 升级功能的测试用例如下所示。

用例编号		用例类型	
用例名称		用例模块	
用例目的	验证被测设备可通过远程管理软件进行 BMC 系统的补丁升级		
预置条件	① 被测设备的电源供电正常 ② 被测设备的网络连接正常 ③ 准备两个 BMC 版本		
测试步骤	① 通过测试所用的计算机登录被测设备的网络管理地址，输入管理员的用户名和密码，进入远程管理界面 ② 记录 BMC 版本信息 ③ 在远程管理界面中按操作手册进行远程 BMC 补丁升级 ④ 设备保持启动状态，再次登录远程管理界面查看 BMC 版本信息，验证其升级后的版本号 ⑤ 自定义升级文件（如系统镜像大小 4GB），选择升级，验证非法文件不可操作		
预期结果	① 测试步骤③中被测设备操作系统运行正常 ② 测试步骤④中显示升级后的 BMC 版本信息 ③ 对于非目标格式文件，BMC 有拦截功能		
实际结果			
测试结论			
备注（测试说明）			

BMC 操作审计功能的测试用例如下所示。

用例编号		用例类型	
用例名称		用例模块	
用例目的	验证被测设备的 BMC 能够完整记录不同接口的操作		
预置条件	① 被测设备的电源供电正常 ② 被测设备的网络连接正常		
测试步骤	① 通过测试所用的计算机登录被测设备的网络管理地址，输入管理员的用户名和密码，进入远程管理界面，进行用户配置等操作 ② 通过 SSH 登录 BMC，进行设置操作 ③ 通过 Redfish 设置资产标签		
预期结果	当 Web、CLI 或 Redfish 等不同接口操作设备时，BMC 日志均有记录（如什么用户通过何种接口从哪个 IP 登录，以及进行哪类操作及结果如何）		
实际结果			
测试结论			
备注（测试说明）			

服务器宕机前保存桌面录屏功能的测试用例如下所示。

用例编号		用例类型	
用例名称		用例模块	
用例目的	验证服务器宕机前保存桌面录屏，支持快速重启原因定位		
预置条件			
测试步骤	① 服务器安装规定版本的操作系统 ② 操作系统启动完毕后，在远程 KVM 界面登录操作系统，输入 reboot 命令，模拟服务器宕机过程，等待服务器重启 ③ 在 BMC 管理界面下载服务器重启录屏文件，通过播放器打开录屏文件，可以观察到录屏文件中记录了服务器重启前的操作视频 ④ 操作系统启动完毕后，在远程 KVM 界面登录操作系统，输入 init 0 命令，模拟服务器宕机过程，等待服务器关机 ⑤ 在 BMC 管理界面下载服务器重启录屏文件，通过播放器打开录屏文件，可以观察到录屏文件中记录了服务器关机前的操作视频		
预期结果	在 BMC 管理界面可以自动记录服务器重启前和关机前的操作视频		
实际结果			
测试结论			
备注（测试说明）			

BIOS、BMC 和 RAID 卡配置导入导出功能的测试用例如下所示。

用例编号		用例类型	
用例名称		用例模块	
用例目的	验证服务器支持 BIOS、BMC 和 RAID 卡配置导入导出功能		
预置条件			
测试步骤	① 将设备的 BIOS、BMC 和 RAID 卡恢复为出厂设置 ② 修改 BIOS、BMC、RAID 卡的某项与出厂设置不同的配置 ③ 通过 BMC 管理界面导出 BIOS、BMC、RAID 卡配置 ④ 将设备的 BIOS、BMC、RAID 卡恢复为出厂设置 ⑤ 通过 BMC 管理界面导入 BIOS、BMC、RAID 卡配置 ⑥ 检查 BIOS、BMC、RAID 卡配置是否与步骤②中修改的配置项一致		
预期结果	测试步骤⑥中 BIOS、BMC、RAID 卡配置与测试步骤②中修改的配置项一致		
实际结果			
测试结论			
备注（测试说明）			

BIOS 固件升级可靠性的测试用例如下所示。

用例编号		用例类型	
用例名称		用例模块	
用例目的	检测 BIOS 固件升级的可靠性		
预置条件	① 被测设备的电源供电正常 ② 被测设备的网络连接正常		
测试步骤	① 进入 BMC 页面，进行固件升级操作 ② 升级 BIOS 过程中断电 ③ 上电后检查服务器		
预期结果	服务器正常启动		
实际结果			
测试结论			
备注（测试说明）	BIOS 固件可靠性满足		

BMC 访问控制的测试用例如下所示。

用例编号		用例类型	
用例名称		用例模块	
用例目的	检测 BMC 可以实现基于时间段、IP、MAC 的访问控制策略		
预置条件	① 被测设备的电源供电正常 ② 被测设备的网络连接正常		

续表

测试步骤	① 进入 BMC 页面，进行访问策略控制 ② 通过配置登入时间段、登入 IP 网段、登入 MAC 地址白名单，只允许满足白名单要求的用户通过管理通道访问系统，对系统进行管理和配置
预期结果	BMC 支持访问策略控制
实际结果	
测试结论	
备注（测试说明）	

BMC 账户弱口令检测的测试用例如下所示。

用例编号		用例类型	
用例名称		用例模块	
用例目的	验证 BMC 支持弱口令检测		
预置条件	① 被测设备的电源供电正常 ② 被测设备的网络连接正常		
测试步骤	① 进入 BMC 页面或命令行，查看密码复杂度检查开关设置 ② 若有密码复杂度检查开关，则启用该功能；若没有，则忽略该步骤导入弱口令字典，预期结果为 A ③ 修改已有用户密码为弱口令字典中定义的密码，预期结果为 B		
预期结果	A. 弱口令字典导入成功 B. 密码设置失败		
实际结果			
测试结论			
备注（测试说明）			

8.1.2 计算类测试

本小节主要对搭载鲲鹏 CPU 的服务器单虚拟机及整机虚拟化的计算性能进行测试分析。下面对具体的测试用例进行介绍。

单虚拟机计算性能的测试用例如下所示。

用例编号		用例类型	
用例名称	KVM-Computer-SPECcpu2017	用例模块	
用例目的	测试各厂商 4C8G 虚拟机 SPEC CPU 2017 intrate 的性能表现		
预置条件	① 服务器上电 ② libvirt 或 QEMU 环境部署完成		

续表

预置条件	③ SPEC CPU 2017 安装完成 ④ 所有虚拟机的 vCPU 均需要绑定在同一个物理 NUMA 内 ⑤ 编译器采用 gcc-7.3.0

测试步骤	① 生成 SPEC CPU 2017 的执行环境变量
	`# cd /spec2017`
	`# source /spec2017/shrc`
	`# ulimit -s unlimited`
	② 执行 intrate 测试，SPEC CPU 2017 配置文件由厂家提供
	`# cd /spec2017`
	`# runcpu -c vm-4c8g.cfg intrate`
	③ 记录测试结果

预期结果	测试执行成功
实际结果	测试执行完成，成功获取各厂商性能测试结果
测试结论	
备注（测试说明）	

整机虚拟化性能线性度的测试用例如下。

用例编号		用例类型	
用例名称	KVM-Computer-LinerRatio	用例模块	
用例目的	测试各厂商虚拟化性能并计算虚拟化线性度		
预置条件	① 服务器上电 ② libvirt 或 QEMU 环境部署完成 ③ 按照 4C8G 的规格创建虚拟机 ④ SPEC CPU 2017 安装完成 ⑤ 编译器采用 gcc-7.3.0		

测试步骤	① 启动 1 个 4C8G 虚拟机，测试并记录相应 SPEC CPU 2017 intrate 的性能，记为单虚拟机性能
	`# cd /spec2017`
	`# source /spec2017/shrc`
	`# ulimit -s unlimited`
	`# runcpu -c vm-4c8g.cfg intrate`
	② 按照整机线程数，计算可启动的 4C8G 虚拟机数量（虚拟机数量 = 整机线程数 /4），启动所有虚拟机，并同时执行 SPEC CPU 2017 intrate 测试，将各个虚拟机测试所得 intrate 结果累加作为整机虚拟化性能，记为虚拟化线性度，公式为虚拟化线性度 = 整机虚拟化性能 / （虚拟机数量 × 单虚拟机性能）
	③ 记录虚拟化线性度的计算结果		

预期结果	测试执行成功，虚拟化线性度的计算结果越接近 1，代表性能越稳定，即性能表现越好		
实际结果			
测试结论			
备注（测试说明）			

8.1.3 内存类测试

本小节主要对搭载鲲鹏 CPU 的服务器的内存带宽进行测试分析。内存带宽的测试用例如下所示。

用例编号		用例类型	
用例名称	KVM-Memory-Stream	用例模块	
用例目的	测试各厂商 4C8G 虚拟机 Stream 的内存带宽		
预置条件	① 服务器上电 ② libvirt 或 QEMU 环境部署完成 ③ 所有虚拟机的 vCPU 均需要绑定在同一个物理 NUMA 内（记录整机 NUMA 信息） ④ Stream 采用 gcc-7.3.0 编译		

测试步骤	① 上传 Stream 源码，采用以下指令进行编译
	`# gcc -fopenmp -O3 -DSTREAM_ARRAY_SIZE=20000000 -DNTIMES=20 -mcmodel=large stream.c -o stream_omp.exe`
	② 执行 Stream 的准备动作
	`# echo never > /sys/kernel/mm/transparent_hugepage/enabled`
	`# echo never > /sys/kernel/mm/transparent_hugepage/defrag`
	`# tuned-adm profile throughput-performance`
	`# export OMP_NUM_THREADS=4`
	`# export GOMP_CPU_AFFINITY=0-3`
	③ 循环执行 Stream 测试 10 次，记录 Triad 的最大值并作为结果
	`# ./stream_omp.exe`		

预期结果	Stream 执行成功，记录 Triad 的最大值		
实际结果	记录 10 次 Stream 中 Traid 的最大值作为内存带宽的结果记录		
测试结论			
备注（测试说明）			

8.1.4 业务类测试

本小节主要对搭载鲲鹏 CPU 的服务器的 MySQL 数据库性能、Nginx 网络性能进行测试分析。下面介绍具体的测试用例。

MySQL 数据库性能的测试用例如下所示。

用例编号		用例类型	
用例名称	KVM-Performance-MySQL	用例模块	
用例目的	测试虚拟机 MySQL-8.0 的性能		
预置条件	① 服务器上电 ② libvirt 或 QEMU 环境部署完成		

续表

<table>
<tr><td>预置条件</td><td>③ 按照 24C96G 规格启动虚拟机，同时配置 PF 直通的 10GE 网卡
④ 虚拟机内 MySQL-8.0.25 环境安装完成
⑤ 压力机 sysbench-1.0.18 环境安装完成</td></tr>
<tr><td>测试步骤</td><td>① 建立测试库 sysbench
mysql -uroot -p123456
create database sysbench;
② 采用 sysbench 向数据库中写入数据
#sysbench --db-driver=mysql --test=./tests/include/oltp_legacy/parallel_prepare.lua --oltp-test-mode=complex --mysql-host=XX.XX.XX.XX --mysql-db=sysbench --mysql-password=qwer1234 --max-time=7200 --max-requests=0 --mysql-user=root --mysql-table-engine=innodb --oltp-table-size=100000 --oltp-tables-count=100 --rand-type=special --rand-spec-pct=100 --num-threads=10 prepare
③ 采用 sysbench 测试 MySQL 数据库性能，记录其 TPS/QPS 性能
sysbench --test=./tests/db/oltp.lua --db-driver=mysql --debug=off --mysql-db=sysbench --mysql-password=XX --oltp-tables-count=100 --oltp-table-size=100000 --num-threads=100 --max-requests=0 --max-time=600 --oltp-auto-inc=off --mysql-engine-trx=yes --oltp-test-mod=complex --mysql-host=XX --mysql-port=3306 --mysql-user=root --oltp-user-delay-min=10 --oltp-user-delay-max=100 --report-interval=10 run --warmup-time=300</td></tr>
<tr><td>预期结果</td><td>成功获取 sysbench 测试结果，记录其 TPS/QPS 性能</td></tr>
<tr><td>实际结果</td><td></td></tr>
<tr><td>测试结论</td><td></td></tr>
<tr><td>备注（测试说明）</td><td></td></tr>
</table>

Nginx 网络性能的测试用例（http）如下所示。

<table>
<tr><td>用例编号</td><td></td><td>用例类型</td><td></td></tr>
<tr><td>用例名称</td><td>KVM-Performance-Nginx-http</td><td>用例模块</td><td></td></tr>
<tr><td>用例目的</td><td colspan="3">测试 4C8G 虚拟机 Nginx 的 http 长连接或短连接的性能</td></tr>
<tr><td>预置条件</td><td colspan="3">① 服务器上电
② libvirt 或 QEMU 环境部署完成
③ 按照 4C8G 规格启动虚拟机，同时配置 PF 直通的 10GE 网卡
④ 虚拟机内 Nginx 环境安装完成
⑤ 压力机 ab 安装完成</td></tr>
<tr><td>测试步骤</td><td colspan="3">① 采用 http 模式启动 Nginx，端口为 8088
./sbin/nginx -c ./conf/nginx.conf
② 在压力端，采用多个 ab 线程测试 Nginx 服务端性能，相应 ab 压测指令如下（可同时启动多个）</td></tr>
</table>

续表

测试步骤	短连接：ab -n 500000 -c 100 http://{$NGINX_SERVER}:8088/test.html 长连接：ab -k -n 500000 -c 100 http://{$NGINX_SERVER}:8088/test.html ③ 记录所有 ab 线程压测结果，作为 Nginx 服务端 http 短连接和长连接的相应性能
预期结果	① Nginx http 启动成功，ab 压测未出现问题 ② 压测时，Nginx 服务端无空闲 CPU 资源 ③ 记录所有 ab 线程压测结果并累加，作为 Nginx 服务器 http 的相应性能
实际结果	
测试结论	
备注（测试说明）	

Nginx 网络性能的测试用例（https）如下所示。

用例编号		用例类型	
用例名称	KVM-Performance-Nginx-https	用例模块	
用例目的	测试 4C8G 虚拟机 Nginx 的 https 长连接或短连接的性能		
预置条件	① 服务器上电 ② libvirt 或 QEMU 环境部署完成 ③ 按照 4C8G 规格启动虚拟机，同时配置 PF 直通的 10GE 网卡 ④ 虚拟机内 Nginx 环境安装完成 ⑤ 压力机 ab 安装完成		
测试步骤	① 采用 https 模式启动 Nginx，端口为 443 `# ./sbin/nginx -c ./conf/nginx.conf` ② 在压力端，采用多个 ab 线程测试 Nginx 服务端性能，相应 ab 压测指令如下（可同时启动多个） 短连接：ab -n 500000 -c 100 https://{$NGINX_SERVER}:443/test.html 长连接：ab -k -n 500000 -c 100 https://{$NGINX_SERVER}:443/test.html ③ 记录所有 ab 线程压测结果，作为 Nginx 服务端 https 短连接和长连接的相应性能		
预期结果	① Nginx https 启动成功，ab 压测未出现问题 ② 压测时，Nginx 服务端无空闲 CPU 资源 ③ 记录所有 ab 线程压测结果并累加，作为 Nginx 服务器 https 的相应性能		
实际结果			
测试结论			
备注（测试说明）			

8.2 国产化底座之国产操作系统的测试分享

本节以统信操作系统（UOS）为例，为读者提供信创操作系统的测试案例分享。统信操作系统是由统信软件技术有限公司开发的一款基于 Linux 内核的操作系统，旨在提供安全、稳定、可靠的系统服务。它支持龙芯、飞腾、鲲鹏、海思麒麟和兆芯等国产芯片，以及 x86 芯片，被广泛应用于办公、家庭、教育、金融和能源等领域。统信操作系统采用了多种安全技术，如文件加密和权限控制等，保障了系统的安全性和可靠性。同时，针对不同的使用场景，统信操作系统提供了桌面版和服务器版，以满足用户不同的需求。

本次操作系统的整体测试内容主要包括基本功能测试、系统安全性测试、易用性测试、基础性能测试、可维护性测试和系统稳定性测试 6 部分。

8.2.1　基本功能测试

本小节对统信操作系统的安装、启动、登录、解锁、网络和桌面等基本功能进行测试分析。下面对具体的测试用例进行介绍。

全盘安装的测试用例如下所示。

用例编号		用例类型	基本功能测试
用例名称	全盘安装 –U 盘引导安装、全盘安装 – 光盘安装	用例模块	
用例目的	测试系统支持安装的能力		
预置条件	① 已有刻录好镜像的 U 盘启动盘或光盘启动盘 ② 将 BIOS 设置中的“模式默认启动顺序”设置为优先通过 USB 或光盘启动		
测试步骤	① 在计算机上插入 U 盘启动盘或光盘启动盘，重启计算机，从 U 盘或光盘启动 ② 根据界面提示完成安装		
预期结果	系统安装成功		
实际结果			
测试结论			
备注（测试说明）			

全盘安装时保留用户数据的测试用例如下所示。

用例编号		用例类型	基本功能测试
用例名称	全盘安装 – 保留用户数据、全盘安装 – 加密安装	用例模块	
用例目的	测试系统支持安装的能力		
预置条件	① 测试机历史系统为 1050 以上版本 ② 历史系统使用全盘安装 ③ 历史系统桌面存在 test.txt 文件		

续表

测试步骤	① 在硬盘分区界面选择“全盘安装”和“目标硬盘”，勾选“保留用户数据”及“全盘加密”，单击“下一步” ② 在准备安装界面单击“继续安装” ③ 输入密码后单击“确定” ④ 系统安装完成后登录系统桌面环境，查看桌面图标
预期结果	① 进入安装准备界面 ② 进入全盘加密和密码输入界面 ③ 开始安装系统 ④ 新安装的系统桌面上存在 test.txt 文件
实际结果	
测试结论	
备注（测试说明）	

“手动安装 – 硬盘分区 – 根分区文件系统选择 ext4 格式”的测试用例如下所示。

用例编号		用例类型	基本功能测试
用例名称	手动安装 – 硬盘分区 – 根分区文件系统选择 ext4 格式	用例模块	
用例目的	测试系统支持安装的能力		
预置条件	① 测试机是 x86 架构，BIOS 设置开启了 UEFI 引导 ② 测试机磁盘格式是 GPT 格式 ③ 开机选择从 UEFI 引导的 U 盘启动 ④ 系统已进入安装配置中的硬盘分区界面		
测试步骤	① 在硬盘分区界面选择“手动安装” ② 手动清空系统当前的硬盘分区 ③ 根据提示创建硬盘分区 ④ 在准备安装界面单击“继续安装”		
预期结果	① 进入手动安装界面 ② 清除成功，所有硬盘空间被整合到可用空间 ③ 进入准备安装界面 ④ 开始安装系统		
实际结果			
测试结论			
备注（测试说明）			

用户名和密码设置中弱口令检查的测试用例如下所示。

用例编号		用例类型	基本功能测试
用例名称	用户名和密码设置 – 弱口令检查	用例模块	
用例目的	测试系统用户管理的能力		
预置条件	系统安装完成后，第一次重启，进入系统优化配置阶段的用户名和密码设置界面		
测试步骤	① 在用户名输入框中输入“UOS”，在密码输入框中输入“1”（弱口令） ② 重新输入密码“UOS123456” ③ 系统优化配置完成后，重启进入登录界面，输入新设置的密码“UOS123456”，登录系统		
预期结果	① 密码输入框的后面出现文字提示“强度低” ② 无风险文字提示 ③ 登录成功，进入桌面环境		
实际结果			
测试结论			
备注（测试说明）			

引导修复的测试用例如下所示。

用例编号		用例类型	基本功能测试
用例名称	引导修复	用例模块	
用例目的	测试系统支持安装修复的能力		
预置条件	测试机里安装了 UOS，删除了 /etc/fstab 文件		
测试步骤	① 安装系统时，单击“修复” ② 单击“引导修复”		
预期结果	① 进入引导修复界面 ② 在引导修复界面上能修复成功，能成功进入桌面		
实际结果			
测试结论			
备注（测试说明）			

安全启动的测试用例如下所示。

用例编号		用例类型	基本功能测试
用例名称	安全启动	用例模块	
用例目的	测试系统支持安全启动的能力		
预置条件	① 有 UOS 启动盘 ② 适配 AMD64 架构和 ARM 架构		

续表

测试步骤	① 进入计算机 BIOS 界面，开启安全启动（UEFI） ② 从 U 盘启动，安装 UOS ③ 重启系统
预期结果	① 成功开启 UEFI 模式 ② 成功安装系统 ③ 成功登录系统，正常进入桌面
实际结果	
测试结论	
备注（测试说明）	

无密码自动登录的测试用例如下所示。

用例编号		用例类型	基本功能测试
用例名称	无密码自动登录	用例模块	
用例目的	测试系统支持用户登录管理的能力		
预置条件	系统已经提前设置好无密码登录（打开控制中心—账户—自动登录和无密码登录开关）		
测试步骤	重启计算机，进入系统登录界面		
预期结果	重启成功，无须执行任何操作，系统直接进入桌面		
实际结果			
测试结论			
备注（测试说明）			

锁屏或解锁的测试用例如下所示。

用例编号		用例类型	基本功能测试
用例名称	锁屏 / 解锁、自动锁屏	用例模块	
用例目的	测试系统支持用户登录管理的能力		
预置条件	已进入系统桌面环境		
测试步骤	① 单击任务栏右下角的电源图标按钮 ② 单击锁定图标按钮 ③ 在锁屏界面的密码输入框中输入正确的密码后，单击锁定图标按钮（或在键盘上按 Enter 键） ④ 打开控制中心—电源管理—使用电源开关，设置自动锁屏时间为 5 分钟 ⑤ 计算机静置 5 分钟（不执行任何操作）		

续表

预期结果	① 进入关机管理界面，上面显示关机、重启、待机、休眠、锁定、注销等图标按钮 ② 系统进入锁屏界面 ③ 解锁成功，进入桌面 ④ 设置完成 ⑤ 计算机进入锁屏状态
实际结果	
测试结论	
备注（测试说明）	

用户管理能力的测试用例如下所示。

用例编号		用例类型	基本功能测试
用例名称	添加用户、切换用户、删除用户、修改密码	用例模块	
用例目的	测试系统用户管理的能力		
预置条件	系统正常启动		
测试步骤	① 打开控制中心—账户，然后单击账户列表下方的“+”图标 ② 分别在用户名、密码、重复密码输入框中输入 test、123456、123456，然后单击“创建” ③ 单击任务栏右下角的电源图标按钮 ④ 单击切换用户图标按钮 ⑤ 单击账户 test 的图标 ⑥ 输入账户 test 的密码“123456”，然后单击“登录” ⑦ 打开控制中心—账户，然后选中账户列表中的 test 账户 ⑧ 单击“删除” ⑨ 单击“修改密码” ⑩ 在当前密码输入框中输入“123456”，然后单击“保存” ⑪ 注销计算机，在 UOS 账户登录界面的密码输入框中输入“UOS123456”，然后单击“登录”		
预期结果	① 进入新建账户窗口 ② 账户创建成功，账户列表中显示新账户 test ③ 进入关机界面，上面显示关机、重启、待机、休眠、锁定、切换用户、注销等图标按钮 ④ 进入切换用户界面，显示 UOS 和 test 两个账户，UOS 账户处于选中状态 ⑤ 出现 test 账户的登录界面 ⑥ 进入账户 test 的桌面环境 ⑦ 弹出“该账户下的所有信息将无法被恢复、取消 / 删除”的确认窗口 ⑧ test 账户被删除 ⑨ 进入修改密码界面 ⑩ 保存成功，恢复至账户信息详情界面 ⑪ 登录成功，进入 UOS 账户的桌面环境		

续表

实际结果	
测试结论	
备注（测试说明）	

显示管理的测试用例如下所示。

用例编号		用例类型	基本功能测试
用例名称	手动调节屏幕亮度、色温、屏幕缩放	用例模块	
用例目的	测试系统支持显示管理的能力		
预置条件	已进入系统桌面环境		
测试步骤	① 打开控制中心—显示，选择对应功能模块 ② 用鼠标选择并拖动对应模块		
预期结果	屏幕亮度、色温、屏幕缩放出现变化		
实际结果			
测试结论			
备注（测试说明）			

字体管理器基本功能的测试用例如下所示。

用例编号		用例类型	基本功能测试
用例名称	字体管理器基本功能	用例模块	
用例目的	测试系统支持字体管理器基本功能		
预置条件	① 桌面操作系统正常运行 ② 有字体文件		
测试步骤	在启动器中打开字体管理器，单击左上角的“+”，添加字体		
预期结果	添加字体成功，且预览正常		
实际结果			
测试结论			
备注（测试说明）			

桌面右键菜单功能的测试用例如下所示。

用例编号		用例类型	基本功能测试
用例名称	桌面右键菜单功能—新建文件夹、图标大小、自动排列、终端打开	用例模块	

续表

用例目的	测试系统支持桌面管理
预置条件	① 已进入系统桌面环境 ② 桌面应用和文件分散在桌面的不同区域
测试步骤	在桌面空白处，右键执行目标操作
预期结果	目标操作执行成功
实际结果	
测试结论	
备注（测试说明）	

壁纸设置的测试用例如下所示。

用例编号		用例类型	基本功能测试
用例名称	壁纸设置	用例模块	
用例目的	测试系统支持桌面管理		
预置条件	① 已进入系统桌面环境 ② 桌面上已存在一张非系统自带的图片 A		
测试步骤	① 选中图片 A 并右击，然后单击“设置壁纸” ② 将光标放到桌面空白处右击，然后单击“壁纸与屏保” ③ 单击其中一张壁纸 B，然后单击“仅设置锁屏” ④ 单击任务栏右下角的电源图标按钮，然后单击“锁屏”		
预期结果	① 设置成功，桌面壁纸显示为图片 A ② 桌面最下方出现壁纸展示列表 ③ 设置成功，桌面壁纸仍然为上次设置的图片 A ④ 锁屏界面壁纸为新设置的壁纸 B		
实际结果			
测试结论			
备注（测试说明）			

屏保设置的测试用例如下所示。

用例编号		用例类型	基本功能测试
用例名称	屏保设置	用例模块	
用例目的	测试系统支持桌面管理		
预置条件	① 已进入系统桌面环境 ② 适配 AMD64 架构和 ARM 架构		

续表

测试步骤	① 在桌面空白处右击，然后单击“壁纸和屏保” ② 单击屏保按钮，选中目标屏保，将屏保时间设置为 5 分钟，再单击“设置屏保” ③ 计算机静置 5 分钟，等待自动唤起屏保
预期结果	① 打开壁纸和屏保设置窗口 ② 屏保设置成功 ③ 屏保被唤起，屏保效果为刚刚设置的图案效果
实际结果	
测试结论	
备注（测试说明）	

桌面切换的测试用例如下所示。

用例编号		用例类型	基本功能测试
用例名称	桌面切换	用例模块	
用例目的	测试系统支持桌面管理		
预置条件	① 打开控制中心—个性化—通用，再打开窗口特效 ② 任务栏的插件区域有多任务视图图标		
测试步骤	① 单击任务栏中的多任务视图图标（或者按快捷键 Super+S） ② 单击工作区后方（屏幕右上角）的“+”，添加工作区至 4 个 ③ 选中任意一个工作区，单击工作区以外的空白区域（或者按快捷键 Super+S） ④ 按住 Super 键，然后通过键盘的左、右方向键切换桌面（工作区）		
预期结果	① 调出工作区预览模式 ② 添加成功，工作区预览区域显示 4 个工作区 ③ 退出工作区预览模式，进入桌面环境 ④ 桌面（工作区）向左或向右依次循环切换到测试步骤②添加的工作区		
实际结果			
测试结论			
备注（测试说明）			

桌面壁纸差异化设置的测试用例如下所示。

用例编号		用例类型	基本功能测试
用例名称	桌面壁纸差异化设置	用例模块	
用例目的	测试系统支持桌面管理		
预置条件	① 已开启窗口特效 ② 已存在 4 个桌面（工作区）		

续表

测试步骤	① 按快捷键“Super + 左 / 右方向键”，依次切换到每个桌面，然后给每个桌面设置不同的壁纸 ② 再次按快捷键“Super + 左 / 右方向键”，切换到每个桌面，观察桌面壁纸
预期结果	① 桌面壁纸设置完成 ② 4 个桌面壁纸为刚刚设置完的不同壁纸，每个桌面壁纸设置是独立的，当前桌面壁纸的设置不会影响其他桌面壁纸的显示
实际结果	
测试结论	
备注（测试说明）	

检查终端基本功能的测试用例如下所示。

用例编号		用例类型	基本功能测试
用例名称	检查终端基本功能	用例模块	
用例目的	测试系统支持终端命令		
预置条件	全新安装桌面操作系统，且系统运行正常		
测试步骤	① 在桌面上右击，然后选择在终端打开 ② 在终端输入命令“ls”		
预期结果	① 能够正常打开终端 ② 终端显示：dde-computer.desktop　dde-trash.desktop		
实际结果			
测试结论			
备注（测试说明）			

安全密钥中修改或重置用户密码功能的测试用例如下所示。

用例编号		用例类型	基本功能测试
用例名称	安全密钥中修改或重置用户密码功能	用例模块	
用例目的	测试系统支持密码重置		
预置条件	① 打开控制中心—账户，打开并保存安全密钥 ② 该账户未绑定 UOS ID		
测试步骤	① 登录界面，输入三次错误密码后，单击“重置密码”按钮 ② 输入保存的密钥，单击“重置密码” ③ 打开控制中心—账户，先关闭再打开安全密钥开关 ④ 单击当前账户下的“忘记密码”，在弹出的安全密钥认证窗口中输入保存的历史密钥，单击“保存”		

续表

测试步骤	⑤ 重新输入步骤③新生成的密钥，单击“保存” ⑥ 打开控制中心—账户，关闭安全密钥开关，在该账户下单击“忘记密码”
预期结果	① 弹出安全密钥认证窗口 ② 校验正确，进入修改密码界面，可正常修改密码 ③ 重新生成一组安全密钥，可保存 ④ 提示安全密钥错误 ⑤ 认证成功，进入修改密码界面 ⑥ 提示“该账户暂未绑定 UOS ID，请绑定后再执行操作”
实际结果	
测试结论	
备注（测试说明）	

跨系统压缩、解压缩的测试用例如下所示。

用例编号		用例类型	基本功能测试
用例名称	跨系统压缩、解压缩	用例模块	
用例目的	测试系统支持跨系统压缩、解压缩		
预置条件	① 系统正常运行 ② 辅助机安装 Windows 操作系统		
测试步骤	① 准备多个格式文件，内容均为“欢迎使用 UOS” ② 在辅助机上压缩步骤①准备好的文件为 zip 格式 ③ 在测试机上解压缩步骤②压缩的文件		
预期结果	正常解压，文件和文件内容都正确		
实际结果			
测试结论			
备注（测试说明）			

“双屏—显示模式切换”的测试用例如下所示。

用例编号		用例类型	基本功能测试
用例名称	双屏—显示模式切换	用例模块	
用例目的	测试系统支持显示管理		
预置条件	① 在当前测试机单屏环境（VGA 接口）的基础上，再准备一台显示器和 HDMI 接口线 ② 单屏桌面已打开控制中心和文件管理器窗口		
测试步骤	① 打开控制中心—显示，然后在当前单屏环境的主机上接入另外一台显示器，观察控制中心—显示模块内容的变化和两台显示器的显示情况 ② 将模式切换为扩展 ③ 将模式切换为仅 HDMI 显示		

续表

预期结果	① 接入双屏后，控制中心—显示模块新增了多屏设置子模块，模式默认是复制模式，两台显示器的桌面显示一模一样 ② 两台显示器显示各自的内容，主屏幕显示任务栏和已经打开的控制中心、文件管理器窗口，副屏幕显示为空 ③ HDMI 外接显示器来显示系统桌面，控制中心和文件管理器均显示在此屏幕上，VGA 外接屏幕进入息屏状态
实际结果	
测试结论	
备注（测试说明）	

“双屏—显示模式保持”的测试用例如下所示。

用例编号		用例类型	基本功能测试
用例名称	双屏—显示模式保持	用例模块	
用例目的	测试系统支持显示管理		
预置条件	测试机连接显示器 A 和显示器 B		
测试步骤	① 切换显示模式为扩展模式 ② 拔掉显示器 B ③ 插入显示器 B		
预期结果	① 切换成功，显示模式变为扩展模式 ② 只有显示器 A 显示，桌面显示无异常 ③ 自动切换为扩展模式，桌面显示无异常		
实际结果			
测试结论			
备注（测试说明）			

检查下载功能的测试用例如下所示。

用例编号		用例类型	基本功能测试
用例名称	检查下载功能	用例模块	
用例目的	测试系统支持多个格式下载		
预置条件	① 系统正常运行，且已连接网络 ② Metalink 的链接 ③ 磁力链的链接 ④ BT 种子的链接		

续表

测试步骤	① 在启动器中打开下载器 ② 在主界面单击“+”，分别复制 BT 种子、磁力链、Metalink 的链接到任务框 ③ 单击“确定”
预期结果	① 成功进入下载器界面 ② 默认勾选任务 ③ 正常转到下载列表中准备下载
实际结果	
测试结论	
备注（测试说明）	

检查下载接管功能的测试用例如下所示。

用例编号		用例类型	基本功能测试
用例名称	检查下载接管功能	用例模块	
用例目的	测试系统支持下载接管浏览器任务		
预置条件	① 桌面操作系统正常运行 ② 网络正常连接		
测试步骤	① 通过下载器右上角菜单进入设置页面，在接管设置中选择应用程序，打开浏览器的开关 ② 在浏览器中访问下载网址		
预期结果	进入下载器的下载任务界面		
实际结果			
测试结论			
备注（测试说明）			

自动配置的测试用例如下所示。

用例编号		用例类型	基本功能测试
用例名称	自动配置	用例模块	
用例目的	测试系统支持网络管理		
预置条件	① 已进入系统桌面环境 ② 已连接网线，可以正常访问网络		
测试步骤	① 打开控制中心—网络—网络详情 ② 检查网络详情列表中显示的信息		

续表

预期结果	① 进入网络详情列表 ② 网络详情列表中包括通用、安全、IPv4、IPv6、DNS、WLAN 等模块的信息，其中通用、IPv4、IPv6 默认都是自动连接
实际结果	
测试结论	
备注（测试说明）	

手动配置的测试用例如下所示。

用例编号		**用例类型**	基本功能测试
用例名称	手动配置	**用例模块**	
用例目的	测试系统支持网络管理		
预置条件	已进入系统桌面环境		
测试步骤	① 打开控制中心—网络，然后选择有线网络 ② 单击已连接的网络右边的“>” ③ 输入 IP 地址 ④ 单击“网络详情” ⑤ 进入网络设置界面，单击“断开连接” ⑥ 连接无线网络，再次进入网络设置界面，单击“删除” ⑦ 在无线网络的列表中单击前面删除的网络连接		
预期结果	① 显示可用的有线网络连接，已连接的网络为选中状态 ② 进入设置界面 ③ 保存成功 ④ 有线网络信息与前面的设置一致 ⑤ 有线网络断开连接 ⑥ 无线网络断开连接 ⑦ 无线自动连接，需要输入密码		
实际结果			
测试结论			
备注（测试说明）			

开启开发者模式的测试用例如下所示。

用例编号		**用例类型**	基本功能测试
用例名称	开启开发者模式	**用例模块**	
用例目的	测试系统支持开发者管理		
预置条件	① 系统为激活状态 ② 已拥有 UOS ID 的账号和密码（可在 UOS 官网注册）		

续表

测试步骤	① 打开控制中心，单击“通用—开发者模式”，然后选择“在线激活” ② 在弹出的窗口中，输入 UOS ID 的账号和密码并确定 ③ 勾选协议等，重启
预期结果	① 弹出网络账号登录窗口 ② 能够正常登录 ③ 重启完成后，开发者模式已正常打开
实际结果	
测试结论	
备注（测试说明）	

离线开启的测试用例如下所示。

用例编号		用例类型	基本功能测试
用例名称	离线开启	用例模块	
用例目的	测试系统支持开发者管理		
预置条件	① 系统为激活状态 ② 已拥有 UOS ID 的账号和密码（可在 UOS 官网注册）		
测试步骤	① 打开控制中心，单击“通用—开发者模式”，然后选择“离线激活” ② 单击“导出机器信息” ③ 复制提示内容中的网址，进入该网址 ④ 上传 1.json 文件，导出证书 ⑤ 在控制中心单击“通用—开发者模式”，然后选择“离线激活”，单击“导入证书”		
预期结果	① 显示离线激活提示信息 ② 机器信息导出成功，生成名为 1.json 的文件 ③ 登录网址成功 ④ 导出证书成功 ⑤ 导入成功，提示重启计算机		
实际结果			
测试结论			
备注（测试说明）			

勿扰模式的测试用例如下所示。

用例编号		用例类型	基本功能测试
用例名称	勿扰模式	用例模块	
用例目的	测试系统支持消息通知管理		
预置条件	① 已进入系统桌面环境 ② 已为主机插入耳机或便携式计算机		

续表

测试步骤	① 打开控制中心，单击“通知”，然后单击“开启勿扰模式” ② 输入时间为 22 点至 7 点 ③ 手动修改系统时间到 23 点，执行应用下载和插拔 U 盘操作，观察通知消息 ④ 单击任务栏最右侧的通知图标，查看通知信息
预期结果	① 勿扰模式开启，提示输入勿扰时间区间 ② 输入设置成功 ③ 收到通知消息，但无弹框通知和通知声音 ④ 通知消息列表中存在应用下载和插拔 U 盘的通知消息
实际结果	
测试结论	
备注（测试说明）	

系统通知的测试用例如下所示。

用例编号		用例类型	基本功能测试
用例名称	系统通知	用例模块	
用例目的	测试系统支持消息通知管理		
预置条件	已进入系统桌面环境		
测试步骤	① 打开控制中心—网络—有线网络，拔掉网线 ② 桌面上有弹窗，显示通知信息 ③ 在托盘区单击通知中心图标，查看通知信息		
预期结果	① 弹出系统通知“× × 已断开” ② 左上角显示通知图标，右上角有关闭按钮“×”，历史通知展示在列表内 ③ 通知中有消息记录		
实际结果			
测试结论			
备注（测试说明）			

网络状态显示的测试用例如下所示。

用例编号		用例类型	基本功能测试
用例名称	网络状态显示	用例模块	
用例目的	测试系统支持网络管理		
预置条件	① 已进入系统桌面环境 ② 连接有线网络		
测试步骤	① 正常连接网络 ② 拔掉网线 ③ 连接局域网，未验证		

续表

预期结果	① 任务栏中网络状态正常，显示有线网络及 IP 地址 ② 任务栏中网络状态为断开，图标上有小的叉号 ③ 任务栏中网络状态为灰色带感叹号
实际结果	
测试结论	
备注（测试说明）	

回收站的还原、清空功能的测试用例如下所示。

用例编号		用例类型	基本功能测试
用例名称	回收站的还原、清空功能	用例模块	
用例目的	测试系统支持文件管理		
预置条件	① 已进入系统桌面环境 ② 回收站中已经存在从桌面删除的文件 A、B 和 C，以及从下载文件夹中删除的文件 D 和 E		
测试步骤	打开回收站，选中所有文件（文件 A ~ E），右击弹出快捷菜单，然后选择“还原”或“清空”		
预期结果	回收站中的文件 A ~ E 被还原到桌面（A、B 和 C）和下载文件夹（D 和 E）或清空		
实际结果			
测试结论			
备注（测试说明）			

时区设置的测试用例如下所示。

用例编号		用例类型	基本功能测试
用例名称	修改时区、添加时区	用例模块	
用例目的	测试系统支持时间日期设置		
预置条件	已进入系统桌面环境		
测试步骤	① 打开控制中心—时间和日期—时区列表 ② 单击“目标”按钮 ③ 根据提示进行操作		
预期结果	成功添加或修改时区		
实际结果			
测试结论			
备注（测试说明）			

输出音量调节的测试用例如下所示。

用例编号		用例类型	基本功能测试
用例名称	输出音量调节	用例模块	
用例目的	测试系统支持声音管理		
预置条件	已进入系统桌面环境		
测试步骤	① 播放音乐 ② 打开控制中心—声音—输出 ③ 拖动音量模块到最左 ④ 拖动音量模块到最右		
预期结果	① 音乐正常播放 ② 进入“声音—输出”模块 ③ 调节成功，听不到声音输出 ④ 调节成功，输出声音音量最大		
实际结果			
测试结论			
备注（测试说明）			

节能模式的测试用例如下所示。

用例编号		用例类型	基本功能测试
用例名称	节能模式	用例模块	
用例目的	测试系统支持电源管理		
预置条件	① 已进入系统桌面环境 ② 测试机为便携式计算机		
测试步骤	① 打开控制中心—电源管理—通用—节能设置，打开“低电量时自动开启”开关 ② 开启节能模式		
预期结果	① “低电量时自动开启”开关蓝色高亮 ② 系统进入节能模式，屏幕亮度降低，“低电量时自动开启”开关关闭		
实际结果			
测试结论			
备注（测试说明）			

电源管理的测试用例如下所示。

用例编号		用例类型	基本功能测试
用例名称	按下电源按钮—关机、待机、休眠、关闭显示器、无任何操作	用例模块	

续表

用例目的	测试系统支持电源管理
预置条件	已进入系统桌面环境
测试步骤	① 打开控制中心，单击“电源管理”，单击“使用电源” ② 单击“按电源按钮时”配置下拉框 ③ 勾选目标选项 ④ 手动按下测试设备的电源按钮 ⑤ 再次按下测试设备的电源按钮
预期结果	① 打开使用电源设置页面，显示默认设置 ② 展示配置选项，默认勾选“无任何操作” ③ 电源按钮配置设置为目标选项，系统弹出通知“电源设置更改” ④ 设备进入目标状态
实际结果	
测试结论	
备注（测试说明）	

便携式计算机电源管理的测试用例如下所示。

用例编号		用例类型	基本功能测试
用例名称	合盖时—待机、休眠、关闭显示器、无任何操作	用例模块	
用例目的	测试系统支持电源管理		
预置条件	① 已进入系统桌面环境 ② 适用于便携式计算机 ③ 插上便携式计算机的电源线		
测试步骤	① 打开控制中心—电源管理—使用电源，设置“便携式计算机合盖时”为目标选项 ② 合上便携式计算机，检查便携式计算机是否进入目标模式		
预期结果	① 目标选项设置完成 ② 系统进入目标模式		
实际结果			
测试结论			
备注（测试说明）			

低电量通知、低电量自动待机的测试用例如下所示。

用例编号		用例类型	基本功能测试
用例名称	低电量通知、低电量自动待机	用例模块	
用例目的	测试系统支持电源管理		

续表

预置条件	① 已进入系统桌面环境 ② 适用于便携式计算机
测试步骤	① 打开控制中心—电源管理—使用电池 ② 打开低电量通知按钮开关 ③ 设置低电量为 16% ④ 便携式计算机不接电源使用，放电到 16% ⑤ 设置自动待机为 9% ⑥ 便携式计算机不接电源使用，放电到 9%
预期结果	① 打开使用电池页面 ② 设置成功 ③ 系统弹出通知，提示电量过低 ④ 设置成功 ⑤ 系统进入待机模式
实际结果	
测试结论	
备注（测试说明）	

应用下载、安装、卸载的测试用例如下所示。

用例编号		用例类型	基本功能测试
用例名称	应用下载、安装、卸载	用例模块	
用例目的	测试系统支持应用管理		
预置条件	已进入系统桌面环境		
测试步骤	① 单击任务栏中应用商店的图标 ② 单击下载和安装 360 安全浏览器 ③ 右击卸载 360 安全浏览器		
预期结果	① 打开应用商店 ② 360 安全浏览器下载并安装成功 ③ 360 安全浏览器成功卸载		
实际结果			
测试结论			
备注（测试说明）			

检查导出设备信息功能的测试用例如下所示。

用例编号		用例类型	基本功能测试
用例名称	检查导出设备信息功能	用例模块	
用例目的	测试系统支持设备管理		

续表

预置条件	① 系统运行正常 ② 系统语言为中文
测试步骤	① 在启动器中打开设备管理器 ② 选中“概况”后右击选择“导出”，选择桌面，单击“确定”按钮
预期结果	① 默认显示设备概况信息 ② 桌面上有导出设备信息的 txt 格式文件
实际结果	
测试结论	
备注（测试说明）	

更新驱动的测试用例如下所示。

用例编号		用例类型	基本功能测试
用例名称	更新驱动	用例模块	
用例目的	测试系统支持设备管理		
预置条件	存在可更新驱动		
测试步骤	① 启动设备管理器 ② 单击右侧顶部的“驱动管理” ③ 在可更新驱动区域勾选待更新的驱动 ④ 单击“一键安装”		
预期结果	① 应用启动 ② 进入驱动管理界面 ③ 可单击右上角的“一键安装” ④ 自动下载驱动并完成安装		
实际结果			
测试结论			
备注（测试说明）			

检查扫描仪驱动安装功能的测试用例如下所示。

用例编号		用例类型	基本功能测试
用例名称	检查扫描仪驱动安装功能	用例模块	
用例目的	测试系统支持扫描管理		
预置条件	① 桌面操作系统正常运行 ② 已连接可用的扫描仪 ③ 有可用的、已签名的驱动安装包		

续表

测试步骤	① 打开扫描管理器，单击“添加扫描仪驱动”，把驱动安装包添加到安装区域，单击“安装” ② 添加扫描仪，单击扫描按钮进入扫描界面，单击“扫描”
预期结果	驱动安装成功，提示扫描仪驱动安装完成，可以扫描测试页
实际结果	
测试结论	
备注（测试说明）	

系统快捷键的测试用例如下所示。

用例编号		用例类型	基本功能测试
用例名称	系统快捷键	用例模块	
用例目的	测试系统支持快捷键使用		
预置条件	桌面系统正常运行		
测试步骤	① 同时按下并松开 Ctrl + Alt + V ② 同时按下并松开 Ctrl + Alt + T ③ 同时按下并松开 Ctrl + Alt + Delete ④ 打开系统桌面，同时按下并松开 F1 功能键		
预期结果	① 开启剪贴板 ② 打开终端 ③ 打开关机确认界面 ④ 打开帮助手册，并定位到桌面环境模块		
实际结果			
测试结论			
备注（测试说明）			

网络账户登录的测试用例如下所示。

用例编号		用例类型	基本功能测试
用例名称	网络账户登录	用例模块	
用例目的	测试系统支持网络账户登录同步		
预置条件	① 环境配置正确，系统运行正常 ② 已有 UOS ID 的账号和密码		
测试步骤	① 打开控制中心—UOS ID，单击“登录”按钮 ② 勾选“我已阅读同意《隐私政策》”，单击“确定”按钮 ③ 输入已有的 UOS ID 账号和密码，单击“登录”按钮		
预期结果	① 弹出《隐私政策》 ② 弹出 UOS ID 登录界面		

续表

预期结果	③ 网络账户登录成功并显示所登录的网络账户头像、用户名、自动同步配置、退出按钮等信息
实际结果	
测试结论	
备注（测试说明）	

视频格式支持的测试用例如下所示。

用例编号		用例类型	基本功能测试
用例名称	视频格式支持	用例模块	
用例目的	测试系统支持视频播放		
预置条件	① 桌面操作系统正常运行 ② 本地存在视频文件		
测试步骤	① 进入系统，播放 AVI、MP4、3GP 等格式的视频文件 ② 播放时拖动右下角的音量调节滑块		
预期结果	① 相关格式视频可以播放 ② 音量可调节，有动画效果		
实际结果			
测试结论			
备注（测试说明）			

检查音频格式的测试用例如下所示。

用例编号		用例类型	基本功能测试
用例名称	检查音频格式	用例模块	
用例目的	测试系统支持音乐播放		
预置条件	① 桌面操作系统正常运行 ② 本地存在音频文件		
测试步骤	进入系统，播放 MP3、WAV、OGG 等格式的音频文件		
预期结果	各种格式的音频文件播放正常		
实际结果			
测试结论			
备注（测试说明）			

看图检查图片信息的测试用例如下所示。

用例编号		用例类型	基本功能测试
用例名称	看图检查图片信息	用例模块	
用例目的	测试系统支持图片处理		
预置条件	桌面操作系统正常运行		
测试步骤	在启动器中打开看图应用，选择任意图片，右击查看图片信息		
预期结果	显示图片基本信息，包括图片名称、修改时间、类型、尺寸和大小		
实际结果			
测试结论			
备注（测试说明）			

看图设置功能的测试用例如下所示。

用例编号		用例类型	基本功能测试
用例名称	看图设置功能	用例模块	
用例目的	测试系统支持图片处理		
预置条件	桌面操作系统正常运行		
测试步骤	① 在启动器中打开看图应用，使用看图应用打开 GIF、JPEG、PNG 等格式的图片 ② 单击适应窗口图标 ③ 滚动鼠标中键		
预期结果	① 可打开查看图片，GIF 格式的图片显示正常 ② 图片可根据窗口自适应 ③ 图片可以放大、缩小		
实际结果			
测试结论			
备注（测试说明）			

相册导入导出功能的测试用例如下所示。

用例编号		用例类型	基本功能测试
用例名称	相册导入导出功能	用例模块	
用例目的	测试系统支持图片处理		
预置条件	桌面操作系统正常运行		
测试步骤	① 在启动器中打开相册 ② 从菜单栏单击目标按钮或拖曳图片到包含所有照片和视频的界面进行目标操作		
预期结果	图片和视频目标操作成功		

续表

实际结果	
测试结论	
备注（测试说明）	

检查安装功能的测试用例如下所示。

用例编号		用例类型	基本功能测试
用例名称	检查安装功能	用例模块	
用例目的	测试系统支持 deb 包的安装		
预置条件	① 桌面操作系统正常运行 ② 本地有 3 个已签名的 deb 包		
测试步骤	① 在启动器中打开软件安装器，将 3 个 deb 包拖动到安装器中 ② 单击“安装”		
预期结果	① 支持拖入多个安装包到安装器中 ② 全部安装成功		
实际结果			
测试结论			
备注（测试说明）			

检查保存格式的测试用例如下所示。

用例编号		用例类型	基本功能测试
用例名称	检查保存格式	用例模块	
用例目的	测试系统支持截图和录屏		
预置条件	① 桌面操作系统正常运行 ② 适配 AMD64 架构和 ARM 架构		
测试步骤	① 使用快捷键 Ctrl+Alt+R 选中区域，保存文件时选择 gif/mp4/mkv 格式 ② 录制一段时间后，单击任务栏中的录屏图标		
预期结果	① 能够保存为对应的 gif、mp4 和 mkv 格式文件 ② 显示录制时间，成功终止录制		
实际结果			
测试结论			
备注（测试说明）			

检查农历显示功能的测试用例如下所示。

用例编号		用例类型	基本功能测试
用例名称	检查农历显示功能	用例模块	
用例目的	测试系统支持日历查看		
预置条件	桌面操作系统正常运行		
测试步骤	① 在启动器中打开日历 ② 当系统语言为中文时，查看是否有农历显示		
预期结果	① 打开日历正常 ② 农历显示正常		
实际结果			
测试结论			
备注（测试说明）			

任务栏显示模式设置的测试用例如下所示。

用例编号		用例类型	基本功能测试
用例名称	任务栏显示模式设置	用例模块	
用例目的	测试系统支持任务栏设置		
预置条件	① 已进入系统桌面环境 ② 任务栏的显示位置默认设置为“下”		
测试步骤	① 在任务栏中右击，选择显示模式 ② 用鼠标切换时尚模式和高效模式，观察任务栏实际显示情况		
预期结果	① 模式选项有时尚模式和高效模式两个 ② 目标模式切换成功		
实际结果			
测试结论			
备注（测试说明）			

任务栏显示状态设置的测试用例如下所示。

用例编号		用例类型	基本功能测试
用例名称	任务栏显示状态设置	用例模块	
用例目的	测试系统支持任务栏设置		
预置条件	① 已进入系统桌面环境 ② 任务栏的显示位置默认设置为“下” ③ 任务栏的显示状态默认设置为“一直显示”		

续表

测试步骤	① 在任务栏中右击，选择显示状态 ② 选中“一直隐藏” ③ 将光标移动到屏幕底部 ④ 选中“智能隐藏”，然后打开 UOS 浏览器（最大化窗口） ⑤ 将浏览器窗口还原或最小化
预期结果	① 状态选项有一直显示、一直隐藏和智能隐藏 3 个 ② 任务栏隐藏到屏幕底部 ③ 任务栏被唤出 ④ 当浏览器窗口最大化时，任务栏被隐藏 ⑤ 任务栏自动从屏幕底部被唤出
实际结果	
测试结论	
备注（测试说明）	

暂停、继续和关闭功能的测试用例如下所示。

用例编号		用例类型	基本功能测试
用例名称	暂停 / 继续 / 关闭	用例模块	
用例目的	测试系统提供资源运行程序管理的功能		
预置条件	① 打开浏览器，输入网址，浏览网页 ② 打开视频 / 音频播放器，播放音频 ③ 打开文件管理器，进行复制、粘贴操作 ④ 打开控制中心，进行相关操作		
测试步骤	① 打开系统监视器 ② 查看右侧程序进程 ③ 右击浏览器进程，单击“暂停进程” ④ 右击浏览器进程，单击“继续进程” ⑤ 右击浏览器进程，单击“结束进程”		
预期结果	① 可以查看各个程序的 CPU、内存和网络占用情况 ② 可以查看各个程序的磁盘读取和写入情况 ③ 浏览器暂停，单击浏览器无响应 ④ 浏览器可以正常使用 ⑤ 浏览器关闭		
实际结果			
测试结论			
备注（测试说明）			

应用开机自动启动设置的测试用例如下所示。

用例编号		用例类型	基本功能测试
用例名称	应用开机自动启动设置	用例模块	
用例目的	测试系统支持启动器设置		
预置条件	已进入系统桌面环境		
测试步骤	① 在启动器中将 UOS 浏览器和音乐设置为开机自动启动 ② 重启计算机，然后登入系统		
预期结果	① 设置成功，浏览器和音乐图标左下角出现开机自动启动图标（小箭头图标） ② 进入系统桌面后，浏览器和音乐自动启动		
实际结果			
测试结论			
备注（测试说明）			

文件管理器快捷访问的测试用例如下所示。

用例编号		用例类型	基本功能测试
用例名称	文件管理器快捷访问	用例模块	
用例目的	测试系统支持启动器设置		
预置条件	已进入系统桌面环境		
测试步骤	① 打开启动器—窗口模式 ② 分别单击计算机按钮、文档按钮、图片按钮、音乐按钮、视频按钮、下载按钮		
预期结果	① 启动器最左侧的文件管理器快捷访问栏从上到下依次是计算机按钮、文档按钮、图片按钮、音乐按钮、视频按钮、下载按钮 ② 打开文件管理器对应的计算机目录、文档目录、图片目录、音乐目录、视频目录、下载目录		
实际结果			
测试结论			
备注（测试说明）			

应用搜索的测试用例如下所示。

用例编号		用例类型	基本功能测试
用例名称	应用搜索	用例模块	
用例目的	测试系统支持启动器设置		
预置条件	已进入系统桌面环境		
测试步骤	① 打开启动器 ② 输入“音乐” ③ 按 Enter 键		

续表

预期结果	① 成功搜索到预装的音乐 ② 音乐被正常打开
实际结果	
测试结论	
备注（测试说明）	

支持多种语言的测试用例如下所示。

用例编号		用例类型	基本功能测试
用例名称	支持藏语、维吾尔语、繁体中文、简体中文、英语	用例模块	
用例目的	测试系统支持多种语言设置		
预置条件	已进入系统桌面环境		
测试步骤	① 打开控制中心，单击“键盘和语言”，单击“系统语言”，单击“+”图标 ② 选中相应语言 ③ 切换选中的语言为目标语言 ④ 注销系统后重新登录，进入桌面		
预期结果	① 进入语言选择界面，语言列表中显示可供添加的所有语言 ② 目标语言被添加到语言列表中 ③ 切换成功，弹出“注销系统已生效”的通知消息 ④ 系统语言显示为目标语言		
实际结果			
测试结论			
备注（测试说明）			

不同格式压缩、解压缩的测试用例如下所示。

用例编号		用例类型	基本功能测试
用例名称	不同格式压缩、解压缩	用例模块	
用例目的	测试系统支持多种格式压缩和解压缩		
预置条件	桌面操作系统正常运行		
测试步骤	① 在启动器中打开归档管理器，选择一个文件，单击“下一步”，选择 zip、7z、tar、rar、bz2、gz 压缩格式进行压缩 ② 解压缩 rar 格式文件		
预期结果	① 可成功压缩文件 ② 可正常解压缩 rar 格式文件		

续表

实际结果	
测试结论	
备注（测试说明）	

检查用账号密码连接方式进行远程访问的测试用例如下所示。

用例编号		用例类型	基本功能测试
用例名称	检查用账号密码连接方式进行远程访问	用例模块	
用例目的	测试系统支持远程访问		
预置条件	① 辅助机和测试机均安装了远程协助（UOS-remote-assistance） ② 测试机和辅助机处于同一网段 ③ 远程协助开启“验证账号密码”，并设置账号为 test，密码为 1		
测试步骤	在测试机启动器中打开远程协助，输入辅助机 IP 地址，连接方式选择“验证账号密码”，输入账号和密码，单击“连接”		
预期结果	测试机连接辅助机成功		
实际结果			
测试结论			
备注（测试说明）			

检查用连接申请的连接方式进行远程访问的测试用例如下所示。

用例编号		用例类型	基本功能测试
用例名称	检查用连接申请的连接方式进行远程访问	用例模块	
用例目的	测试系统支持远程访问		
预置条件	① 辅助机和测试机均安装了远程协助（UOS-remote-assistance） ② 测试机和辅助机处于同一网段		
测试步骤	在测试机启动器中打开远程协助，输入辅助机 IP 地址，连接方式选择“远程连接申请”，单击“连接”		
预期结果	进入连接等待确认界面		
实际结果			
测试结论			
备注（测试说明）			

浏览器功能的测试用例如下所示。

用例编号		用例类型	基本功能测试
用例名称	检查浏览器页签打开、下载、书签、历史记录、设置主页功能	用例模块	
用例目的	测试系统支持浏览器功能		
预置条件	① 桌面操作系统正常运行 ② 网络正常连接		
测试步骤	① 打开浏览器 ② 选中目标功能图标 ③ 选择对应目标功能		
预期结果	① 浏览器打开成功 ② 目标功能使用正常		
实际结果			
测试结论			
备注（测试说明）			

邮箱功能的测试用例如下所示。

用例编号		用例类型	基本功能测试
用例名称	添加腾讯企业邮箱	用例模块	
用例目的	测试系统支持邮箱功能		
预置条件	① 桌面操作系统正常运行 ② 网络正常连接 ③ 准备好邮箱账号和密码，如账号为 zhangsan@uniontech.com、密码为 UOS123456		
测试步骤	① 在启动器中打开邮箱，选择“其他”，输入邮箱账号和密码 ② 单击“手动配置”，添加邮箱配置 ③ 单击“确定” ④ 单击“登录”		
预期结果	① 配置保存成功 ② 登录成功		
实际结果			
测试结论			
备注（测试说明）			

检查邮件定时发送功能的测试用例如下所示。

用例编号		用例类型	基本功能测试
用例名称	检查邮件定时发送、收件聚合、安全锁功能	用例模块	

续表

用例目的	测试系统支持邮箱功能
预置条件	① 桌面操作系统正常运行 ② 网络正常连接
测试步骤	① 登录邮箱，单击左上角的写邮件选项 ② 在写邮件页面设置定时发送时间为 14:10 ③ 在发件箱里选中一封邮件并右击，选择“聚合”，单击“聚合来自某某发件人的所有邮件” ④ 在高级设置中单击“数据与安全”，开启安全锁，设置密码
预期结果	① 成功跳转到写邮件页面 ② 邮件定时发送成功 ③ 成功聚合邮件 ④ 成功设置安全锁，15 分钟未操作时，邮件自动锁定
实际结果	
测试结论	
备注（测试说明）	

检查分卷压缩、加密和解压缩功能的测试用例如下所示。

用例编号		用例类型	基本功能测试
用例名称	检查分卷压缩、加密和解压缩功能	用例模块	
用例目的	测试系统支持分卷压缩、加密和解压缩		
预置条件	① 桌面操作系统正常运行 ② 准备一个 10MB 大小的文件夹		
测试步骤	① 在启动器中打开归档管理器，选择一个大小为 10MB 的文件夹并拖曳到归档管理器中 ② 单击“下一步”，选择 zip 压缩格式，打开高级选项开关 ③ 勾选“分卷压缩”，输入“2”，在加密文件处输入“123456” ④ 单击“压缩” ⑤ 压缩成功后单击“查看文件” ⑥ 双击分卷压缩文件进行解压缩 ⑦ 输入正确的解压缩密码		
预期结果	① 可成功添加文件到归档管理器中 ② 可以成功打开高级选项开关 ③ 分卷压缩大小为 2MB ④ 进入正在压缩的页面，页面上有取消和暂停按钮 ⑤ 可以看到分卷压缩文件 ⑥ 出现输入解压缩密码的弹框 ⑦ 可以成功解压缩文件		
实际结果			
测试结论			
备注（测试说明）			

系统主题设置的测试用例如下所示。

用例编号		用例类型	基本功能测试
用例名称	系统主题设置	用例模块	
用例目的	测试系统支持个性化设置		
预置条件	已进入系统桌面环境		
测试步骤	打开控制中心—个性化—目标主题，检查目标主题菜单设置		
预期结果	目标主题设置成功		
实际结果			
测试结论			
备注（测试说明）			

文本功能的测试用例如下所示。

用例编号		用例类型	基本功能测试
用例名称	文本功能	用例模块	
用例目的	测试系统支持文本编辑功能		
预置条件			
测试步骤	① 在桌面上右击，在“新建文档”中选择“文本文档” ② 右击新建文本文档“文本.txt”，打开方式选择文本编辑器，输入文字“统信UOS致力于打造最好的国产操作系统” ③ 按快捷键Ctrl+S保存到桌面 ④ 重新打开“文本.txt”，单击上方菜单栏中的“+”按钮 ⑤ 在“未命名文档1”中输入文字“筑梦信创 编写未来”，然后单击右上角的“×”按钮，关闭文本编辑器 ⑥ 再次打开“文本.txt”		
预期结果	① 成功新建“文本.txt” ② 可编辑 ③ 可保存 ④ 成功新建“未命名文档1” ⑤ “未命名文档1”可直接关闭 ⑥ 正常看到上方菜单栏中有“文本.txt”和“未命名文档1”两个页签，且“未命名文档1”内的文字内容显示为“筑梦信创 编写未来”		
实际结果			
测试结论			
备注（测试说明）			

检查基本页面跳转功能的测试用例如下所示。

用例编号		用例类型	基本功能测试
用例名称	检查基本页面跳转功能	用例模块	
用例目的	测试系统支持自助 FAQ		
预置条件	桌面操作系统正常运行		
测试步骤	① 在启动器中打开“服务与支持”，单击“自助支持中的 FAQ” ② 单击“文档中心”		
预期结果	① 能够自动打开浏览器，正常跳转到 FAQ 页面 ② 成功打开浏览器，正常跳转到文档相关页面		
实际结果			
测试结论			
备注（测试说明）			

检查输入法配置功能的测试用例如下所示。

用例编号		用例类型	基本功能测试
用例名称	检查输入法配置功能	用例模块	
用例目的	测试系统支持输入法设置		
预置条件	① 桌面操作系统正常运行 ② 在启动器中打开输入法配置		
测试步骤	① 检查是否可以设置默认输入法，通过下方调顺序按钮“∧/∨”调整输入法属性 ② 通过输入法下方菜单中的“+ / −”按钮，可添加或删除系统当前已有的输入法 ③ 在全局配置中设置输入法切换方式快捷键，可添加或删除系统当前已有的输入法		
预期结果	① 可以调整输入法属性顺序 ② 可添加或删除系统当前已有的输入法 ③ 可有效设置输入法切换方式快捷键		
实际结果			
测试结论			
备注（测试说明）			

全局搜索的测试用例如下所示。

用例编号		用例类型	基本功能测试
用例名称	全局搜索——搜索应用、文件等	用例模块	
用例目的	测试系统支持全局搜索		
预置条件	① 桌面操作系统正常运行 ② 在桌面新建文本文件“桌面专业版测试”和“控制中心说明”		

续表

测试步骤	① 打开全局搜索，输入首字母“kzzx” ② 打开全局搜索，输入字母“zhuomianzhuanyeban”
预期结果	① 搜索结果中含有的应用为“控制中心”，文本为“控制中心说明” ② 搜索结果中含有新建的文本文件“桌面专业版测试”
实际结果	
测试结论	
备注（测试说明）	

计算机与手机间连接方式的测试用例如下所示。

用例编号		用例类型	基本功能测试
用例名称	计算机与手机间连接方式	用例模块	
用例目的	测试系统支持访问手机		
预置条件	① PC 端和手机端都已安装统信手机助手 ② 手机与计算机已连接到同一网络		
测试步骤	① 在 PC 端打开统信手机助手，使用手机 App 进行扫码连接 ② 通过单击 App 端“搜索计算机”，搜索同一 UOS ID 或处于同一网络的计算机进行连接 ③ 单击 App 端“扫码登录”，扫描计算机上 UOS ID 的登录二维码 ④ 连接后发送、接收文件		
预期结果	① 连接成功，PC 端文件管理器左侧边栏新增“我的手机”模块 ② 可以成功连接 PC 端 ③ 可以成功连接手机端 ④ 可以成功发送、接收文件		
实际结果			
测试结论			
备注（测试说明）			

检查应用商店安装和卸载应用的功能的测试用例如下所示。

用例编号		用例类型	基本功能测试
用例名称	检查应用商店安装和卸载应用的功能	用例模块	
用例目的	测试系统支持应用管理的能力		
预置条件	① 桌面操作系统正常运行 ② 未安装永中 Office 2019 专业版		
测试步骤	① 在任务栏中打开应用商店，搜索“永中 Office 2019 专业版”，单击“安装” ② 在“我的应用”列表中，找到永中 Office 2019 专业版，单击“卸载”		

续表

预期结果	① 在启动器中可以看到永中 Office 2019 专业版软件 ② 卸载后，在启动器中看不到永中 Office 2019 专业版软件
实际结果	
测试结论	
备注（测试说明）	

文件管理器功能的测试用例如下所示。

用例编号		用例类型	基本功能测试
用例名称	检查新建、打开、保存、复制、粘贴、删除、剪切功能	用例模块	
用例目的	测试系统支持文件管理的能力		
预置条件	桌面操作系统正常运行		
测试步骤	① 打开文件管理器，进入视频目录，右击空白处新建文件夹 ② 在文件夹内新建文本文档“test.txt”，打开该文档，输入“123”后保存退出 ③ 右击 test.txt，选择“复制”，在桌面空白处右击选择“粘贴” ④ 在桌面上右击 test.txt，选择“删除” ⑤ 在文件夹中右击 test.txt，选择“剪切”，在桌面空白处右击选择“粘贴”		
预期结果	① 新建成功 ② 打开成功，保存成功 ③ 复制、粘贴成功 ④ 删除成功 ⑤ 剪切、粘贴成功		
实际结果			
测试结论			
备注（测试说明）			

检查跨系统追加刻录功能的测试用例如下所示。

用例编号		用例类型	基本功能测试
用例名称	检查跨系统追加刻录功能	用例模块	
用例目的	测试系统支持文件管理的能力		
预置条件	① 已进入 UOS 桌面环境 ② 准备一个外接光驱（若系统主机自带光驱，则不需要额外准备） ③ 准备一张在 Windows 系统上刻录过数据的光盘（光盘格式可以是 DVD+R、DVD-R、CD-RW 等） ④ UDF 为 1.02 版本		

续表

测试步骤	① 将光盘放入 UOS 的光驱中 ② 打开光盘，查看之前在 Windows 系统上刻录过的数据显示是否正常 ③ 从 UOS 桌面复制文件到光盘，然后单击右上角的刻录按钮
预期结果	① 系统能够正常识别光盘，读取光盘信息，文件名称、大小等显示正确，光驱格式显示为 UDF 格式 ② 数据显示正常 ③ 文件复制正常，刻录过程正常，刻录完成后内容显示正常
实际结果	
测试结论	
备注（测试说明）	

检查保险箱加密功能的测试用例如下所示。

用例编号		用例类型	基本功能测试
用例名称	检查保险箱加密功能	用例模块	
用例目的	测试系统支持文件管理的能力		
预置条件	① 桌面操作系统正常运行 ② 未设置过保险箱加密功能		
测试步骤	① 打开文件管理器，单击“保险箱” ② 在弹出的对话框中单击“开启”，然后在加密方式下选择“密钥加密”，密码和重复密码均为 Aa12345@，之后单击“下一步” ③ 再次单击“下一步” ④ 单击“加密保险箱” ⑤ 在认证弹框中输入正确的账号和密码，单击“确定” ⑥ 单击“确定”		
预期结果	① 出现弹框，有开启按钮 ② 生成密钥和二维码 ③ 出现加密保险箱的弹框 ④ 出现认证弹框 ⑤ 出现加密成功的弹框 ⑥ 成功进入保险箱		
实际结果			
测试结论			
备注（测试说明）			

透明加解密保险箱的测试用例如下所示。

用例编号		用例类型	基本功能测试
用例名称	透明加解密保险箱	用例模块	
用例目的	测试系统支持文件管理的能力		
预置条件	① 未开启保险箱 ② 已打开文件管理器		
测试步骤	① 单击文件管理器左侧边栏中的“保险箱” ② 在弹出的对话框中单击“开启”，然后在加密方式下选择“透明加密”，单击“下一步”，单击“加密保险箱” ③ 输入正确的账号和密码，单击“确定”，等待加密结束后单击“确定”		
预期结果	① 出现开启弹窗 ② 出现用户授权验证弹窗 ③ 进入保险箱页面，保险箱开启成功		
实际结果			
测试结论			
备注（测试说明）			

自动滚动截图的测试用例如下所示。

用例编号		用例类型	基本功能测试
用例名称	自动滚动截图	用例模块	
用例目的	测试系统支持截图和录屏		
预置条件	① 测试环境正确搭建 ② 桌面操作系统正常运行		
测试步骤	① 进入滚动截图模式，单击捕捉区域外的滚动区域 ② 单击“捕捉区域” ③ 在自动滚动过程中，单击“捕捉区域” ④ 再次单击 ⑤ 自动滚动时，光标离开捕捉区域 ⑥ 再次移入并单击捕捉区域 ⑦ 等待滚动到滚动区域底部		
预期结果	① 不触发对应区域的滚动事件 ② 触发捕捉区域内的滚动事件，光标所在的滚动区域自动向上滚动 ③ 暂停滚动 ④ 继续滚动 ⑤ 暂停滚动 ⑥ 继续滚动 ⑦ 提示“已滚动到滚动区域底部”，2 秒后自动消失		
实际结果			

续表

测试结论	
备注（测试说明）	

贴图功能的测试用例如下所示。

用例编号		用例类型	基本功能测试
用例名称	贴图功能	用例模块	
用例目的	测试系统支持截图和录屏		
预置条件	① 测试环境正确搭建 ② 桌面操作系统正常运行		
测试步骤	① 进入截图界面，单击贴图按钮或者按 Alt+P 快捷键 ② 单击贴图浮窗任意区域 ③ 通过单击长按移动贴图和通过滚轮缩放贴图 ④ 单击贴图浮窗外部 ⑤ 激活贴图浮窗，单击 OCR		
预期结果	① 截图的内容以浮窗的形式固定在屏幕上，处在所有软件应用的最上层（不执行截图保存操作） ② 激活贴图浮窗，出现工具栏（包括 OCR 识别、选项、关闭、保存功能） ③ 浮窗可以正常移动，还可以等比缩放 ④ 失去激活态，工具栏消失 ⑤ 关闭贴图浮窗，进入文字识别界面（需要保存贴图时，先弹出保存对话框，再弹出 OCR 对话框）		
实际结果			
测试结论			
备注（测试说明）			

UOS 安装虚拟机的测试用例如下所示。

用例编号		用例类型	基本功能测试
用例名称	UOS 安装虚拟机	用例模块	
用例目的	测试系统支持虚拟化		
预置条件	① 已进入 UOS 桌面环境 ② 已开启开发者模式		
测试步骤	① 执行以下命令，安装虚拟机 ● sudo apt install -y libvirt0 libvirt-daemon qemu virt-manager bridge-utils libvirt-clients python-libvirt qemu-efi uml-utilities virtinst qemu-system ● sudo apt install virt-manager ② 安装完成后，通过启动器搜索并打开虚拟机		

续表

预期结果	① 命令执行成功，安装完成 ② 虚拟机打开正常
实际结果	
测试结论	
备注（测试说明）	

检查编程语言编辑器的测试用例如下所示。

用例编号		用例类型	基本功能测试
用例名称	检查 C++、C、Java、PHP、Python 语言编辑器	用例模块	
用例目的	测试系统支持 C++ 开发库		
预置条件	① 已进入 UOS 桌面环境 ② 已开启开发者模式		
测试步骤	① 安装目标环境 ② 输入目标代码 ③ 编译运行		
预期结果	编译运行成功		
实际结果			
测试结论			
备注（测试说明）			

检查添加打印机功能的测试用例如下所示。

用例编号		用例类型	基本功能测试
用例名称	检查添加打印机功能	用例模块	
用例目的	测试系统支持打印管理		
预置条件	① 桌面操作系统正常运行 ② 打印机已经适配，已有相应驱动，且打印机与测试机已经通过 USB 直连		
测试步骤	① 在启动器中打开打印机管理器 ② 单击已安装好的打印机设备，选择打印测试页		
预期结果	① 可以看到系统能够自动识别安装的打印机 ② 可以正常打印测试页		
实际结果			
测试结论			
备注（测试说明）			

检查删除打印机功能的测试用例如下所示。

用例编号		用例类型	基本功能测试
用例名称	检查删除打印机功能	用例模块	
用例目的	测试系统支持打印管理		
预置条件	① 桌面操作系统正常运行 ② 已有添加的打印机设备		
测试步骤	① 在启动器中打开打印机管理器，选中打印机设备列表中的打印机，单击打印机设备的“-”按钮 ② 单击“删除”按钮		
预期结果	① 弹出“您确定要删除打印机 ××× 吗？”的提示 ② 删除的打印机从打印机设备列表中消失		
实际结果			
测试结论			
备注（测试说明）			

8.2.2 系统安全性测试

本小节对统信操作系统的账户口令复杂度校验及强口令管理、口令鉴别失败控制、全盘杀毒、软件管控、GRUB 编辑页面加密、账户空口令、防火墙等系统安全性进行测试分析。下面介绍具体的测试用例。

支持配置账户口令复杂度校验及强口令管理的测试用例如下所示。

用例编号		用例类型	系统安全性测试
用例名称	支持配置账户口令复杂度校验及强口令管理	用例模块	
用例目的	测试系统支持用户登录安全管理		
预置条件			
测试步骤	① 在安全中心—安全工具—登录安全中，修改密码等级为中或高 ② 查看密码等级修改为“中”后的密码复杂度 ③ 查看密码等级修改为“高”后的密码复杂度		
预期结果	① 密码等级正常修改为中或高 ② 密码等级为“中”时，密码长度最少为 6 位，且至少同时包含小写字母、大写字母、数字和符号中的两种 ③ 密码等级为“高”时，密码长度最少为 8 位，且至少同时包含小写字母、大写字母、数字和符号中的 3 种，另外密码不能与用户名一样		
实际结果			

续表

测试结论	
备注（测试说明）	

支持口令鉴别失败控制的测试用例如下所示。

用例编号		用例类型	系统安全性测试
用例名称	支持口令鉴别失败控制	用例模块	
用例目的	测试系统安全性		
预置条件	新增账户或修改账户密码时填写密码提示		
测试步骤	① 在登录及锁屏界面输入错误密码 ② 单击输入框最右侧的“灯泡”图标 ③ 在登录及锁屏界面多次输入错误密码 ④ 开启自动登录及无密码登录，在鉴权框中多次输入错误密码 ⑤ 密码锁定解锁后，再次输入错误密码		
预期结果	① 提示密码错误，输入框最右侧出现密码提示的“灯泡”图标 ② 输入框下方弹出密码提示 ③ 输入密码错误超过 5 次后，密码框不能输入，3 分钟后可重新输入 ④ 鉴权框中输入密码错误超过 5 次后，密码框不能输入，3 分钟后可重新输入 ⑤ 解锁后再次输入密码错误，密码框不能输入，锁定时间变为 5 分钟，锁定时长会逐次变长		
实际结果			
测试结论			
备注（测试说明）			

全盘杀毒的测试用例如下所示。

用例编号		用例类型	系统安全性测试
用例名称	全盘杀毒	用例模块	
用例目的	测试系统支持病毒扫描		
预置条件	已打开安全中心		
测试步骤	① 选择目标引擎 ② 单击“病毒查杀” ③ 单击“快速扫描”		
预期结果	扫描正常完成， 显示扫描结果		
实际结果			
测试结论			
备注（测试说明）			

软件管控的测试用例如下所示。

用例编号		用例类型	系统安全性测试
用例名称	软件管控	用例模块	
用例目的	测试系统支持签名认证		
预置条件	未开启开发者模式		
测试步骤	① 双击准备好的目标安装包或文件 ② 单击“安装”		
预期结果	提示“无法安装或运行”		
实际结果			
测试结论			
备注（测试说明）			

支持 GRUB 编辑页面加密的测试用例如下所示。

用例编号		用例类型	系统安全性测试
用例名称	支持 GRUB 编辑页面加密	用例模块	
用例目的	测试系统支持权限控制		
预置条件	未开启开发者模式		
测试步骤	① 选择控制中心—通用—启动菜单，打开 GRUB 验证开关 ② 开机进入 GRUB 界面，按 E 键进入编辑界面 ③ 修改 ro 及后面的内容为 rw single init=/bin/bash，按 F10 功能键或者 Ctrl + X 快捷键保存已修改的配置		
预期结果	① 设置认证密码后，GRUB 验证开关打开 ② 输入密码后，进入 GRUB 编辑界面 ③ 系统继续启动，正常到达登录界面		
实际结果			
测试结论			
备注（测试说明）			

禁用 sudo 的测试用例如下所示。

用例编号		用例类型	系统安全性测试
用例名称	禁用 sudo	用例模块	
用例目的	测试系统支持权限控制		
预置条件	未开启开发者模式		

续表

测试步骤	打开终端，执行 sudo apt update 命令
预期结果	提示“无 root 权限”
实际结果	
测试结论	
备注（测试说明）	

USB 安全管控的测试用例如下所示。

用例编号		用例类型	系统安全性测试
用例名称	USB 安全管控	用例模块	
用例目的	测试系统支持权限控制		
预置条件	① 桌面操作系统正常运行 ② 主机上已插入 U 盘，选择安全中心—安全工具—外设管理—设备管控		
测试步骤	① 修改 USB 存储设备管控为“禁止”，访问 U 盘 ② 修改为“只读” ③ 修改为“读写”		
预期结果	① U 盘文件无法访问 ② U 盘文件只读，不能增添、删除和修改 ③ U 盘文件可读写		
实际结果			
测试结论			
备注（测试说明）			

shadow 文件权限检查的测试用例如下所示。

用例编号		用例类型	系统安全性测试
用例名称	shadow 文件权限检查	用例模块	
用例目的	测试系统支持权限控制		
预置条件			
测试步骤	打开终端，输入“ls –lah /etc/shadow”		
预期结果	/etc/shadow 文件显示权限为 064，用户为 root，属组为 shadow		
实际结果			
测试结论			
备注（测试说明）			

/boot 文件夹权限的测试用例如下所示。

用例编号		用例类型	系统安全性测试
用例名称	/boot 文件夹权限	用例模块	
用例目的	测试系统支持权限控制		
预置条件			
测试步骤	打开终端，输入“ls -lah /”		
预期结果	/boot 文件夹显示权限为 0700，属主为 root		
实际结果			
测试结论			
备注（测试说明）			

账户空口令检查的测试用例如下所示。

用例编号		用例类型	系统安全性测试
用例名称	账户空口令检查	用例模块	
用例目的	测试系统用户管理的能力		
预置条件			
测试步骤	① 新装系统，在用户名和密码设置界面不输入密码，单击“安装” ② 在登录及锁屏界面不输入密码，直接登录 ③ 新建用户，不输入密码，单击“添加”		
预期结果	① 不能进行下一步安装操作 ② 无法登录，解锁 ③ 无法添加新用户		
实际结果			
测试结论			
备注（测试说明）			

禁止根账户（root）远程登录设置的测试用例如下所示。

用例编号		用例类型	系统安全性测试
用例名称	禁止根账户（root）远程登录设置	用例模块	
用例目的	测试系统支持权限控制		

预置条件	① 安装 openssh-server
	`sudo apt install openssh-server`
	② 启动 sshd 服务
	`sudo systemctl start sshd.service`		

续表

测试步骤	① 编辑 /etc/ssh/sshd_config 文件
	`sudo vi /etc/ssh/sshd_config`
	② 找到 PermitRootLogin 所在行，改为 PermitRootLogin no
	③ 重启 sshd 服务
	`sudo systemctl restart sshd.service`
	④ 执行 ssh root@localhost 命令，检查是否可以登录

预期结果	无法登录，提示信息为“Permission denied，please try again”
实际结果	
测试结论	
备注（测试说明）	

开启、关闭和设置防火墙的测试用例如下所示。

用例编号		用例类型	系统安全性测试
用例名称	开启、关闭和设置防火墙	用例模块	
用例目的	测试系统支持防火墙设置		
预置条件	在安全中心开启防火墙		
测试步骤	① 开启防火墙 ② 输入正确的密码，单击“确定” ③ 选择“公网” ④ 选择“自定义” ⑤ 单击“自定义” ⑥ 单击左上角的返回列表 ⑦ 关闭防火墙，输入密码后确认		
预期结果	① 弹出认证框，提示开启或关闭防火墙需要认证 ② 弹框关闭，防火墙呈开启状态，默认专网，使用 sudo iptables -L 查询有安全中心的规则 ③ “公网”被选中，公网策略生效 ④ “自定义”被选中，自定义规则列表中的规则生效 ⑤ 进入自定义规则列表，显示其中的规则 ⑥ 返回防火墙首页 ⑦ 弹框关闭，防火墙呈关闭状态，使用 sudo iptables -L 查询没有安全中心的规则		
实际结果			
测试结论			
备注（测试说明）			

策略设置的测试用例如下所示。

用例编号		用例类型	系统安全性测试
用例名称	策略设置	用例模块	

续表

用例目的	测试系统支持设备管控
预置条件	① 支持按设备类型、设备 ID、接口等配置设备接入黑、白名单策略 ② 已连接 U 盘、USB 打印机，选择安全中心—安全工具—外设管理—设备授权
测试步骤	① 查看设备授权 ② 单击“设备授权策略”下拉框 ③ 修改 USB 存储设备授权状态分别为只读、读写和禁止 ④ 修改 USB 打印机授权状态分别为允许、禁止
预期结果	① 列表记录设备名称、设备类型、最新的连接时间；授权策略框中默认显示未授权 ② USB 存储设备授权状态分别为读写、只读、禁止；USB 打印机授权状态分别为允许、禁止 ③ 策略切换，设备根据策略生效
实际结果	
测试结论	
备注（测试说明）	

USB 存储设备连接记录的测试用例如下所示。

用例编号		用例类型	系统安全性测试
用例名称	USB 存储设备连接记录	用例模块	
用例目的	测试系统支持设备管控		
预置条件	① 提供完整的连接记录，记录可追溯 ② 选择安全中心—安全工具—外设管理—设备管控，USB 存储设备授权状态设置为读写		
测试步骤	① 将 USB 存储设备授权状态设置为读写，连接名为“测试”的 U 盘到系统，查看连接记录 ② 将 USB 存储设备授权状态设置为只读，连接名为“测试”的 U 盘到系统，查看连接记录 ③ 将 USB 存储设备授权状态设置为禁止，连接名为“测试”的 U 盘到系统，查看连接记录 ④ 单击设备后方“详情”		
预期结果	① 测试 USB 存储设备 2022.10.20 11:10:10“读写”详情 ② 测试 USB 存储设备 2022.10.20 11:10:10“只读”详情 ③ 测试 USB 存储设备 2022.10.20 11:10:10“禁止”详情 ④ 可查看当前设备的所有连接记录		
实际结果			
测试结论			
备注（测试说明）			

8.2.3 易用性测试

本小节对统信操作系统的手册导航、窗口提示、阻止注销、卸载非强制依赖软件提示检查、无法卸载强制依赖软件、交互过程清晰易懂等进行易用性测试分析。下面介绍具体的测试用例。

帮助手册的测试用例如下所示。

用例编号		用例类型	易用性测试
用例名称	集成的子模块有帮助手册	用例模块	
用例目的	测试产品描述的易理解性		
预置条件	桌面操作系统正常运行		
测试步骤	① 打开帮助手册 ② 检查所有预装的应用是否都有对应的帮助手册		
预期结果	所有预装的应用都有对应的帮助手册		
实际结果			
测试结论			
备注（测试说明）			

帮助手册全局导航的测试用例如下所示。

用例编号		用例类型	易用性测试
用例名称	帮助手册全局导航、全局定位、全局搜索、内容检测	用例模块	
用例目的	测试产品描述的易理解性		
预置条件	桌面操作系统正常运行		
测试步骤	打开帮助手册，执行目标操作		
预期结果	目标操作执行成功		
实际结果			
测试结论			
备注（测试说明）			

删除账户提示的测试用例如下所示。

用例编号		用例类型	易用性测试
用例名称	删除账户提示	用例模块	
用例目的	测试产品的差错防御能力		
预置条件	桌面操作系统正常运行		
测试步骤	① 在控制中心—账户中添加账户 test ② 单击 test 账户下的删除按钮		

续表

测试步骤	③ 单击“取消” ④ 再次单击 test 账户下的删除按钮，在弹出的窗口中单击删除按钮
预期结果	① 弹出删除确认窗口，提示“该账户下所有信息将无法恢复” ② test 账户未删除 ③ test 账户被删除
实际结果	
测试结论	
备注（测试说明）	

文件删除提示的测试用例如下所示。

用例编号		用例类型	易用性测试
用例名称	文件删除提示	用例模块	
用例目的	测试产品的差错防御能力		
预置条件	桌面操作系统正常运行		
测试步骤	① 在桌面上新建文件 test.txt ② 右击 test.txt，单击“删除” ③ 打开回收站，右击 test.txt，单击“删除” ④ 单击“取消” ⑤ 再次右击 test.txt 文件，在弹出的窗口中单击“删除”		
预期结果	① 删除成功 ② 弹出删除确认窗口，提示“您确定要彻底删除 test.txt ？”，test.txt 彻底删除后不可恢复 ③ test.txt 文件仍在回收站中 ④ test.txt 文件被彻底删除		
实际结果			
测试结论			
备注（测试说明）			

系统文件修改或删除提示的测试用例如下所示。

用例编号		用例类型	易用性测试
用例名称	系统文件修改或删除提示	用例模块	
用例目的	测试产品的差错防御能力		
预置条件	桌面操作系统正常运行		
测试步骤	① 打开文件管理器 ② 切换到 /usr/bin 目录下 ③ 右击 7z 文件		

续表

测试步骤	④ 使用文本编辑器打开 7z 文件 ⑤ 输入字符
预期结果	① 删除、重命名、剪切按钮置灰，无法单击 ② 标签栏显示为“7z（只读）” ③ 提示“只读模式已开启”，无法编辑
实际结果	
测试结论	
备注（测试说明）	

未保存文件阻止注销的测试用例如下所示。

用例编号		用例类型	易用性测试
用例名称	未保存文件阻止注销	用例模块	
用例目的	测试产品的差错防御能力		
预置条件	① 桌面操作系统正常运行 ② 有未保存文件		
测试步骤	① 打开文本编辑器，输入“欢迎使用 UOS” ② 单击任务栏中的电源图标，单击“注销”		
预期结果	无法注销，提示有文件未保存		
实际结果			
测试结论			
备注（测试说明）			

更新中阻止注销的测试用例如下所示。

用例编号		用例类型	易用性测试
用例名称	更新中阻止注销	用例模块	
用例目的	测试产品的差错防御能力		
预置条件	① 桌面操作系统正常运行 ② 有更新		
测试步骤	① 打开控制中心—更新 ② 单击“更新” ③ 等待进入安装更新后，单击任务栏中的电源图标，单击“注销”		
预期结果	① 开始更新 ② 无法注销，提示正在进行更新		
实际结果			

续表

测试结论	
备注（测试说明）	

卸载非强制依赖软件提示检查的测试用例如下所示。

用例编号		用例类型	易用性测试
用例名称	卸载非强制依赖软件提示检查	用例模块	
用例目的	测试产品的差错防御能力		
预置条件	桌面操作系统正常运行		
测试步骤	① 在启动器中右击看图应用，选择“卸载” ② 单击“取消” ③ 再次右击看图应用，选择“卸载”，在弹出的窗口中单击“确定”		
预期结果	① 弹出提示“您确定要卸载吗？” ② 看图应用未卸载 ③ 看图应用被卸载		
实际结果			
测试结论			
备注（测试说明）			

无法卸载强制依赖软件的测试用例如下所示。

用例编号		用例类型	易用性测试
用例名称	无法卸载强制依赖软件	用例模块	
用例目的	测试产品的差错防御能力		
预置条件	桌面操作系统正常运行		
测试步骤	在启动器中右击控制中心		
预期结果	卸载选项被置灰，单击无效		
实际结果			
测试结论			
备注（测试说明）			

交互过程清晰易懂的测试用例如下所示。

用例编号		用例类型	易用性测试
用例名称	安装过程、备份还原和升级过程、欢迎过程	用例模块	

续表

用例目的	测试系统使用的易理解性
预置条件	准备好对应平台的安装盘
测试步骤	在交互过程中根据交互语完成操作
预期结果	已根据交互过程中的交互语完成目标操作
实际结果	
测试结论	
备注（测试说明）	

8.2.4 基础性能测试

本小节对统信操作系统的 USB 存储设备读写性能、大文件读写性能、磁盘读写性能、综合处理性能、登录时间等基础性能进行测试分析。下面介绍具体的测试用例。

USB 存储设备读写性能的测试用例如下所示。

用例编号		用例类型	基础性能测试
用例名称	USB 存储设备读写性能	用例模块	
用例目的	测试 USB 存储设备的读写性能		
预置条件	① 测试环境全盘安装，正确搭建并确认 ② 操作系统正常运行 ③ 已经打开开发者模式 ④ 将 2.0 和 3.0 的 U 盘分别插入对应 2.0 和 3.0 接口进行操作（性能对比测试中使用固化的 2.0、3.0 机箱接口） ⑤ U 盘格式为 VFAT 格式，且 U 盘无内容 ⑥ 确保 U 盘读写无问题，每次测试前使用自己的主机进行读写测试，以此做对比（基线），检查速率基本一致 ⑦ 清空系统缓存：在终端切换到 root 用户“su root”，然后执行命令“sync&&echo 3 > /proc/sys/vm/drop_caches”		

测试步骤	① 打开终端，进入 U 盘的挂载目录，执行如下命令
	`dd if=/dev/zero of=test.img bs=100M count=12 conv=fdatasync`
	② 清空缓存，在终端，以 root 用户身份执行如下命令
	`sync&&echo 3 > /proc/sys/vm/drop_caches`
	③ 在刚才的 U 盘目录下，执行如下命令
	`dd if=test.img of=/dev/null bs=100M count=12 iflag=direct`
	④ 命令执行完之后，记录读的速率（单位为 MB/s）
	⑤ 测试完成后删除测试文件“rm -rf *”
	⑥ 重复以上步骤，测试 3 次，取平均值，每次测试完之后都需要重启机器，并且静置 5 分钟		

续表

预期结果	记录 USB 存储设备读写性能的测试结果
实际结果	
测试结论	
备注（测试说明）	

10GB 大文件读写性能的测试用例如下所示。

用例编号		用例类型	基础性能测试
用例名称	10GB 大文件读写性能	用例模块	
用例目的	测试系统 10GB 大文件的读写性能		
预置条件	① 测试环境全盘安装，正确搭建并确认 ② 操作系统正常运行 ③ 已经打开开发者模式 ④ 清空系统缓存：在终端切换到 root 用户“su root”，然后执行命令“sync&&echo 3 > /proc/sys/vm/drop_caches” ⑤ 下载 10Gfilecopy_test.sh		
测试步骤	① 给脚本授权：在终端执行 sudo chmod u+x 10Gfilecopy_test.sh ② 在 /home/ 用户 /Desktop 路径下执行 ./10Gfilecopy_test.sh ③ 记录 10GB 文件复制的时间（单位为秒） ④ 重复以上步骤，测试 3 次，取平均值，每次测试完之后都需要重启机器，并且静置 5 分钟		
预期结果	记录 10GB 大文件读写性能的测试结果		
实际结果			
测试结论			
备注（测试说明）			

网络传输速率（使用 netperf 工具）的测试用例如下所示。

用例编号		用例类型	基础性能测试
用例名称	测试网络传输速率（使用 netperf 工具）	用例模块	
用例目的	测试网络传输速率		
预置条件	① 测试环境全盘安装，正确搭建并确认 ② 已经打开开发者模式 ③ 部署两台测试机，将测试的 PC 当作服务端 ④ 将另外一台 PC 当作客户端（使用固化机器，固化镜像版本，固化网口、网线）		

续表

预置条件	⑤ 安装 netperf-2.7.0.tar.gz（下载并解压缩 netperf-2.7.0.tar.gz，打开终端，切换到解压缩后得到的 netperf 文件夹，安装 netperf；非 ARM 平台执行“./configure && make && sudo make install”进行安装，ARM 平台执行“./configure -build=alpha && make && sudo make install”进行安装）
测试步骤	测试网络传输速率、网络吞吐率、网络响应时间等，具体为 TCP 和 UDP 相应的指标 服务端：执行“cd src && netserver” 客户端：打开终端执行相应测试命令，测试 3 次，取平均值 TCP 吞吐率：netperf -t TCP_STREAM -H serverip -l 120 TCP 传输速率：netperf -t TCP_RR -H serverip -l 120 TCP 多链接速率：netperf -t TCP_CRR -H serverip -l 120 UDP 带宽测试：netperf -t UDP_STREAM -H serverip -l 120 UDP 传输速率：netperf -t UDP_RR -H serverip -l 120
预期结果	记录网络性能的测试结果
实际结果	
测试结论	
备注（测试说明）	

系统 2D 显示性能的测试用例如下所示。

用例编号		用例类型	基础性能测试
用例名称	系统 2D 显示性能	用例模块	
用例目的	测试系统 2D 显示性能		
预置条件	① 测试前需要重启机器，并且静置 5 分钟 ② 测试环境全盘安装，正确搭建并确认 ③ 操作系统正常运行 ④ 已经打开开发者模式 ⑤ 下载 UnixBench 5.1.3 ⑥ 关闭窗口特效		

测试步骤	① 解压缩 UnixBench 5.1.3，进入 UnixBench 目录进行编辑
	② 修改 Run 文件
	a. 第 111 行注释 3D 打印部分，具体修改如下：
	`#'3d'        => { 'name' => "3D Graphics Benchmarks", 'maxCopies' => 1 }`
	b. 在第 109 ~ 112 行，修改数字为当前系统 CPU 核数，具体如下：
	`'system'    => { 'name' => "System Benchmarks", 'maxCopies' => 8 }`
	`'2d'        => { 'name' => "2D Graphics Benchmarks", 'maxCopies' => 8 }`
	`#'3d'      => { 'name' => "3D Graphics Benchmarks", 'maxCopies' =>  8 }`
	`'misc'      => { 'name' => "Non-Index Benchmarks", 'maxCopies' => 8 }`
	c. 修改第 141 行，把 ubgears 去掉，具体如下：
	`“2d-window”`		

续表

测试步骤	③ 修改 Makefile 文件
	a. 取消第 47 行注释，具体如下：
	`GRAPHIC_TESTS = defined`
	b. 在第 50 行添加参数 -lm，具体如下：
	`GL_LIBS = -lGL -lXext -lX11 -lm`
	④ 执行 sudo ./Run graphics，分别记录 UnixBench 2D 单核和多核性能的得分
	⑤ 重复测试步骤④三次，分别记录 UnixBench 2D 单核和多核性能的平均分

预期结果	记录 UnixBench 2D 单核和多核性能的测试结果
实际结果	
测试结论	
备注（测试说明）	

系统 3D 显示性能（使用 glxgears 工具）的测试用例如下所示。

用例编号		用例类型	基础性能测试
用例名称	测试系统 3D 显示性能（使用 glxgears 工具）	用例模块	
用例目的	测试系统 3D 显示性能		
预置条件	① 测试前需要重启机器，并且静置 5 分钟 ② 测试环境全盘安装，正确搭建并确认 ③ 操作系统正常运行 ④ 已经打开开发者模式 ⑤ 连接 VGA 显示器，进行测试 ⑥ 关闭窗口特效		
测试步骤	① 安装测试镜像，激活系统，进入开发者模式 ② 将电源管理设置中的关闭显示器、进入待机时间、自动锁屏时间设置为“从不”，保证显示屏常亮 ③ 打开终端，手动执行以下操作 下载 mesa-utils：apt-get install mesa-utils 执行 glxgears：export　vblank_mode=0 && glxgears >> glxgears.log 在执行过程中，保持 glxgears 窗口及终端默认大小，不做其他操作 ④ 运行 10 分钟后手动停止，删除第一次和最后一次的结果，计算平均值		
预期结果	记录 glxgears 性能的测试结果		
实际结果			
测试结论			
备注（测试说明）			

系统 3D 显示性能（使用 glmark2 工具）的测试用例如下所示。

<table>
<tr><td>用例编号</td><td></td><td>用例类型</td><td>基础性能测试</td></tr>
<tr><td>用例名称</td><td>测试系统 3D 显示性能（使用 glmark2 工具）</td><td>用例模块</td><td></td></tr>
<tr><td>用例目的</td><td colspan="3">测试系统 3D 显示性能</td></tr>
<tr><td>预置条件</td><td colspan="3">① 测试前需要重启机器，并且静置 5 分钟
② 测试环境全盘安装，正确搭建并确认
③ 操作系统正常运行
④ 已经打开开发者模式
⑤ 连接 VGA 显示器，进行测试
⑥ 关闭窗口特效
⑦ 下载 glmark2.zip</td></tr>
<tr><td>测试步骤</td><td colspan="3">① 打开终端，安装测试环境：sudo apt-get install git g++ build-essential pkg-config libx11-dev libgl1-mesa-dev libjpeg-dev libpng12-dev libgles2-mesa-dev libgbm-dev
② 执行如下指令
a. 解压缩 glmark2.zip 后安装 glmark2
<code>./waf configure --with-flavors=x11-gl</code>
<code>./waf build -j 4</code>
<code>sudo ./waf install</code>
<code>sudo strip -s /usr/local/bin/glmark2</code>
b. 打开终端，执行 glmark2
<code>| tee ./glmark2.txt</code>
c. 在执行过程中，保证显示屏常亮，保持 glmark 窗口及终端默认大小，不做其他操作（如开启文件管理器、打开浏览器、播放视频等）
③ 使用 glmark2 重复测试 5 次
<code>for ((i=1;i<6;i++));do echo “第 $i 次执行 glmark2” >> glmark2.txt; glmark2 >> glmark2.txt;sleep 2;done</code></td></tr>
<tr><td>预期结果</td><td colspan="3">记录 glmark2 性能的测试结果</td></tr>
<tr><td>实际结果</td><td colspan="3"></td></tr>
<tr><td>测试结论</td><td colspan="3"></td></tr>
<tr><td>备注（测试说明）</td><td colspan="3"></td></tr>
</table>

系统综合处理性能（使用 UnixBench 工具）的测试用例如下所示。

<table>
<tr><td>用例编号</td><td></td><td>用例类型</td><td>基础性能测试</td></tr>
<tr><td>用例名称</td><td>测试系统综合处理性能（使用 UnixBench 工具）</td><td>用例模块</td><td></td></tr>
<tr><td>用例目的</td><td colspan="3">测试系统综合处理能力</td></tr>
<tr><td>预置条件</td><td colspan="3">① 测试前需要重启机器，并且静置 5 分钟
② 测试环境全盘安装，正确搭建并确认</td></tr>
</table>

续表

预置条件	③ 操作系统正常运行 ④ 已经打开开发者模式 ⑤ 下载 UnixBench 5.1.3
测试步骤	① 解压缩 UnixBench ② 进入安装目录下，执行 make 编译 ③ 在终端中执行相应命令测试 单核：./Run -c 1 在终端切换到 root 用户"su root"，然后执行命令"sync&&echo 3 > /proc/sys/vm/drop_caches" 多核：./Run -c 4 （上述中物理机是 4 核的，如果物理机是 8 核，那么多核测试请将 4 改成 8） ④ 第 3 步重复测试 3 次，分别计算单核和多核的平均值
预期结果	记录 UnixBench 性能的测试结果
实际结果	
测试结论	
备注（测试说明）	

磁盘读写性能（使用 IOzone 工具 2 倍内存方式）的测试用例如下所示。

用例编号		用例类型	基础性能测试
用例名称	测试磁盘读写性能（使用 IOzone 工具 2 倍内存方式）	用例模块	
用例目的	测试磁盘读写性能		
预置条件	① 测试前需要重启，并且静置 5 分钟 ② 测试环境正确搭建并确认 ③ 操作系统正常运行 ④ 已经打开开发者模式 ⑤ 下载 iozone3_430.tar ⑥ 在终端切换到 root 用户"su root"，然后执行命令"sync&&echo 3 > /proc/sys/vm/drop_caches"		
测试步骤	① 解压缩：tar -xvf iozone3_430.tar ② 进入文件夹并编译：cd iozone3_430/src/current && make linux ③ 清空系统缓存，在终端输入 free 命令查看 mem 行 free 列的剩余内存大小有无大幅波动 ④ 设置 IOzone 块大小为内存大小的两倍，进行测试，假设本机内存为 8GB ./iozone -Rb /run/iozone_16G.xls -i 0 -i 1 -i 2 -i 3 -i 4 -i 5 -i 6 -i 7 -r 16M -s 16g -f /iozone_test.file -s 后指定文件大小，使用两倍内存大小分别进行测试 -f 后指定文件读写位置，指定路径可用空间须大于两倍内存大小（当根目录可用空间足够时，指定根目录，空间不足时使用其他路径，如 /data/） ⑤ 重复测试 3 次，然后取平均值		

续表

预期结果	记录 IOzone（两倍内存大小）性能的测试结果
实际结果	
测试结论	
备注（测试说明）	

FIO 磁盘读写性能的测试用例如下所示。

用例编号		**用例类型**	基础性能测试
用例名称	FIO 磁盘读写性能	**用例模块**	
用例目的	测试磁盘读写性能		
预置条件	① 下载 FIO ② 进行手动分区时，efi 为 300MB，swap 为两倍内存大小，测试所用空分区为 80GB，剩下均分给“/”，文件系统格式统一为 ext4 ③ 每执行一条命令，重启机器并清理系统缓存 ④ sync&&echo 3 > /proc/sys/vm/drop_caches（清理系统缓存需要切换 root 用户“su root”），执行每条命令前需要重启机器并清理系统缓存 ⑤ 线程数设置为 4 ⑥ 测试顺序调整为 1MB 写、1MB 读、1MB 顺序写、1MB 顺序读、1MB 顺序读写、1MB 随机读写，循环 3 次，再以同样的测试顺序测试 512B，每测试一项，须重启机器并静置 5 分钟		

测试步骤	① 解压缩 tar -zxvf fio-2.1.10.tar.gz，进入 fio-2.1.10，执行以下命令进行安装
	`./configure`
	`make`
	`make install`
	备注：在适用 AMD64 平台的 fio-2.1.10 中，在 diskutil.c 和 blktrace 这两个文件的头文件中增加一行“#include <sys/sysmacros.h>”
	② 使用 root 权限执行命令
	测试 IOPS，具体执行以下操作
	顺序读
	`fio -filename=/dev/XXXX -ioengine=psync -time_based=1 -rw=read -direct=1 -buffered = 0 -thread -size=36g -bs=XXK -numjobs=4 -iodepth=1 -runtime=120 -lockmem=1G -group_reporting -name=read`
	顺序写
	`fio -filename=/dev/XXXX -ioengine=psync -time_based=1 -rw=write -direct=1 -buffered = 0 -thread -size=36g -bs=XXK -numjobs=4 -iodepth=1 -runtime=120 -lockmem=1G -group_reporting -name=write`
	随机读
	`fio -filename=/dev/XXXX -ioengine=psync -time_based=1 -rw=randread -direct=1 -buffered = 0 -thread -size=36g -bs=XXK -numjobs=4 -iodepth=1 -runtime=120 -lockmem=1G -group_reporting -name=randread`
	随机写
	`fio -filename=/dev/XXXX -ioengine=psync -time_based=1 -rw=randwrite -direct=1 -buffered = 0 -thread -size=36g -bs=XXK -numjobs=4 -iodepth=1 -runtime=120 -lockmem=1G -group_reporting -name= randwrite`		

续表

测试步骤	顺序混合读写（混合 I/O 类型，默认是 50% 读，50% 写）
	`fio -filename=/dev/XXXX -ioengine=psync -time_based=1 -rw=rw -direct=1 -buffered = 0 -thread -size=36g -bs=XXK -numjobs=4 -iodepth=1 -runtime=120 -lockmem=1G -group_reporting -name=rw`
	随机混合读写
	`fio -filename=/dev/XXXX -ioengine=psync -time_based=1 -rw=randrw -direct=1 -buffered = 0 -thread -size=36g -bs=XXK -numjobs=4 -iodepth=1 -runtime=120 -lockmem=1G -group_reporting -name=randrw`
	测试 BW——修改参数
	a. 将 bs 的 1MB 改为 512B，再执行上述命令
	b. /dev/XXXX 需要修改为被测磁盘
	备注：先测试 1MB，后测试 512B
	③ 重复测试 3 次，分别对各个测试项取平均值

预期结果	记录 FIO 性能的测试结果
实际结果	
测试结论	
备注（测试说明）	

Stream 满线程读写性能的测试用例如下所示。

用例编号		用例类型	基础性能测试
用例名称	Stream 满线程	用例模块	
用例目的	测试内存带宽的读写性能		
预置条件	① 测试前需要重启机器，并且静置 5 分钟；测试 10 次，每次测完清理系统缓存，静置 5 分钟再运行 ② 测试环境全盘安装，正确搭建并确认 ③ 操作系统正常运行 ④ 已经打开开发者模式 ⑤ 下载 Stream ⑥ 编译参数中 DSTREAM_ARRAY_SIZE 的大小，按照以下方式计算：在终端输入 lscpu，或通过固件方式获取 DSTREAM_ARRAY_SIZE，取最高级别缓存的数值。例如，L3=16 384 KB，那么 DSTREAM_ARRAY_ SIZE=L3 cache × 1024 × 4.1/8（后面数字为常量），即 16 384 × 1024 × 4.1/8=8 598 323，结果取整。若为多个 CPU，则需要再乘以物理 CPU 数（可通过执行 cat /proc/cpuinfo |grep “physical id” |sort |uniq| wc -l 获取物理 CPU 数） 备注：部分机型通过 lscpu 可能查询不到 L3 缓存，比如飞腾机型，可以通过 sudo dmidecode -t cache 命令查询，取最后一个缓存的信息；如果结果显示的 DSTREAM_ARRAY_SIZE 与设置不同，那么需要修改 stream.c 文件中 define N 的值为 DSTREAM_ARRAY_SIZE，然后再次进行测试		
测试步骤	① 打开终端执行 sudo apt install gfortran ② 解压缩 Stream 安装文件，进入 Stream 目录 `cd stream`		

续表

测试步骤	③ 进行编译
	`gcc -O3 -fopenmp -DSTREAM_ARRAY_SIZE=(参考预置条件⑥)    -DNTIMES=30 stream.c -o stream`
	④ 以 root 权限执行清空系统缓存的命令
	`echo 3>/proc/sys/vm/drop_caches`
	⑤ 执行命令 ./stream > stream_ 满线程 .txt
	⑥ 重复执行测试步骤⑤ 10 次，取平均值

预期结果	记录 Stream 满线程性能的测试结果
实际结果	
测试结论	
备注（测试说明）	

lmbench 综合处理性能的测试用例如下所示。

用例编号		用例类型	基础性能测试
用例名称	lmbench	用例模块	
用例目的	测试系统综合性能		
预置条件	① 测试环境全盘安装，正确搭建并确认 ② 操作系统正常运行 ③ 已经打开开发者模式 ④ 下载 lmbench.rar ⑤ 测试 3 次，每次测试完之后重启机器，并且静置 5 分钟		
测试步骤	① 解压缩 lmbench.rar，进入 lmbench 目录 ② 解压缩 lmbench-3.0-a9.tgz：tar xf lmbench-3.0-a9.tgz ③ 进入 lmbench 目录，执行 mkdir results ④ 执行 cp config.guess lmbench-3.0-a9/scripts/gnu-os ⑤ 切换目录：cd lmbench-3.0-a9 ⑥ 执行 make results，在选项中，mail 选择 no，Job placement selection 输入 1，MB 输入视情况而定（当内存小于 16GB 时，直接使用默认配置，按 Enter 键即可；当内存大于 16GB 时，输入 16384），其他项默认 ⑦ 执行 make see，生成测试结果 备注：重复测试时，需要删除包，重新编译并进行测试，否则结果是一样的。如果运行完之后有部分数据空白，则需要先修改 lmbench 目录下 results/**/uos-PC.0 中 [mount] 开头的行，再执行 make see		
预期结果	记录 lmbench 性能的测试结果		
实际结果			
测试结论			
备注（测试说明）			

安装时间（未勾选备份）的测试用例如下所示。

用例编号		用例类型	基础性能测试
用例名称	安装时间（未勾选备份）	用例模块	
用例目的	测试安装时长		
预置条件	① 三星 3.0 的 U 盘格式为 VFAT ② 确保 U 盘读写无问题，每次测试前使用自己的主机进行读写测试并以此做对比（基线），检查速率基本一致，测试方法参照 USB 存储设备读写性能测试用例中的内容 ③ 系统全盘安装 ④ 主机中有固态硬盘，优先安装在固态硬盘中，选择系统盘进行安装 ⑤ 安装时未勾选备份		
测试步骤	① 安装过程中单击“继续安装”按钮后开始计时 ② 刚进入安装完成界面时结束计时，记录安装时间 ③ 重复以上步骤，测试 3 次，取平均值		
预期结果	记录系统安装时间（未勾选备份）		
实际结果			
测试结论			
备注（测试说明）			

登录时间的测试用例如下所示。

用例编号		用例类型	基础性能测试
用例名称	登录时间	用例模块	
用例目的	测试登录时长		
预置条件	① 测试环境运行正常 ② 已经进入桌面登录页面		
测试步骤	① 正确输入账号和密码，按 Enter 键或者单击“登录”开始计时 ② 桌面显示结束计时，记录从登录到进入系统的时间 ③ 重复以上步骤，测试 5 次，取平均值		
预期结果	记录登录时间		
实际结果			
测试结论			
备注（测试说明）			

开机时间的测试用例如下所示。

用例编号		用例类型	基础性能测试
用例名称	开机时间	用例模块	
用例目的	测试开机时长		

续表

预置条件	① 测试环境正常运行 ② 终端已经关机
测试步骤	① 按下机器上的电源按钮开始计时 ② 等待系统进入登录页面结束计时，记录开机时间 ③ 重复以上步骤，测试 5 次，取平均值
预期结果	记录开机时间
实际结果	
测试结论	
备注（测试说明）	

关机时间的测试用例如下所示。

用例编号		用例类型	基础性能测试
用例名称	关机时间	用例模块	
用例目的	测试关机时长		
预置条件	① 测试环境正常运行 ② 终端已经开机		
测试步骤	① 单击系统的电源图标，选择“关机”，同时开始计时 ② 等待出现关机界面结束计时，记录关机时间 ③ 重复以上步骤，测试 5 次，取平均值		
预期结果	记录关机时间		
实际结果			
测试结论			
备注（测试说明）			

8.2.5　可维护性测试

本小节对统信操作系统的全盘备份及还原系统、增量备份及还原系统、升级回滚系统、恢复出厂设置（保留个人数据）、MBR 引导、离线升级、进程信息、监控系统服务进程、监控系统资源等进行可维护性测试分析。下面介绍具体的测试用例。

全盘备份及还原系统的测试用例如下所示。

用例编号		用例类型	可维护性测试
用例名称	全盘备份及还原系统	用例模块	
用例目的	测试系统提供全盘备份与还原功能		

续表

预置条件	① 测试机本身采用全盘默认安装的系统，且勾选了初始化备份选项 ② 已进入系统桌面环境 ③ 系统未做备份
测试步骤	① 打开控制中心—系统信息—备份 / 还原—备份 ② 接入移动硬盘 ③ 选定全盘备份，单击“开始备份” ④ 设置备份位置为移动硬盘 ⑤ 单击“开始备份”，按照要求备份系统 ⑥ 在桌面创建文件 test.txt，写入“欢迎使用 UOS” ⑦ 打开控制中心—系统信息—备份 / 还原—还原 ⑧ 选择自定义恢复，选择移动硬盘中的备份文件 ⑨ 单击“开始还原”，按照要求还原系统
预期结果	① 备份成功 ② 还原成功，桌面上没有 test.txt 文件
实际结果	
测试结论	
备注（测试说明）	

增量备份及还原系统的测试用例如下所示。

用例编号		用例类型	可维护性测试
用例名称	增量备份及还原系统	用例模块	
用例目的	测试系统提供增量备份与还原功能		
预置条件	① 测试机本身采用全盘默认安装的系统，且勾选了初始化备份选项 ② 桌面操作系统正常运行 ③ 已经有备份文件		
测试步骤	① 打开控制中心—系统信息—备份 / 还原—备份—增量备份 ② 选中已有备份文件 ③ 单击“开始备份”，按照要求备份系统 ④ 在桌面创建文件夹 test，在文件夹 test 中创建文件 test.txt，并写入“欢迎使用 UOS” ⑤ 打开控制中心—系统信息—备份 / 还原—还原 ⑥ 选择自定义恢复，然后选择测试步骤②中选中的备份文件 ⑦ 单击“开始还原”，按照要求还原系统		
预期结果	① 备份成功 ② 还原成功，桌面上没有 test 文件夹		
实际结果			
测试结论			
备注（测试说明）			

升级回滚系统的测试用例如下所示。

用例编号		用例类型	可维护性测试
用例名称	升级回滚系统	用例模块	
用例目的	测试系统提供升级回滚机制		
预置条件	① 测试机本身采用全盘默认安装的系统，且勾选了初始化备份选项 ② 桌面操作系统正常运行 ③ 系统有更新		
测试步骤	① 打开控制中心—更新，更新系统 ② 升级成功后，按照要求重启系统 ③ 在 grub 启动菜单处选择“回滚至 ……”或者“roll back to ….”启动系统 ④ 单击“确认”		
预期结果	① 系统升级成功 ② 系统正常重启，到达 grub 启动菜单 ③ 进入系统，弹出“您确定要将系统还原到 2021/01/01 19:30:20 之前的 uosXXX 吗？”的提示框 ④ 进行回退，回退成功后正常进入升级之前的版本		
实际结果			
测试结论			
备注（测试说明）			

恢复出厂设置（保留个人数据）的测试用例如下所示。

用例编号		用例类型	可维护性测试
用例名称	恢复出厂设置（保留个人数据）	用例模块	
用例目的	测试系统提供保留用户数据的系统还原功能		
预置条件	测试机本身采用全盘默认安装的系统，且勾选了初始化备份选项		
测试步骤	① 打开系统备份还原—还原 ② 选择恢复出厂设置，勾选“保留个人数据”，单击“确定”，单击“开始还原” ③ 进入用户创建界面，输入还原之前的用户名、密码，创建完用户后进入系统		
预期结果	① 进入还原页面，页面显示正确 ② 进入系统还原进度页面 ③ 系统还原成功以后，个人数据被保留		
实际结果			
测试结论			
备注（测试说明）			

MBR 引导的测试用例如下所示。

用例编号		用例类型	可维护性测试
用例名称	MBR 引导	用例模块	
用例目的	测试系统提供引导修复功能		
预置条件	测试机里安装了 UOS，删除 /etc/fstab 文件		
测试步骤	① 安装系统时，单击“修复” ② 单击“引导修复”		
预期结果	① 进入引导修复页面 ② 修复成功，能成功进入桌面		
实际结果			
测试结论			
备注（测试说明）			

离线升级的测试用例如下所示。

用例编号		用例类型	可维护性测试
用例名称	离线升级	用例模块	
用例目的	测试系统提供离线升级功能		
预置条件	终端已安装 UOS 1043 桌面专业版		
测试步骤	① 安装离线升级工具 ② 使系统处于离线状态，使用离线升级工具安装离线升级包		
预期结果	① 离线升级工具安装完成 ② 系统升级完成，正常升级到 UOS 1050 系统，系统基本功能正常		
实际结果			
测试结论			
备注（测试说明）			

进程信息（包括进程名、进程 ID、用户名、所占 CPU 和所占内存）的测试用例如下所示。

用例编号		用例类型	可维护性测试
用例名称	进程信息（包括进程名、进程 ID、用户名、所占 CPU 和所占内存）	用例模块	
用例目的	测试系统提供资源运行程序管理功能		
预置条件	系统监视器已启动		

续表

测试步骤	① 单击列表右上角“我的进程”图标 ② 查看列表字段（用户和优先级需要在列表表头的右键菜单中勾选） ③ 右击列表表头，勾选“优先级” ④ 查看列表字段 ⑤ 右击列表表头 ⑥ 取消勾选部分字段
预期结果	① 切换到“我的进程”列表 ② 包含进程名、进程 ID、用户名、所占 CPU、所占内存和优先级 ③ 勾选成功 ④ 列表中增加“优先级”列 ⑤ 展示右键菜单 ⑥ 刷新列表，取消勾选的字段不显示
实际结果	
测试结论	
备注（测试说明）	

监控系统服务进程的测试用例如下所示。

用例编号		用例类型	可维护性测试
用例名称	监控系统服务进程	用例模块	
用例目的	测试系统提供资源运行程序管理功能		
预置条件	系统正常运行		
测试步骤	① 打开系统监视器，查看系统服务 ② 验证系统是否能够对系统服务进行启动、停止和重启		
预期结果	① 显示所有的系统服务 ② 服务启动、停止、重启功能正常		
实际结果			
测试结论			
备注（测试说明）			

监控系统资源的测试用例如下所示。

用例编号		用例类型	可维护性测试
用例名称	监控系统资源	用例模块	
用例目的	测试系统提供资源运行程序管理功能		
预置条件	系统正常运行		

续表

测试步骤	① 查看系统监控应用 ② 查看系统整体处理器占用、内存占用、网络占用、磁盘使用状态、程序进程状态、程序进程数量
预期结果	① 监控启动正常，资源占用信息显示清晰明确 ② 系统整体处理器占用、内存占用、网络占用、磁盘使用状态、程序进程状态、程序进程数量正确无误
实际结果	
测试结论	
备注（测试说明）	

检查日志收集工具基本功能的测试用例如下所示。

用例编号		用例类型	可维护性测试
用例名称	检查日志收集工具的基本功能	用例模块	
用例目的	测试系统提供日志管理功能		
预置条件	系统正常运行		
测试步骤	① 打开日志收集工具 ② 分别单击系统、内核、启动、dpkg、xorg、应用、开关机事件等日志 ③ 单击“今天”		
预期结果	① 日志收集工具能正常打开 ② 可查看不同类别日志，其中系统日志和启动日志的查看需要密码，所有日志都可正常导出 ③ 可查看当前模块今天的所有日志		
实际结果			
测试结论			
备注（测试说明）			

8.2.6 系统稳定性测试

本小节对统信操作系统进行稳定性测试分析。下面介绍具体的测试用例。

LTP 测试（72h）的测试用例如下所示。

用例编号		用例类型	系统稳定性测试
用例名称	LTP 测试（72h）	用例模块	
用例目的	测试系统稳定性		

续表

预置条件	① 系统正常运行 ② 已经打开开发者模式 ③ 系统正在循环播放影院视频
测试步骤	① 打开终端 ② 在 LTP 工具中，执行 cd /opt/ltp/testscripts && ./ltpstress.sh -l ~ /ltpstress.log -t 72 -n
预期结果	测试中无卡顿、花屏、死机、黑屏、终端自动退出等现象。在压测过程中，系统 CPU、内存占用正常，系统时间显示正确，测试完成后，系统状态等功能正常，影院视频播放正常，未出现中断或退出
实际结果	
测试结论	
备注（测试说明）	

8.3　国产化底座之国产数据库的测试分享

本节为读者分享一款国产数据库的测试用例，以帮助读者在信创产品测试过程中掌握数据库的测试要点。

8.3.1　基本功能测试

本小节对国产数据库的安装和运行、文件系统配置、系统参数配置、模式管理、字符集编码、约束、存储函数、函数管理、触发器使用管理、逻辑备份及还原、数据库卸载等进行功能性测试分析。下面介绍具体的测试用例。

国产数据库安装和运行的测试用例如下所示。

用例编号		用例类型	功能测试
用例名称	国产数据库的安装和运行	用例模块	
用例目的	成功安装并运行数据库		
预置条件	已有安装包		

测试步骤	① 以 root 用户身份执行安装命令
	`rpm -ivh hgdb4.5.7-see-kyl-server10sp1-kunpeng-64-20211021.rpm`
	② 配置环境变量。.bash_profile 内安装程序自动添加环境变量
	③ 在 /opt/HighGo4.5.7-see/etc 下创建密码文件
	④ 初始化数据库
	`initdb -k /opt/HighGo4.5.7-see/data --pwfile /opt/HighGo4.5.7-see/etc/5866`		

续表

测试步骤	⑤ 复制 server 文件到 data 目录下
	`cp server.* ../data/`
	`chmod 600 ../data/server.*`
	⑥ 启动数据库 pg_ctl start
	⑦ 执行 pg_ctl status，查看数据库状态

预期结果	成功安装并运行数据库
实际结果	① 执行安装命令 ② bash_profile 内安装程序自动添加环境变量 ③ 在 /opt/HighGo4.5.7-see/etc 下创建密码文件 ④ 初始化数据库 ⑤ 复制 server 文件到 data 目录下 ⑥ 启动数据库 ⑦ 查看数据库状态
测试结论	
备注（测试说明）	

文件系统配置的测试用例如下所示。

用例编号		用例类型	功能测试
用例名称	文件系统配置	用例模块	
用例目的	测试文件系统的配置管理		
预置条件	成功安装并运行数据库		
测试步骤	① 通过 Highgo 用户命令行登录数据库 `psql -d highgo -U sysdba` 执行 alter system set log_directory = '/root/log_tmp' 以修改日志目录 ② 执行 \q 以退出客户端 ③ 执行 pg_ctl reload 使配置生效		
预期结果	修改配置文件生效		
实际结果			
测试结论			
备注（测试说明）			

系统参数配置的测试用例如下所示。

用例编号		用例类型	功能测试
用例名称	系统参数配置	用例模块	
用例目的	修改系统配置文件		
预置条件	成功安装并运行数据库		

续表

测试步骤	① 修改 data 目录中的 postgresql.conf 配置文件，如修改 port = 5867 ② 执行 pg_ctl restart 以重启服务，使配置生效
预期结果	修改配置文件生效
实际结果	
测试结论	
备注（测试说明）	

模式管理的测试用例如下所示。

用例编号		用例类型	功能测试
用例名称	模式管理	用例模块	
用例目的	验证数据库支持模式管理（创建、查看、修改和删除模式）		
预置条件	成功登录数据库		

测试步骤	① 以系统管理员身份登录数据库
	`psql -d highgo -U sysdba`
	② 创建模式
	`create schema sch2`
	③ 查看模式
	`\dn sch2`
	④ 修改模式
	`alter schema sch2 rename to sch2n`
	⑤ 删除模式
	`drop schema sch2n`		

预期结果	可以创建、查看、修改和删除模式		
实际结果			
测试结论			
备注（测试说明）			

字符集编码的测试用例如下所示。

用例编号		用例类型	功能测试
用例名称	字符集编码	用例模块	
用例目的	验证数据库支持字符集编码		
预置条件	成功登录数据库		
测试步骤	① 以系统管理员身份登录数据库 `psql -d highgo -U sysdba`		

续表

测试步骤	② 执行 select 查询操作，验证支持国家标准 GB 18030—2022 和 GB 13000—2010 select convert_from('\xB996','GB18030'); 以下 select 查询操作得到的结果为国家标准 GB 13000—2010 中定义的汉字 select E'\u3DA0'; select E'\u3DB0'; select E'\u3D90';
预期结果	支持字符集编码
实际结果	
测试结论	
备注（测试说明）	

约束的测试用例如下所示。

用例编号		**用例类型**	功能测试
用例名称	约束	**用例模块**	
用例目的	验证主外键约束、非空约束、唯一约束		
预置条件	成功登录数据库		

测试步骤	① 以系统管理员身份登录数据库
	psql -d highgo -U sysdba
	② 验证主外键约束
	● 分别创建主键表和外键表
	create table t14_1(c1 int primary key,c2 varchar,c3 time);
	create table t14_2(c1 int references t14_1(c1),c2 text,c3 time);
	● 向主键表中插入初始数据
	insert into t14_1 values(1,'aa',now()),(2,'bb',now()),(3,'cc',now());
	● 向主键表中插入数据，确保主键字段的值在主键表中已存在，验证主键约束
	insert into t14_1 values(1,'dd',now());
	● 向外键表中插入数据，确保插入的数据在主键表的主键字段中存在
	insert into t14_2 values(1,'qq',now()),(2,'ww',now()),(3,'ee',now());
	● 向外键表中插入数据，确保插入的数据在主键表的主键字段中不存在，验证外键约束
	insert into t14_2 values(4,'rr',now());
	③ 验证非空约束
	● 创建非空约束测试表
	create table t14_4(c1 int not null,c2 text,c3 time);
	● 插入符合非空约束的数据，插入成功
	insert into t14_4 values(1,'qq',now());
	● 插入违反非空约束的数据，插入失败
	insert into t14_4 values(null,'ww',now());
	④ 验证唯一约束		

续表

<table>
<tr><td>测试步骤</td><td>● 创建唯一约束测试表
<code>create table t14_5(c1 int unique,c2 text,c3 time);</code>
● 插入符合唯一约束的初始数据，插入成功
<code>insert into t14_5 values(1,'qq',now());</code>
● 插入违反唯一约束的数据，插入失败
<code>insert into t14_5 values(1,'ww',now());</code></td></tr>
<tr><td>预期结果</td><td>支持主外键约束、非空约束、唯一约束</td></tr>
<tr><td>实际结果</td><td>① 验证主外键约束
② 验证非空约束
③ 验证唯一约束</td></tr>
<tr><td>测试结论</td><td></td></tr>
<tr><td>备注（测试说明）</td><td></td></tr>
</table>

存储函数的测试用例如下所示。

<table>
<tr><td>用例编号</td><td></td><td>用例类型</td><td>功能测试</td></tr>
<tr><td>用例名称</td><td>存储函数</td><td>用例模块</td><td></td></tr>
<tr><td>用例目的</td><td colspan="3">验证支持存储函数</td></tr>
<tr><td>预置条件</td><td colspan="3">成功登录数据库</td></tr>
<tr><td>测试步骤</td><td colspan="3">① 以系统管理员身份登录数据库
<code>psql -d highgo -U sysdba</code>
② 创建测试所需表并插入数据
<code>create table test(id int ,name varchar(100));</code>
<code>insert into test values(1,'TOM');</code>
<code>insert into test values(2,'JACK');</code>
<code>create table test2(id int ,name varchar(100));</code>
<code>insert into test2 values(1,'TOM2');</code>
<code>insert into test2 values(2,'JACK2');</code>
<code>create table test3(id int ,name varchar(100));</code>
<code>insert into test3 values(1,'TOM3');</code>
<code>insert into test3 values(2,'JACK3');</code>
<code>create table test4(id int ,name varchar(100));</code>
<code>insert into test4 values(1,'TOM4');</code>
<code>insert into test4 values(2,'JACK4');</code>
③ 创建存储函数，存储函数创建成功
<code>CREATE OR REPLACE FUNCTION cursor_demo(idx integer,sqlstr varchar,</code>
<code>tab varchar)</code>
<code> RETURNS int AS</code>
<code>$BODY$</code>
<code>declare</code>
<code> unbound_refcursor refcursor;</code>
<code> v_id int;</code>
<code> v_step_desc varchar(1000);</code>
<code> str_sqlTemp varchar(1000);</code></td></tr>
</table>

续表

<table>
<tr><td>测试步骤</td><td>begin
……
end;
$BODY$
LANGUAGE plpgsql;
④ 执行存储函数，执行成功
select * from cursor_demo(1,'','');
select * from cursor_demo(2,'','');
select * from cursor_demo(3,'select id,name from test3','');
select * from cursor_demo(4,'','test4');
⑤ 修改函数名
alter function cursor_demo rename to cursor_demo_02;
⑥ 删除函数和测试表
drop function cursor_demo_02(idx int,sqlstr varchar,tab varchar);
drop table test;
drop table test2;
drop table test3;
drop table test4;</td></tr>
<tr><td>预期结果</td><td>支持存储函数</td></tr>
<tr><td>实际结果</td><td></td></tr>
<tr><td>测试结论</td><td></td></tr>
<tr><td>备注（测试说明）</td><td></td></tr>
</table>

函数管理的测试用例如下所示。

<table>
<tr><td>用例编号</td><td></td><td>用例类型</td><td>功能测试</td></tr>
<tr><td>用例名称</td><td>函数管理</td><td>用例模块</td><td></td></tr>
<tr><td>用例目的</td><td colspan="3">验证支持聚集函数、数学函数、字符串函数、日期时间函数、转换函数、地理几何函数等</td></tr>
<tr><td>预置条件</td><td colspan="3">创建测试表并插入数据</td></tr>
<tr><td>测试步骤</td><td colspan="3">① 以系统管理员身份登录数据库
psql -d highgo -U sysdba
② 创建所需的测试表并插入数据
create table t17(column1 int,column2 int,column3 int,column4 int,column5 int) ;
insert into t17 values(12,3,17,23,8);
insert into t17 values(4,6,54,66,36);
insert into t17 values(35,13,5,5,76);
③ 验证存在常用的聚集函数
Select max(column1) ,min(column2) ,count(column3) ,
sum(column4) ,avg(column5) from t17;
drop table t17;
④ 验证存在常用的数学函数
Select abs(-1234),round(42.4254,2),trunc(42.4254,2);</td></tr>
</table>

续表

测试步骤	⑤ 验证存在常用的字符串函数
	`select ASCII('B');`
	`select bit_length('ab');`
	⑥ 验证存在常用的日期时间函数
	`select date'2016-2-2' + interval'4 years';`
	`select date'2003-06-01' - date'2002-01-01';`
	⑦ 验证存在转换函数
	`select to_char(current_timestamp, 'HH12:MI:SS'),`
	`to_number('12,454.8-', '99G999D9S'),`
	`to_timestamp('05 Dec 2000', 'DD Mon YYYY'),`
	`to_date('05 Dec 2000', 'DD Mon YYYY');`
	⑧ 验证存在地理几何函数
	`select area(box '((0,0),(1,1))');`
	`select box(circle '((0,0),2.0)');`
	`select circle(box '((0,0),(1,1))');`

预期结果	支持聚集函数、数学函数、字符串函数、日期时间函数、转换函数、地理几何函数等
实际结果	① 创建所需的测试表并插入数据 ② 验证存在常用的聚集函数 ③ 验证存在常用的数学函数 ④ 验证存在常用的日期时间函数 ⑤ 验证存在转换函数 ⑥ 验证存在地理几何函数
测试结论	
备注（测试说明）	

触发器使用管理的测试用例如下所示。

用例编号		**用例类型**	功能测试
用例名称	触发器使用管理	**用例模块**	
用例目的	验证支持触发器的使用		
预置条件	创建测试所需的数据表		

测试步骤	① 以系统管理员身份登录数据库
	`psql -d highgo -U sysdba`
	② 创建测试所需的数据表
	`CREATE TABLE public.t3(id integer NOT NULL,name character varying(100),age integer,CONSTRAINT t3_pkey PRIMARY KEY (id));`
	`CREATE TABLE public.t4(id integer NOT NULL,name character varying(100),age integer,CONSTRAINT t4_pkey PRIMARY KEY (id));`
	③ 创建触发器函数
	触发器函数的作用是在向表 t3 插入数据后，触发向表 t4 插入数据
	`CREATE OR REPLACE FUNCTION public.tr_after_insert_t3()`
	`  RETURNS trigger AS`		

续表

<table>
<tr><td>测试步骤</td><td><pre>$BODY$
declare
 v_id int;
 v_age int;
 v_name varchar(1000);
   unbound_refcursor refcursor;
   str_sqlTemp varchar(1000);
begin
  ......
end;
$BODY$
  LANGUAGE plpgsql VOLATILE
  COST 100;</pre>
④ 创建触发器
<pre>CREATE TRIGGER t_in2t4 AFTER INSERT OR UPDATE OR DELETE ON public.
t3 FOR EACH ROW EXECUTE PROCEDURE public.tr_after_insert_t3();</pre>
⑤ 对表 t3 分别执行 insert、update 和 delete 命令
<pre>insert into t3 values(3,'TOM3',66);
insert into t3 values(4,'TOM4',22);
update t3 set age=33 where id=4;
delete from t3 where id =3;</pre>
⑥ 验证触发器起作用，表 t4 中有相应的数据
<pre>select * from t4;</pre>
⑦ 删除触发器、触发器函数和测试表
<pre>drop trigger t_in2t4 on t3;
drop function tr_after_insert_t3();
drop table t3;
drop table t4;</pre></td></tr>
<tr><td>预期结果</td><td>支持触发器函数的创建及使用</td></tr>
<tr><td>实际结果</td><td>① 创建测试所需的数据表及触发器函数
② 创建触发器，执行 insert、update 和 delete 命令并执行查询
③ 删除触发器、触发器函数和测试表</td></tr>
<tr><td>测试结论</td><td></td></tr>
<tr><td>备注（测试说明）</td><td></td></tr>
</table>

逻辑备份及还原的测试用例如下所示。

<table>
<tr><td>用例编号</td><td></td><td>用例类型</td><td>功能测试</td></tr>
<tr><td>用例名称</td><td>逻辑备份及还原</td><td>用例模块</td><td></td></tr>
<tr><td>用例目的</td><td colspan="3">验证支持逻辑备份及还原</td></tr>
<tr><td>预置条件</td><td colspan="3">成功登录数据库</td></tr>
<tr><td>测试步骤</td><td colspan="3">1）验证库备份及还原
① 以系统管理员身份创建并备份数据库 db1
<pre>psql -d highgo -U sysdba</pre></td></tr>
</table>

续表

<table>
<tr><td>测试步骤</td><td><pre>create database db1;
\c db1
create table test (id int,name varchar(10));
insert into test values(1,'tom');</pre>② 执行备份操作<pre>pg_dump -U sysdba -f /home/highgo/dump1.back -F custom db1</pre>以系统管理员身份登录，创建新数据库 db2<pre>psql -d highgo -U sysdba
create database db2;</pre>③ 执行 \q 命令以退出，并以系统管理员身份恢复到 db2 数据库<pre>pg_restore -U sysdba -d db2 /home/highgo/dump1.back</pre>2）验证模式备份及还原
① 以系统管理员身份备份数据库 db1 中的模式 sch1<pre>psql -U sysdba -d db1
create schema sch1 ;
pg_dump -U sysdba -f /home/highgo/dump2.back -F custom -n sch1 db1</pre>② 以系统管理员身份登录数据库 db1 并级联删除模式 sch1<pre>psql -U sysdba -d db1
drop schema sch1 cascade;</pre>③ 以系统管理员身份恢复模式 sch1<pre>pg_restore -U sysdba -d db1 -F custom /home/highgo/dump2.back</pre>④ 以系统管理员身份登录数据库 db1 并查询得知 sch1 模式存在<pre>psql -U sysdba -d db1
\dn sch1</pre></td></tr>
<tr><td>预期结果</td><td>支持逻辑备份及还原</td></tr>
<tr><td>实际结果</td><td>1）验证库备份及还原
① 以系统管理员身份创建并备份数据库 db1
② 以系统管理员身份登录，创建新数据库 db2，执行 \q 命令以退出
③ 以系统管理员身份恢复到 db2 数据库
2）验证模式备份及还原
① 以系统管理员身份备份数据库 db1 中的模式 sch1
② 以系统管理员身份登录数据库 db1 并级联删除模式 sch1
③ 以系统管理员身份恢复模式 sch1 并查询得知 sch1 模式存在</td></tr>
<tr><td>测试结论</td><td></td></tr>
<tr><td>备注（测试说明）</td><td></td></tr>
</table>

数据库卸载的测试用例如下所示。

用例编号		用例类型	功能测试
用例名称	数据库卸载	用例模块	
用例目的	验证可以成功卸载数据库		
预置条件	已使用 pg_ctl stop 停止数据库		

续表

测试步骤	以 root 用户身份执行卸载命令 `rpm -evh hgdb-see-4.5.7-1.ky10.ky10.aarch64` 卸载完成后，在 /opt 目录下，数据库安装目录已经被卸载
预期结果	成功卸载数据库
实际结果	
测试结论	
备注（测试说明）	

8.3.2 表与视图相关功能测试

本小节对国产数据库的表与视图等进行功能性测试分析。下面介绍具体的测试用例。

表对象管理的测试用例如下所示。

用例编号		用例类型	功能测试
用例名称	表对象管理	用例模块	
用例目的	测试创建、删除表，修改表名称、字段名称与字段类型，添加或删除表字段		
预置条件	成功登录数据库		

测试步骤	① 创建表并查询表字段信息
	`create table tb2(c1 int);`
	`\d tb2`
	② 修改表名称
	`alter table tb2 rename to tb2n;`
	`\d tb2n`
	③ 修改字段名称与字段类型
	`alter table tb2n rename c1 to c1n;`
	`alter table tb2n alter COLUMN c1n type real;`
	④ 添加表字段
	`alter table tb2n add column c2 text;`
	⑤ 删除表字段
	`alter table tb2n drop column c1n;`
	⑥ 删除表
	`drop table tb2n;`		

预期结果	成功创建、删除表，修改表名称、字段名称与字段类型，添加或删除表字段		
实际结果	① 创建表并查询表字段信息 ② 修改表名称 ③ 修改字段名称与字段类型 ④ 添加表字段		

续表

实际结果	⑤ 删除表字段 ⑥ 删除表
测试结论	
备注（测试说明）	

表内容管理的测试用例如下所示。

用例编号		用例类型	功能测试
用例名称	表内容管理	用例模块	
用例目的	测试数据库支持创建、查询、插入、更新和删除操作		
预置条件	成功登录数据库		

测试步骤	① 登录数据库
	`psql -d highgo -U sysdba`
	② 创建测试表，为测试对表内容执行增添、删除、修改和检查操作做准备
	`create table t7(id int primary key,name varchar);`
	`insert into t7 values(1,'sam');`
	③ 查询数据
	选择测试表 t7，查询表数据
	`select * from t7;`
	④ 插入数据
	`insert into t7 values(2,'lili');`
	重新查看，新添加的数据已存在
	⑤ 更新数据
	`update t7 set name ='tom' where id=2;`
	重新查看，数据已更新
	⑥ 删除数据
	`delete from t7;`
	重新查看，数据已删除		

预期结果	成功创建、查询、插入、更新和删除表内容		
实际结果			
测试结论			
备注（测试说明）			

视图对象管理的测试用例如下所示。

用例编号		用例类型	功能测试
用例名称	视图对象管理	用例模块	
用例目的	测试创建、查询、修改和删除视图		
预置条件	成功登录数据库		

续表

<table>
<tr><td>测试步骤</td><td>① 登录数据库
<code>psql -d highgo -U sysdba</code>
② 创建视图 v8_1 并查询表 t8 的所有数据，在视图 v8_2 中查询表 t8 中 ID 小于或等于 3 的 name 值
<code>create table t8(id int primary key,name varchar);</code>
<code>Insert into t8 values(1,'TOM');</code>
<code>Insert into t8 values(2,'JACK');</code>
<code>Insert into t8 values(3,'Marry');</code>
<code>Insert into t8 values(4,'Rose');</code>
<code>create view v8_1 as select * from t8;</code>
<code>create view v8_2 as select name from t8 where id<=3;</code>
③ 分别查询视图 v8_1 和 v8_2
<code>select * from v8_1;</code>
<code>select * from v8_2;</code>
④ 修改视图 v8_1 的名称为 v8_3
<code>alter view v8_1 rename to v8_3;</code>
⑤ 删除视图
<code>drop view v8_2;</code>
<code>drop view v8_3;</code></td></tr>
<tr><td>预期结果</td><td>成功创建、查询、修改和删除视图</td></tr>
<tr><td>实际结果</td><td>① 创建视图，并查询视图
② 修改视图，并删除视图</td></tr>
<tr><td>测试结论</td><td></td></tr>
<tr><td>备注（测试说明）</td><td></td></tr>
</table>

数据对象操作的测试用例如下所示。

<table>
<tr><td>用例编号</td><td></td><td>用例类型</td><td>功能测试</td></tr>
<tr><td>用例名称</td><td>数据对象操作</td><td>用例模块</td><td></td></tr>
<tr><td>用例目的</td><td colspan="3">测试创建表、插入数据、更新表、删除数据及删除表操作</td></tr>
<tr><td>预置条件</td><td colspan="3">成功登录数据库</td></tr>
<tr><td>测试步骤</td><td colspan="3">① 以系统管理员身份登录数据库
<code>psql -d highgo -U sysdba</code>
② 创建测试表 t10
<code>create table t10(a int,b text);</code>
③ 对测试表增加数据并查询
<code>insert into t10 values(1,'qwer123');</code>
<code>insert into t10 values(2,'asdf123');</code>
<code>insert into t10 values(3,'zxcv123');</code>
<code>select * from t10;</code>
④ 对测试表更新数据并查询
<code>update t10 set b='qazw456' where a=2;</code>
<code>select * from t10;</code></td></tr>
</table>

续表

<table>
<tr><td>测试步骤</td><td>⑤ 对测试表删除数据并查询
delete from t10;
select * from t10;
⑥ 删除测试表
drop table t10;</td></tr>
<tr><td>预期结果</td><td>成功执行创建表、插入数据、更新表、删除数据及删除表操作</td></tr>
<tr><td>实际结果</td><td></td></tr>
<tr><td>测试结论</td><td></td></tr>
<tr><td>备注（测试说明）</td><td></td></tr>
</table>

大对象存储的测试用例如下所示。

<table>
<tr><td>用例编号</td><td></td><td>用例类型</td><td>功能测试</td></tr>
<tr><td>用例名称</td><td>大对象存储</td><td>用例模块</td><td></td></tr>
<tr><td>用例目的</td><td colspan="3">测试数据库支持大对象存储、取出</td></tr>
<tr><td>预置条件</td><td colspan="3">已准备好测试数据</td></tr>
<tr><td>测试步骤</td><td colspan="3">① 准备测试数据，在 /home/highgo 目录中放置 test_oid.txt
② 以系统管理员身份登录数据库
psql -d highgo -U sysdba
③ 创建测试表
create table t11(a int,b oid)
④ 存储文件
insert into t11 values(1,lo_import('/home/highgo/test_oid.txt'))
⑤ 取出文件
select lo_export(b,'/home/highgo/test_oid.sh') from t11 where a = 1
⑥ 删除测试表
drop table t11</td></tr>
<tr><td>预期结果</td><td colspan="3">成功存储大对象</td></tr>
<tr><td>实际结果</td><td colspan="3">① 准备好测试数据
② 创建表、插入数据、取出数据及删除表
③ 查看导出的数据</td></tr>
<tr><td>测试结论</td><td colspan="3"></td></tr>
<tr><td>备注（测试说明）</td><td colspan="3"></td></tr>
</table>

数据类型支持的测试用例如下所示。

<table>
<tr><td>用例编号</td><td></td><td>用例类型</td><td>功能测试</td></tr>
<tr><td>用例名称</td><td>数据类型支持</td><td>用例模块</td><td></td></tr>
<tr><td>用例目的</td><td colspan="3">测试数据库支持各种数据类型</td></tr>
</table>

续表

预置条件	成功登录数据库
测试步骤	① 以系统管理员身份登录数据库 psql -d highgo -U sysdba ② 创建自定义数据类型 create type nn as enum('man','woman') ③ 创建测试表，字段类型包括数据库支持的所有类型，也包括自定义的数据类型 create table t12(c1 int,c2 numeric(4,2),c3 real, c4 double precision,c5 money,c6 char,c7 varchar, c8 text,c9 bytea,c10 date,c11 time,c12 timestamp, c13 timestamptz,c14 boolean,c15 point,c16 line, c17 box,c18 circle,c19 inet, c20 macaddr,c21 json, c22 text[],c23 xml,c24 nn) ④ 插入数据 insert into t12 values(1,12.34,12.34,123.456,2018,'a','highgo', 'hgdb123','10',now(),now(),now(),now(),'t','(1,1)','(1,1),(2,2)', '(0,0),(1,1)','((0,0),2)','192.168.100.128/25','08:00:2b:01:02:03', '"aa"','{"a","b","c"}','<value>one</value>','man') ⑤ 查询数据 select * from t12
预期结果	成功创建各种数据类型
实际结果	
测试结论	
备注（测试说明）	

自增列使用的测试用例如下所示。

用例编号		用例类型	功能测试
用例名称	自增列使用	用例模块	
用例目的	验证可以创建自增列		
预置条件	成功登录数据库		
测试步骤	① 以系统管理员身份登录数据库 psql -d highgo -U sysdba ② 创建测试表 create table t19 (c1 int GENERATED ALWAYS AS IDENTITY (cache 100), c2 text) ③ 插入数据 insert into t19(c2) values(now()); insert into t19(c2) values(now()); insert into t19(c2) values(now()); ④ 查询测试表，使用自增列的字段值会自增 select * from t19 ⑤ 删除测试表 drop table t19		

续表

预期结果	可以创建自增列
实际结果	
测试结论	
备注（测试说明）	

分区表管理的测试用例如下所示。

用例编号		用例类型	功能测试
用例名称	分区表管理	用例模块	
用例目的	验证支持范围分区、列表分区		
预置条件	成功登录数据库		

测试步骤	① 以系统管理员身份登录数据库
	`psql -d highgo -U sysdba`
	② 范围分区
	● 创建范围分区表
	`create table t20_1(c1 int,c2 text) partition by range(c1);`
	`create table t20_1_1 partition of t20_1 for values from(1) to(10);`
	`create table t20_1_2 partition of t20_1 for values from(10) to(20);`
	`create table t20_1_3 partition of t20_1 for values from(20) to(30);`
	● 插入数据
	`insert into t20_1 values(1,'a'),(10,'a'),(11,'a'),(20,'a'),(21,'a'),(29,'a');`
	● 查询各表，数据已成功插入相应的范围分区表
	`select * from t20_1;`
	`select * from t20_1_1;`
	`select * from t20_1_2;`
	`select * from t20_1_3;`
	● 删除测试表
	`drop table t20_1;`
	③ 列表分区
	● 创建列表分区表
	`create table t20_2(c1 varchar,c2 text) partition by list(c1);`
	`create table t20_2_1 partition of t20_2 for values in('a','b');`
	`create table t20_2_2 partition of t20_2 for values in('c','d');`
	`create table t20_2_3 partition of t20_2 for values in('e','f');`
	● 插入数据
	`insert into t20_2 values('a','xxx'),('b','xxx'),('c','xxx'),('d','xxx'),('e','xxx'),('f','xxx');`
	● 查询各表，数据已成功插入相应的列表分区表
	`select * from t20_2;`
	`select * from t20_2_1;`
	`select * from t20_2_2;`
	`select * from t20_2_3;`		

续表

测试步骤	④ 删除测试表 drop table t20_2;
预期结果	支持范围分区、列表分区
实际结果	① 范围分区 ② 列表分区
测试结论	
备注（测试说明）	

全文检索定义的测试用例如下所示。

用例编号		用例类型	功能测试
用例名称	全文检索定义	用例模块	
用例目的	验证支持全文检索定义		
预置条件	成功登录数据库		

测试步骤	① 以系统管理员身份登录数据库
	psql -d highgo -U sysdba
	② 创建测试表并插入数据
	create table t1(c1 int,c2 tsvector);
	insert into t1 values (1,'The hard part isn't making the decision. It's living with it.');
	
	insert into t1 values (2,'In the end, it's not the years in your life that count. It's the life in your years.');
	
	insert into t1 values (3,'Life is a journey, not the destination, but the scenery along the should be and the mood at the view.');
	
	insert into t1 values (generate_series(1,10000),'Life is a journey, not the destination, but the scenery along the should be and the mood at the view.');
	③ 创建索引
	create index on t1 using gin(c2);
	explain select * from t1 where c2 @@ to_tsquery('life');		

预期结果	支持全文检索定义		
实际结果			
测试结论			
备注（测试说明）			

全文检索的测试用例如下所示。

用例编号		用例类型	功能测试
用例名称	支持全文检索	用例模块	

续表

用例目的	验证支持全文检索的使用
预置条件	成功登录数据库

测试步骤	① 以系统管理员身份登录数据库
	`psql -d highgo -U sysdba`
	② 执行下列 SQL 语句
	`select 'a fat cat sat on a mat and ate a fat rat'::tsvector;`
	`select 'cat and mat and rat'::tsvector;`
	`select 'and and and'::tsvector;`
	`select 'fat & rat'::tsquery;`
	`select 'fat & (rat | cat)'::tsquery;`
	`select 'fat & rat & ! cat'::tsquery;`
	`SELECT 'a fat cat sat on a mat and ate a fat rat'::tsvector @@ 'cat & rat'::tsquery;`
	`SELECT 'fat & cow'::tsquery @@ 'a fat cat sat on a mat and ate a fat rat'::tsvector;`

预期结果	支持全文检索
实际结果	
测试结论	
备注(测试说明)	

数据库外部表的测试用例如下所示。

用例编号		用例类型	
用例名称	数据库外部表	用例模块	功能测试
用例目的	验证支持数据库外部表		
预置条件	在 /home/highgo 目录下创建 fdw 目录，然后在 fdw 目录下创建 t26.csv 文件，文件内容如下 1　a 2　b 3　r		

测试步骤	① 以系统管理员身份登录数据库
	`psql -d highgo -U sysdba`
	② 创建扩展
	`create extension file_fdw`
	③ 创建外部服务接口并查看
	`create server hg_server26 foreign data wrapper file_fdw;`
	`\des`
	④ 创建外部表并查看
	`create foreign table t26(c1 int,c2 char) server hg_server26 options (filename '/home/highgo/fdw/t26.csv');`
	`\det`
	⑤ 查询外部表，数据已存在
	`select * from t26`		

续表

<table>
<tr><td>测试步骤</td><td>在 t26.csv 文件中再次添加一行数据，再次查询外部表，数据已存在
⑥ 删除测试表、外部服务接口和扩展
<code>drop foreign table t26;</code>
<code>drop server hg_server26;</code>
<code>drop extension file_fdw;</code></td></tr>
<tr><td>预期结果</td><td>支持数据库外部表</td></tr>
<tr><td>实际结果</td><td>① 预备的数据
② 创建 file_fdw 扩展，创建外部服务接口、外部表并查询
③ 在 t26.csv 文件中再次添加一行数据，查询外部表，数据已存在
④ 删除测试表、外部服务接口和扩展</td></tr>
<tr><td>测试结论</td><td></td></tr>
<tr><td>备注（测试说明）</td><td></td></tr>
</table>

8.3.3 用户管理测试

本小节对国产数据库的用户权限管理、身份鉴别进行功能性测试分析。下面介绍具体的测试用例。

用户权限管理的测试用例如下所示。

<table>
<tr><td>用例编号</td><td></td><td>用例类型</td><td>功能测试</td></tr>
<tr><td>用例名称</td><td>用户权限管理</td><td>用例模块</td><td></td></tr>
<tr><td>用例目的</td><td colspan="3">测试创建角色、授权、重命名和删除用户</td></tr>
<tr><td>预置条件</td><td colspan="3">成功登录数据库</td></tr>
<tr><td>测试步骤</td><td colspan="3">① 以系统管理员身份登录数据库
<code>psql -d highgo -U sysdba</code>
② 分别创建用户 u1 和 u2
<code>create user u1 password 'Qwer@123';</code>
<code>create user u2 password 'Qwer@123';</code>
③ 对用户 u2 授权，授予用户 u2 访问用户 u1 的表 u1tb1 的权限
切换至 u1 用户身份，登录数据库并创建表 u1tb1，插入数据
<code>\c highgo u1</code>
<code>create table u1tb1(id int);</code>
<code>insert into u1tb1 values(123);</code>
将表 u1tb1 的 select 权限赋予用户 u2
<code>grant select on u1tb1 to u2;</code>
切换至 u2 用户身份，登录数据库并查询表 u1tb1
<code>\c highgo u2</code>
<code>select * from u1tb1;</code>
④ 切换至系统管理员身份，登录数据库并修改用户 u1 的名称为 u1new
<code>\c highgo sysdba</code>
<code>alter user u1 rename to u1new;</code></td></tr>
</table>

续表

测试步骤	\c highgo syssso alter user u1new with password 'Qwer$123'; ⑤ 删除用户 drop table u1tb1; drop user u1new;
预期结果	成功创建角色、授权、重命名和删除用户
实际结果	① 创建两个用户并授权，查看是否赋予访问权限 ② 切换至系统管理员身份，登录数据库，重命名用户 ③ 删除用户
测试结论	
备注（测试说明）	

身份鉴别的测试用例如下所示。

用例编号		**用例类型**	功能测试
用例名称	身份鉴别	**用例模块**	
用例目的	验证支持身份鉴别		
预置条件	成功登录数据库		
测试步骤	1）验证用户标识的唯一性 ① 以系统管理员身份登录数据库 psql -d highgo -U sysdba ② 创建用户 u1，并查询用户 u1 的 usesysid 的值 create user u1 password 'Qwer@123'; select usename,usesysid from pg_user where usename='u1'; ③ 删除用户 u1，重新创建同名用户 u1 drop user u1; create user u1 password 'Qwer@123'; ④ 再次查询新用户 u1 的 usesysid 的值，两次 usesysid 的值不同 select usename,usesysid from pg_user where usename='u1'; 2）验证用户密码加密存储 ① 以系统管理员身份登录数据库 psql -d highgo -U sysdba ② 创建用户 u1 create user u1 password 'Qwer@123'; ③ 验证用户 u1 的密码在数据库中已加密存储 select usename,passwd from pg_user where usename='u1';		
预期结果	支持身份鉴别		
实际结果			
测试结论			
备注（测试说明）			

第 9 章 一款国产化维保派工平台测试案例分析

本章以一款基于华为鲲鹏处理器和 openEuler 操作系统的维保派工平台为案例，为读者详细分析如何进行行业应用系统相关产品的测试测评业务。以下为介绍方便，系统名称统一为某维保派工平台系统。

9.1 被测产品简介

某维保派工平台系统由国内某公司自主研发，以华为鲲鹏处理器和 openEuler 操作系统为国产化底座，包括在线客服、呼叫中心和业务小程序，主导光热行业品牌无界维保，利用鲲鹏处理器多核、高并发的特点，为客户提供优质、及时的专业服务。目标配置如图 9-1 所示。

目标配置	
服务器	TaiShan 200服务器 2280
CPU	2×5250(48 核,2.6GHz)
内存	8×32GB
硬盘	5×1.2TB SAS HDD
	960GB SATA SSD
网卡	4×GE

图 9-1　目标配置

该维保派工平台系统的主要特色优势如下。

1）客户服务功能全面。

- 具备在线客服、维修派工、呼叫中心和业务小程序的一体化应用。
- 可与各业务系统集成。

2）利用 VoIP 技术。

- 通过电信运营商的骨干 IP 网络，将语音转为 IP 数据包。
- 基于 IP 网络传输，实现坐席无话机和有网络的地方都可以为客户提供服务。

3）以客户为中心的全过程。

- 系统全面提供全过程的服务记录。
- 基于产品的全生命周期管理和确立以客户订单为当次服务起点，直至圆满完成服务形成闭环。

4）服务过程的数据模型分析。

- 与部署在鲲鹏处理器上的 BI 工具全面集成。
- 基于地图、区域、分类、时间、时长、满意度等的大数据分析应用，如服务订单执行、来电信息、去电回访等。

9.2　测试指标说明

测试指标主要包括以下内容。

1）适配鲲鹏服务器和 openEuler 操作系统，并且可以稳定运行。

2）实现呼叫中心、在线客服、维修派工、结算管理、订单流水等功能，对相关功能进行性能测试，并对性能存在瓶颈的指标进行性能调优。

3）系统兼容主流的浏览器。

4）系统不存在中等级别以上风险的安全漏洞。

9.3　分析测试指标

1. 硬件和软件适配测试

在鲲鹏服务器上安装 openEuler 操作系统，验证操作系统的基本功能可以正常使用，通过操作系统相关指令查看服务器硬件（CPU、内存、硬盘、网卡等）信息是否正确显示和调用。然后安装本次被测系统，主要根据团体标准 T/AIA 016—2023《信创产品测评 通用要求》进行被测系统的软硬件适配测试，验证软件产品能够有效地适应国产化处理器、存储设备、外部辅助设备、网络设备等；同时可以正确适配操作系统、数据库、中间件、流 / 版式软件、浏览器、签章等信创环境，以及进行一些基础的功能操作。

2. 功能测试

主要测试呼叫中心、在线客服、维修派工、结算管理和订单流水等功能。

3. 性能效率测试

选取功能测试中的几个重点指标进行测试，如订单流水、结算管理和呼叫中心三大业务场景的响应时间。

4. 信息安全性测试

主要测试数据在传输过程中是否完整和安全可靠，以及系统是否进行了身份识别。使用漏洞扫描工具进行漏洞扫描时不存在中等级别以上的安全漏洞。

5. 可靠性测试

测试系统长时间（7×24 小时）运行不出现故障，同时测试当系统发生中断或失效时，系统恢复后能否正常使用。

9.4 测试用例设计

9.4.1 认证软件名称和版本

认证软件名称和版本的测试用例如下所示。

用例编号		用例类型	
用例名称	认证软件名称和版本	用例模块	软件版本
用例目的	验证待测软件的名称和版本号		
预置条件	① 待认证软件完成迁移和部署 ② 待认证软件启动正常		
测试步骤	① 启动软件，查看软件的名称和版本号信息 ② 将测试步骤①中的信息截图保存，并附加到测试结果中		
预期结果	① 软件名称与待认证软件名称一致 ② 软件版本号与待认证软件版本号一致		
实际结果			
测试结论			
备注（测试说明）			

9.4.2 功能测试

功能测试用例须覆盖功能清单，达到100%覆盖。其中，测试用例的级别可以参考表9-1。具体级别定义可以根据业务规定进行修改。

表 9-1 测试用例的级别

级别	定义
0 级	测试用例覆盖各特性中主要的、常用的功能点
1 级	完成对所有基本功能点的覆盖，覆盖正向操作，即最常使用和重要程度高的基本功能
2 级	主要包括非有效边界值、异常输入等，完成对所有功能点全方位的覆盖。这类测试用例的重要程度高，使用频率一般
3 级	① 除功能测试用例外的测试用例，容错测试、疲劳测试、安全测试不算在专项测试的范围内，因为它们是在功能测试中执行的 ② 根据测试特性划分，部分功能特性适合进行专项测试。这部分测试用例一般不与功能测试一起执行，但是具有相当高的重要性。是否每个版本都执行，需要根据测试类型、测试特性进行细分
4 级	功能测试中异常的、难以测试的用例，不在每个版本测试中执行，同时很少使用，重要程度低

本案例主要测试呼叫中心、在线客服、维修派工、结算管理和订单流水等功能。但是鉴于系统的保密性，下面展示的测试用例为非核心功能，以供参考。

首页展示的测试用例如下所示。

用例编号		用例类型	功能测试
用例名称	首页	用例模块	
用例目的	验证首页展示功能		
预置条件			
测试步骤			
预期结果			
实际结果			
测试结论	通过		
备注（测试说明）	若不涉及，可在此备注说明		

用户管理的测试用例如下所示。

用例编号		用例类型	功能测试
用例名称	用户管理	用例模块	

续表

用例目的	验证用户管理功能
预置条件	
测试步骤	
预期结果	
实际结果	
测试结论	通过
备注（测试说明）	若不涉及，可在此备注说明

角色管理的测试用例如下所示。

用例编号		用例类型	功能测试
用例名称	角色管理	用例模块	
用例目的	验证角色管理功能		
预置条件			
测试步骤			
预期结果			
实际结果			
测试结论	通过		
备注（测试说明）	若不涉及，可在此备注说明		

新增角色的测试用例如下所示。

用例编号		用例类型	功能测试
用例名称	新增角色	用例模块	
用例目的	验证新增角色功能		
预置条件			

续表

测试步骤	
预期结果	
实际结果	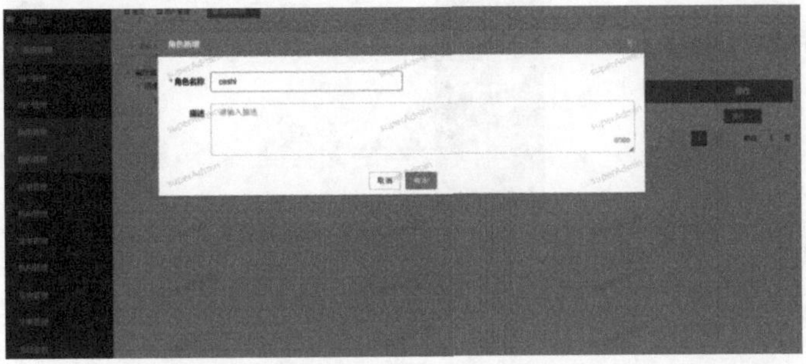
测试结论	通过
备注（测试说明）	若不涉及，可在此备注说明

新增菜单的测试用例如下所示。

用例编号		用例类型	功能测试
用例名称	新增菜单	用例模块	
用例目的	验证新增菜单功能		
预置条件			
测试步骤			
预期结果			
实际结果			
测试结论	通过		
备注（测试说明）	若不涉及，可在此备注说明		

机构管理的测试用例如下所示。

用例编号		用例类型	功能测试
用例名称	机构管理	用例模块	
用例目的	验证机构管理功能		
预置条件			
测试步骤			
预期结果			

续表

实际结果	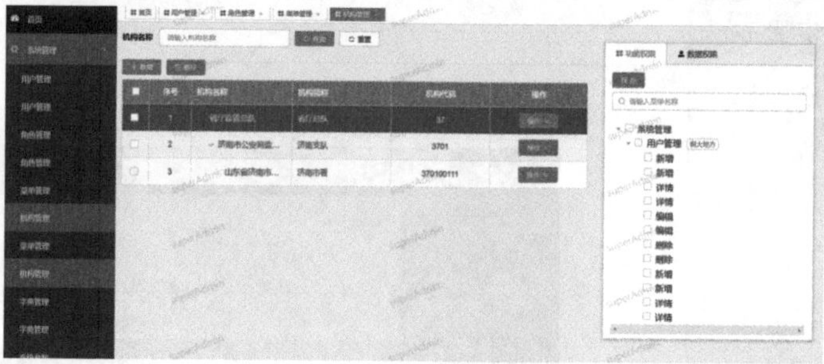
测试结论	通过
备注（测试说明）	若不涉及，可在此备注说明

字典管理的测试用例如下所示。

用例编号		用例类型	功能测试
用例名称	字典管理	用例模块	
用例目的	验证字典管理功能		
预置条件			
测试步骤			
预期结果			
实际结果			
测试结论	通过		
备注（测试说明）	若不涉及，可在此备注说明		

系统参数的测试用例如下所示。

用例编号		用例类型	功能测试
用例名称	系统参数	用例模块	
用例目的			

续表

预置条件	
测试步骤	
预期结果	
实际结果	
测试结论	通过
备注（测试说明）	若不涉及，可在此备注说明

新增参数的测试用例如下所示。

用例编号		用例类型	功能测试
用例名称	新增参数	用例模块	
用例目的			
预置条件			
测试步骤			
预期结果			
实际结果			
测试结论	通过		
备注（测试说明）	若不涉及，可在此备注说明		

系统参数编辑的测试用例如下所示。

用例编号		用例类型	功能测试
用例名称	系统参数编辑	用例模块	
用例目的			
预置条件			

续表

测试步骤	
预期结果	
实际结果	
测试结论	通过
备注（测试说明）	若不涉及，可在此备注说明

9.4.3 性能效率测试

性能效率测试的内容如下。

1）测试订单流水业务场景的响应时间。

2）测试结算管理业务场景的响应时间。

3）测试呼叫中心业务场景的响应时间。

以下给读者简单列一个性能比对测试的测试用例。

<table>
<tr><td>用例编号</td><td></td><td>用例类型</td><td>性能测试</td></tr>
<tr><td>用例名称</td><td>tuning_001 分析待认证程序，导出采集分析报告</td><td>用例模块</td><td>性能比对</td></tr>
<tr><td>用例目的</td><td colspan="3">通过该测试用例，分析、定位性能指标和瓶颈点，辅助用户快速定位和处理性能问题</td></tr>
<tr><td>预置条件</td><td colspan="3">① 目标服务器已配置相应的 YUM/APT/ZYPPER 源
② 获取鲲鹏性能分析工具包，并解压缩进入
③ 执行安装命令“./install”
④ 复制安装完成后的工具 URL 地址（https://$IP:$Port）到浏览器（Chrome/Edge），默认用户为 tunadmin，密码为自定义（IP 和 Port 存在映射的需要映射场景）</td></tr>
<tr><td>测试步骤</td><td colspan="3">① 登录鲲鹏性能分析工具
② 请根据场景需要选择 4 个子工具（详情参考用户指导手册）

</td></tr>
</table>

续表

<table>
<tr>
<td>测试步骤</td>
<td>
以下为示例步骤，供参考使用
③ 选择“调优助手”，选择待分析的服务器，确认完成，左侧栏生成对应的工程项

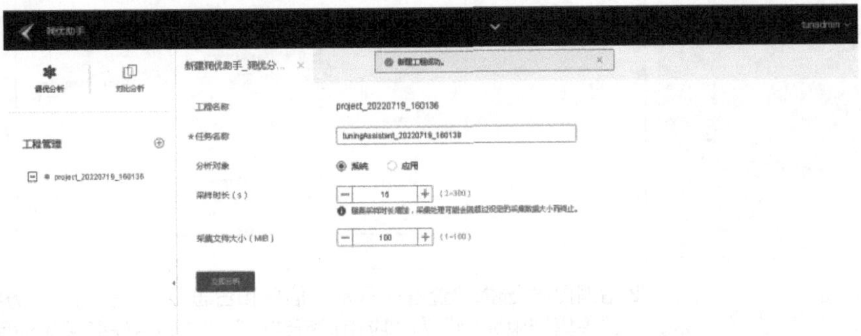

④ 单击工程管理中的“+”按钮，选择“新建任务”，分析对象选择“应用”，根据情况选择 Launch Application（由 Hyper tuner 启动待测软件）或者 Attach to Process（待测软件已启动，具体根据进程名或者 PID 跟踪应用详情来定，选择采样时长和采集文件大小，开始分析任务采集

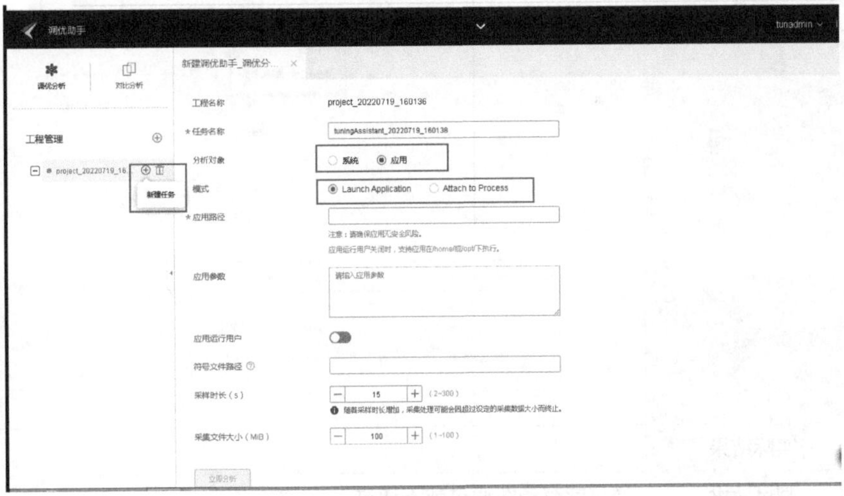

⑤ 待任务执行完成后查看调优建议，并参考建议进行调优
⑥ 调优后再次进行压测和调优助手分析，并查看结果
</td>
</tr>
<tr>
<td>预期结果</td>
<td>① 任务完成，查看分析报告，各页签收集到相应数据信息。右上方“建议范围”选择“经过阈值过滤的建议”，之后依次查看“系统配置”“热点函数”“系统性能”“进程 / 线程性能”的优化建议并截图（调优前和调优后）</td>
</tr>
</table>

续表

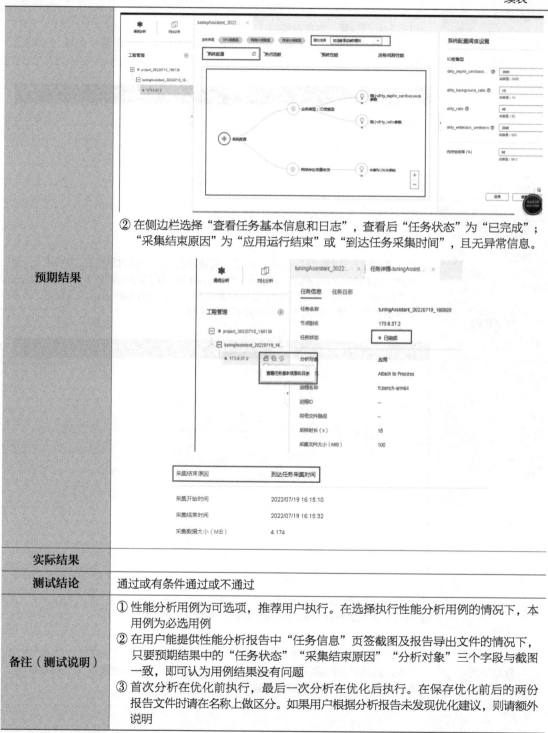

<table>
<tr><td>预期结果</td><td>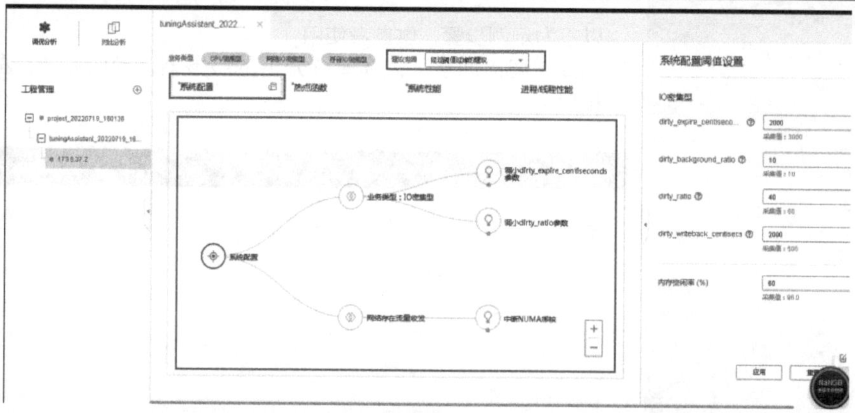
② 在侧边栏选择“查看任务基本信息和日志”，查看后“任务状态”为“已完成”；“采集结束原因”为“应用运行结束”或“到达任务采集时间”，且无异常信息。
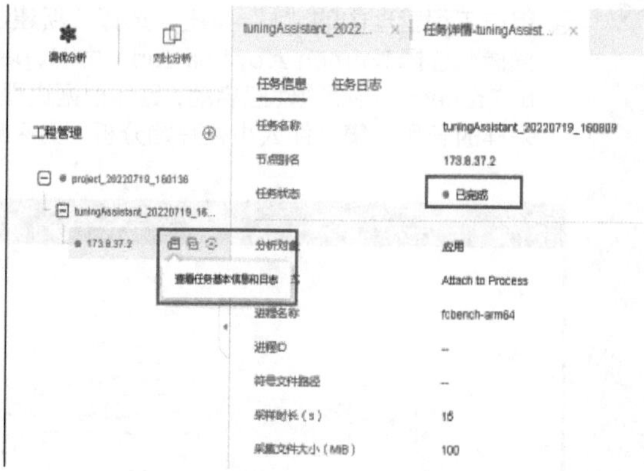

</td></tr>
<tr><td>实际结果</td><td></td></tr>
<tr><td>测试结论</td><td>通过或有条件通过或不通过</td></tr>
<tr><td>备注（测试说明）</td><td>① 性能分析用例为可选项，推荐用户执行。在选择执行性能分析用例的情况下，本用例为必选用例
② 在用户能提供性能分析报告中“任务信息”页签截图及报告导出文件的情况下，只要预期结果中的“任务状态”“采集结束原因”“分析对象”三个字段与截图一致，即可认为用例结果没有问题
③ 首次分析在优化前执行，最后一次分析在优化后执行。在保存优化前后的两份报告文件时请在名称上做区分。如果用户根据分析报告未发现优化建议，则请额外说明</td></tr>
</table>

9.4.4 信息安全性测试

（1）保密性测试

- 测试用户在登录时是否采用了身份鉴别措施。
- 测试用户列表，确认用户身份标识具有唯一性。
- 测试是否配置并启用了登录失败处理功能。
- 测试是否配置并启用了限制非法登录功能。若非法登录达到一定次数，则采取特定动作，如账户锁定等。
- 测试密码输入框中的密码是否为明文显示，以及是否允许复制。
- 尝试使用过期密码登录系统，测试能否登录成功。

（2）完整性测试

- 测试重要数据的本地备份与恢复功能。
- 使用漏洞扫描工具进行漏洞扫描。

下面列举两个测试用例。软件防病毒扫描的测试用例如下所示。

用例编号		用例类型	安全测试
用例名称	软件防病毒扫描	用例模块	防病毒扫描
用例目的	对产品及产品依赖的软件进行防病毒扫描		
预置条件	以下条件二选一 ● 使用自己公司购买的商用杀毒软件进行扫描 ● 使用开源软件 ClamAV 进行扫描		
测试步骤	若使用自己公司购买的商用杀毒软件进行扫描，则按照平时扫描产品的步骤进行病毒扫描即可，然后提供扫描结果 若使用开源软件（ClamAV）进行扫描，则参考旗舰店提供的 ClamAV 工具的使用指南，然后提供扫描结果		
预期结果	产品及产品依赖的软件没有病毒		
实际结果			
测试结论	通过或有条件通过或不通过		
备注（测试说明）	若不涉及，可在此备注说明		

软件 CVE 漏洞扫描的测试用例如下所示。

用例编号		用例类型	安全测试
用例名称	软件 CVE 漏洞扫描	用例模块	CVE 漏洞扫描
用例目的	检查产品及产品所依赖软件的 CVE 漏洞		

续表

预置条件	以下条件二选一 ● 使用自己的 CVE 漏洞检查工具 ● 使用旗舰店提供的 CVE 漏洞检查工具
测试步骤	若使用自己的CVE 漏洞检查工具，则按照平时扫描产品的步骤进行病毒扫描即可，然后提供扫描结果 若使用旗舰店提供的 CVE 漏洞检查工具，则参考随工具一起发布的使用指南，然后提供扫描结果
预期结果	产品及产品所依赖的软件没有 CVE 漏洞
实际结果	
测试结论	通过或有条件通过或不通过
备注（测试说明）	若不涉及，可在此备注说明

（3）抗抵赖性测试

- 测试是否启用了安全审计功能，并对活动或事件进行追踪。
- 测试审计日志是否具有完整的证据链，如日志应不允许任何人修改或删除。

（4）可核查性测试

测试审计记录是否包括事件的日期和时间、用户、事件类型、事件是否成功及其他与审计相关的信息，如源 IP 地址、操作接口、操作数据等。

（5）真实性测试

测试系统是否提供登录失败处理措施，如结束会话、限制非法登录次数和自动退出等措施。

9.4.5 可靠性测试

（1）成熟性测试

测试系统长时间（7×24 小时）运行时是否出现故障。

（2）可用性测试

测试系统或组件在需要使用时是否能够进行操作和访问。

（3）容错性测试

用户执行某一功能时存在违反句法条件的输入，或执行了不符合业务逻辑的操作步骤，导致产品或系统出现错误或异常时，测试系统的处理情况。

（4）易恢复性测试

当系统发生中断或失效时，测试系统恢复后能否正常使用。

第10章 一款国产化办公软件测试案例分析

本章以一款国产化办公软件为案例，给读者详细分析如何进行通用软件相关产品的测试测评业务。以下为介绍方便，系统名称统一为某国产化办公软件。

10.1 被测产品简介

在全球数字化办公环境的背景下，国产化办公软件的发展备受关注。本次测试的产品是一款国产化办公软件，旨在提供一系列办公场景下的工具和功能，以提升工作效率和便捷性。该软件包含但不限于文档处理、日程安排、团队协作、通信和安全管理等模块，力求为用户提供一体化、安全可靠的办公体验。

10.2 测试指标说明

在测试这款国产化办公软件时，涉及如下测试指标。

1）功能测试。验证各模块功能是否符合预期，包括但不限于文档处理、团队协作、日程安排、通信功能和安全管理等。

2）性能测试。评估软件的响应速度、稳定性和资源消耗，尤其是软件在多任务处理和大规模数据操作时的表现。

3）兼容性测试。测试软件在不同操作系统、设备和浏览器上的兼容性，确保其在各种环境下均能正常运行。

4）信息安全性测试。检测软件的数据安全、用户认证和漏洞检测等安全机制，确保用户信息和敏感数据的安全。

5）用户体验测试。从用户角度出发，评估软件的界面友好性、操作流畅性和整体体验。

10.3 分析测试指标

1. 功能测试

文档处理：对文档创建、编辑、保存、导出、版本控制和格式兼容性等功能进行测试。

团队协作：测试团队协作功能，如文件共享、多人同时编辑、评论和反馈等。

日程安排：验证日程管理功能，包括日历视图、提醒设置、会议邀请和共享日程等。

通信功能：测试即时通信工具，包括消息发送、群组聊天、文件传输和在线状态等。

安全管理：检查用户权限管理、数据加密、登录验证等与安全相关的功能。

2. 性能测试

响应速度：测试软件在不同负载下的响应速度，包括打开应用、加载文档、搜索等的速度。

稳定性：测试软件在长时间使用和各种网络条件下的稳定性，避免崩溃和异常退出。

资源消耗：评估软件在不同操作下的资源占用情况，如 CPU、内存和存储空间的使用情况。

3. 兼容性测试

操作系统兼容性：测试软件在不同操作系统中的兼容性，如麒麟操作系统、统信操作系统、欧拉操作系统和龙蜥操作系统等。

设备兼容性：测试软件在不同设备上的表现，如便携式计算机、平板计算机和手机等。

浏览器兼容性：确保软件（Web 版本）在各种常用浏览器中能良好运行，如谷歌浏览器、火狐浏览器和 360 安全浏览器等。

4. 信息安全性测试

数据安全：检查数据传输和存储过程中的加密机制，确保用户数据的保密性。

用户认证：测试登录验证流程和权限管理，防止未经授权的访问。

漏洞检测：通过渗透测试和安全扫描，发现并修复潜在的安全漏洞。

5. 用户体验测试

界面友好性：评估用户界面的设计、布局和可操作性，确保用户良好的交互体验。

操作流畅性：测试用户操作的流畅程度，包括流程简洁性和功能可达性。

整体体验：收集用户反馈，不断改进软件，以满足用户需求并提升用户体验。

10.4　测试用例设计

10.4.1　功能测试

本小节主要对被测软件进行功能方面的测试。下面介绍具体的测试用例。

1）文档处理功能。

文档创建的测试用例如下所示。

用例编号		**用例类型**	功能测试
用例名称	文档创建	**用例模块**	
用例目的			
预置条件			
测试步骤	① 打开应用并选择创建新文档 ② 输入文档标题和内容 ③ 保存文档并验证是否保存成功		
预期结果	新文档成功创建并保存，内容与输入一致		
实际结果	① 打开应用并选择创建新文档 ② 输入文档标题和内容 ③ 保存文档并验证保存成功		
测试结论			
备注（测试说明）			

文档编辑的测试用例如下所示。

用例编号		**用例类型**	功能测试
用例名称	文档编辑	**用例模块**	
用例目的			
预置条件			
测试步骤	① 打开已有文档 ② 在文档中进行文字修改、格式更改或图表插入等操作 ③ 保存文档并验证更改已生效		

续表

预期结果	编辑后的文档保存成功，修改内容正确显示
实际结果	
测试结论	
备注（测试说明）	

2）团队协作功能。

文件共享的测试用例如下所示。

用例编号		用例类型	功能测试
用例名称	文件共享	用例模块	
用例目的			
预置条件			
测试步骤	① 用户 A 创建一个文档并分享给用户 B ② 用户 B 对这个文档进行修改并保存 ③ 用户 A 检查文档修改并确认同步更新		
预期结果	用户 A 和用户 B 可以协作编辑同一文档，修改能够实时同步		
实际结果			
测试结论			
备注（测试说明）			

3）日程安排功能。

日程提醒的测试用例如下所示。

用例编号		用例类型	功能测试
用例名称	日程提醒	用例模块	
用例目的			
预置条件			
测试步骤	① 创建一个带有提醒的日程事件 ② 确认提醒设置正确 ③ 等待提醒触发并验证		
预期结果	当设置的时间到达时，软件能够准确提醒用户		
实际结果			

续表

测试结论	
备注（测试说明）	

4）通信功能。

即时通信的测试用例如下所示。

用例编号		用例类型	功能测试
用例名称	即时通信	用例模块	
用例目的			
预置条件			
测试步骤	① 用户 A 发送一条消息给用户 B ② 用户 B 接收消息并回复 ③ 确认消息发送和接收正常		
预期结果	消息能够即时发送和接收，显示内容正确		
实际结果			
测试结论			
备注（测试说明）			

5）安全管理功能。

用户权限管理的测试用例如下所示。

用例编号		用例类型	功能测试
用例名称	用户权限管理	用例模块	
用例目的			
预置条件			
测试步骤	① 使用不同权限级别的用户登录系统 ② 尝试执行不同的敏感操作 ③ 验证不同权限用户的操作受限情况		
预期结果	权限设置能够有效限制用户的敏感操作		
实际结果			
测试结论			
备注（测试说明）			

10.4.2　性能测试

本小节主要对被测软件进行性能效率方面的测试。下面介绍具体的测试用例。

1）响应速度。

应用启动时间的测试用例如下所示。

用例编号		用例类型	性能测试
用例名称	应用启动时间	用例模块	
用例目的			
预置条件			
测试步骤	① 启动应用并记录启动时间 ② 确认应用完全加载并可用		
预期结果	应用能在合理时间内启动并显示主界面		
实际结果			
测试结论			
备注（测试说明）			

文档加载速度的测试用例如下所示。

用例编号		用例类型	性能测试
用例名称	文档加载速度	用例模块	
用例目的			
预置条件			
测试步骤	① 打开一个大型文档 ② 记录文档加载时间		
预期结果	文档能够在合理时间内完成加载		
实际结果			
测试结论			
备注（测试说明）			

2）稳定性。

长时间使用的测试用例如下所示。

用例编号		用例类型	性能测试
用例名称	长时间使用	用例模块	
用例目的			
预置条件			
测试步骤	① 连续使用软件执行常规操作，如编辑文档、发送消息等 ② 连续使用并记录软件是否出现崩溃或异常情况		

续表

预期结果	软件能够稳定运行一段时间，不出现崩溃或异常情况
实际结果	
测试结论	
备注（测试说明）	

多任务处理的测试用例如下所示。

用例编号		用例类型	性能测试
用例名称	多任务处理	用例模块	
用例目的			
预置条件			
测试步骤	① 打开多个功能模块，如文档编辑、消息通信等模块 ② 同时执行不同的操作，如同时编辑文档和发送消息 ③ 观察软件是否能够处理多个任务而不影响性能		
预期结果	软件能够有效地处理多个任务，不出现卡顿或响应延迟		
实际结果			
测试结论			
备注（测试说明）			

3）资源消耗。

资源占用情况的测试用例如下所示。

用例编号		用例类型	性能测试
用例名称	资源占用情况	用例模块	
用例目的			
预置条件			
测试步骤	① 运行软件并监测系统资源（CPU、内存、磁盘）使用情况 ② 执行一系列常规操作并观察资源占用情况		
预期结果	软件在合理范围内使用系统资源，不出现过度占用或泄漏		
实际结果			
测试结论			
备注（测试说明）			

长时间运行后的性能表现的测试用例如下所示。

用例编号		用例类型	性能测试
用例名称	长时间运行后的性能表现	用例模块	
用例目的			
预置条件			
测试步骤	① 运行软件并持续一段时间（几小时或更长） ② 记录系统资源使用情况的变化		
预期结果	软件在长时间使用后仍能保持稳定性，资源使用不会持续增长或导致系统崩溃		
实际结果			
测试结论			
备注（测试说明）			

10.4.3 兼容性测试

本小节主要对被测软件进行兼容性方面的测试。下面介绍具体的测试用例。

1）操作系统兼容性。

麒麟操作系统兼容性的测试用例如下所示。

用例编号		用例类型	兼容性测试
用例名称	麒麟操作系统兼容性	用例模块	
用例目的			
预置条件			
测试步骤	① 在不同版本的麒麟操作系统（如麒麟欧拉、麒麟龙蜥）中安装和运行软件 ② 测试软件的各项功能和模块		
预期结果	软件能在不同版本的麒麟操作系统中正常运行和执行功能		
实际结果			
测试结论			
备注（测试说明）			

统信操作系统兼容性的测试用例如下所示。

用例编号		用例类型	兼容性测试
用例名称	统信操作系统兼容性	用例模块	
用例目的			
预置条件			

续表

测试步骤	① 在不同版本的统信操作系统（如统信欧拉、统信龙蜥）中安装和运行软件 ② 测试软件的各项功能和模块
预期结果	软件能在不同版本的统信操作系统中正常运行和执行功能
实际结果	
测试结论	
备注（测试说明）	

2）设备兼容性。

便携式计算机和平板计算机设备兼容性的测试用例如下所示。

用例编号		用例类型	兼容性测试
用例名称	便携式计算机和平板计算机设备兼容性	用例模块	
用例目的			
预置条件			
测试步骤	① 在不同型号的便携式计算机和平板计算机上安装和使用软件 ② 测试软件在不同分辨率和屏幕尺寸下的表现		
预期结果	软件能够适应不同尺寸和分辨率的屏幕，并正常显示		
实际结果			
测试结论			
备注（测试说明）			

手机设备兼容性的测试用例如下所示。

用例编号		用例类型	兼容性测试
用例名称	手机设备兼容性	用例模块	
用例目的			
预置条件			
测试步骤	① 在不同型号和操作系统的手机上安装和使用软件 ② 测试软件在手机上的界面、交互和功能		
预期结果	软件能够在不同型号和操作系统的手机上正常运行，并提供良好的用户体验		
实际结果			
测试结论			
备注（测试说明）			

3）浏览器兼容性。

主流浏览器兼容性的测试用例如下所示。

用例编号		**用例类型**	兼容性测试
用例名称	主流浏览器兼容性	**用例模块**	
用例目的			
预置条件			
测试步骤	① 在主流浏览器（如谷歌浏览器、火狐浏览器、360 安全浏览器）上打开并访问软件的 Web 版本 ② 测试软件的各项功能和用户体验		
预期结果	软件能够在主流浏览器中正常加载和运行，功能完整且界面友好		
实际结果			
测试结论			
备注（测试说明）			

10.4.4 信息安全性测试

本小节主要对被测软件进行安全性方面的测试。下面介绍具体的测试用例。

1）数据安全。

数据加密的测试用例如下所示。

用例编号		**用例类型**	信息安全性测试
用例名称	数据加密	**用例模块**	
用例目的			
预置条件			
测试步骤	① 发送包含敏感信息的数据 ② 拦截数据包并检查数据传输过程中的加密情况		
预期结果	数据包中的敏感信息应以加密形式传输，确保数据传输的安全性		
实际结果			
测试结论			
备注（测试说明）			

存储加密的测试用例如下所示。

用例编号		**用例类型**	信息安全性测试
用例名称	存储加密	**用例模块**	

续表

用例目的	
预置条件	
测试步骤	① 存储敏感数据 ② 访问存储位置并测试数据是否以加密形式存储
预期结果	敏感数据应在存储时加密，以防止未经授权的访问
实际结果	
测试结论	
备注（测试说明）	

2）用户认证。

登录验证的测试用例如下所示。

用例编号		用例类型	信息安全性测试
用例名称	登录验证	用例模块	
用例目的			
预置条件			
测试步骤	① 使用有效的用户名和密码尝试登录 ② 使用无效凭证（如错误的密码）尝试登录		
预期结果	有效凭证可登录成功，无效凭证应被拒绝，以确保登录验证机制的有效性		
实际结果			
测试结论			
备注（测试说明）			

弱密码防范的测试用例如下所示。

用例编号		用例类型	信息安全性测试
用例名称	弱密码防范	用例模块	
用例目的			
预置条件			
测试步骤	① 尝试设置弱密码（如数字、简单密码等） ② 系统应提示用户并拒绝设置弱密码		
预期结果	系统能够识别和拒绝弱密码，强化用户账户的安全性		
实际结果			
测试结论			
备注（测试说明）			

3）漏洞检测。

SQL 注入的测试用例如下所示。

用例编号		用例类型	信息安全性测试
用例名称	SQL 注入	用例模块	
用例目的			
预置条件			
测试步骤	① 尝试通过输入恶意 SQL 语句进行注入攻击 ② 检查系统是否对恶意输入进行了正确的过滤和拦截		
预期结果	系统应正确识别并防范 SQL 注入攻击		
实际结果			
测试结论	系统能够正确识别并防范 SQL 注入攻击		
备注（测试说明）			

XSS 攻击的测试用例如下所示。

用例编号		用例类型	信息安全性测试
用例名称	XSS 攻击	用例模块	
用例目的			
预置条件			
测试步骤	① 尝试在输入框中输入包含 JavaScript 的恶意代码 ② 检查系统是否对输入内容进行了适当的过滤和转义		
预期结果	系统应正确处理输入内容，防止 XSS 攻击		
实际结果			
测试结论			
备注（测试说明）			

10.4.5 用户体验测试

本小节主要对被测软件进行用户体验方面的测试。下面介绍具体的测试用例。

1）界面友好性。

导航的测试用例如下所示。

用例编号		用例类型	
用例名称	导航	用例模块	

续表

用例目的	
预置条件	
测试步骤	① 打开软件并尝试使用导航栏或菜单 ② 导航到不同模块或功能
预期结果	导航栏或菜单应清晰明了，用户能快速找到所需要的功能
实际结果	
测试结论	
备注（测试说明）	

一致性检查的测试用例如下所示。

用例编号		用例类型	
用例名称	一致性检查	用例模块	
用例目的			
预置条件			
测试步骤	① 浏览不同模块或页面，查看界面设计和布局 ② 对比各部分的一致性，包括颜色、字体和图标等		
预期结果	界面设计应保持一致，不同部分的风格和元素应统一		
实际结果			
测试结论			
备注（测试说明）			

2）操作流畅性。

常规操作的测试用例如下所示。

用例编号		用例类型	
用例名称	常规操作	用例模块	
用例目的			
预置条件			
测试步骤	① 用户进行日常操作，如创建文档、发送消息、设置日程等 ② 测试操作的流畅度和执行效率		
预期结果	常规操作应简单明了，用户能快速完成任务		
实际结果			
测试结论			
备注（测试说明）			

用户反馈的测试用例如下所示。

用例编号		用例类型	
用例名称	用户反馈	用例模块	
用例目的			
预置条件			
测试步骤	① 收集用户的反馈或进行用户体验调查 ② 分析用户反馈，并根据反馈结果提出改进建议		
预期结果	用户的反馈能够为产品改进提供有价值的指导		
实际结果			
测试结论			
备注（测试说明）			

3）整体体验。

反馈和改进机制的测试用例如下所示。

用例编号		用例类型	
用例名称	反馈和改进机制	用例模块	
用例目的			
预置条件			
测试步骤	① 用户进行操作后，观察系统的响应时间 ② 检查系统是否能及时给出反馈，如加载动画、成功提示等		
预期结果	系统应有适当的反馈机制，避免用户长时间等待		
实际结果			
测试结论			
备注（测试说明）			

用户体验优化的测试用例如下所示。

用例编号		用例类型	
用例名称	用户体验优化	用例模块	
用例目的			
预置条件			
测试步骤	① 根据用户反馈或专业评估提出改进用户体验的建议 ② 实施相应的改进措施		

续表

预期结果	改进措施能够提高用户的满意度和整体体验
实际结果	
测试结论	
备注（测试说明）	

参考文献

[1] 李龙，刘文贞，铁坤．嵌入式软件测试：方法、案例与模板详解 [M]. 北京：机械工业出版社，2016.

[2] 李龙，黎连业．软件测试实用技术与常用模板 [M]. 2 版．北京：机械工业出版社，2018.

[3] 李龙．软件测试架构实践与精准测试 [M]. 北京：人民邮电出版社，2018.

[4] 张旸旸．软件产品质量要求和测试细则：GB/T 25000.51—2016 标准实施指南 [M]. 北京：电子工业出版社，2019.

[5] 国家标准化管理委员会．计算机软件测试文档编制规范：GB/T 9386—2008[S]. 北京：中国标准出版社，2008.

[6] 国家标准化管理委员会．信息技术 软件工程术语：GB/T 11457—2006[S]. 北京：中国标准出版社，2006.

[7] 国家标准化管理委员会．检测和校准实验室能力的通用要求：GB/T 27025—2019[S]. 北京：中国标准出版社，2019.

[8] 国家标准化管理委员会．系统与软件工程 系统与软件质量要求和评价（SQuaRE）第 20 部分：质量测量框架：GB/T 25000.20—2021[S]. 北京：中国标准出版社，2021.

[9] 国家标准化管理委员会．系统与软件工程 系统与软件质量要求和评价（SQuaRE）第 23 部分：系统与软件产品质量测量：GB/T 25000.23—2019[S]. 北京：中国标准出版社，2019.

[10] 国家标准化管理委员会．信息技术服务 分类与代码：GB/T 29264—2012[S]. 北京：中国标准出版社，2012.

[11] 山东省人工智能协会．信创产品测评 通用要求：T/AIA 016—2023[S]. 2023.